와인의 지리학

벳시, 맥스 그리고 네이트에게 이 책을 바친다.
그들의 인내와 이해심이 이 책의 출판에 매우 중요했다.
또한 존 돔(John Dome)에게도 이 책을 바친다.
그의 영감이 나를 이러한 길로 이끌었다.

THE GEOGRAPHY OF WINE

일러두기

1. 외래어 표기: 이 책을 번역하면서 가장 신경이 쓰였던 것 중에 하나가 수많은 지명이나
   포도의 품종을 어떻게 우리말로 표기할 것인가 하는 문제였다. 가급적 현지 발음에 가
   깝게 표기하는 것이 원칙이었지만, 그러다 보니 다소 생경하게 들릴 수 있을 것 같아 다
   른 번역서의 용례를 찾아봤다. 대부분 국립국어원의 외래어 표기법에 준하고 있었다. 그
   러다 보니 이 책에 등장하는 라틴어에서 갈라져 나온 로망스 계열 언어의 발음 표기에서
   경음이 사라졌다. 그렇지만 예외적으로 샤또와 떼르와는 그대로 사용하였다. 루아르 또
   한 르와르로 표기하였다. 아무래도 샤토와 테르, 루아르보다는 더 익숙하기 때문이다.
2. 각주: 원서에는 각주가 전혀 없었지만 독자의 편의를 위해서 각주를 첨가하였다. 각주
   의 내용은 가독성을 위해서 가급적 짧게 첨가하였다. 내용은 대부분 인터넷 포털 사이트
   와 위키피디아, 때로는 관련 서적을 참고하였고 일일이 그 출처를 밝히지는 못했다.

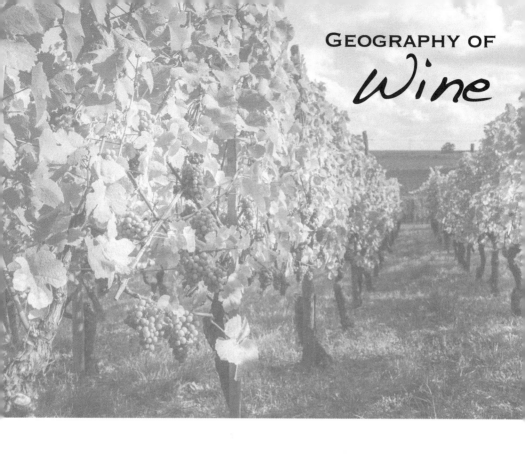

GEOGRAPHY OF
Wine

와인 한 방울, 그 속에 담긴 경관, 문화 그리고 떼르와

와인의 지리학

브라이언 J. 소머스 지음

김상빈 옮김

푸른길

정확한 시기를 가늠하기는 쉽지 않지만 언제부터인가 우리나라에서 와인에 대한 붐이 일어나고 있다. 특히 칠레와의 FTA 체결 이후 저렴하게 칠레산 와인이 수입되면서 그동안 높은 가격 때문에 와인에 쉽게 접근할 수 없었던 사람들도 마트에서 흔하게 와인을 구입할 수 있게 되었다. 이와 함께 와인에 관한 서적이 대단히 많이 쏟아져 나왔다. 『신의 물방울』이라는 일본 만화가 소개되기도 하였고, 와인을 주제로 하는 드라마가 국내에서 제작되기도 하였다. 각 나라별로 와인에 대해 소개하는 책도 많이 등장하였다. 이렇듯 전반적으로 와인에 대한 관심이 높아졌다.

개인적으로 역자는 독일 유학을 하면서 와인에 관심을 갖게 되었다. 독일 하면 맥주가 먼저 연상되지만 우연하게 접한 와인이 더 친숙하게 다가왔다. 그리고 학과의 특성상 답사에 참여할 기회가 많았는데, 그때마다 독일의 포도 재배 지역으로 향하는 경우가 많았다. 언젠가는 와인 포도가 재배되는 헤센주, 라인란트-팔츠주를 1주일 내내 다녀오기도 하였고, 바이에른주 답사에서는 특이한 병 모양으로 유명한 프랑켄 와인의 산지에도 가 보았다. 그리고 보니 독일의 포도 재배 지역 13곳 중 대략 9곳을 방문했다.

이렇게 와인에 대한 관심은 있었지만 와인이 지리학과 어떻게 연계되는가는 별로 생각해 보지도 않았고, 학위 논문 때문에 별 여력이 없었다. 귀국 후 역시 이래저래 바쁘기도 하고 와인에 대한 지리적 연구는 잠시 잊고 있었는

데, 우연하게 도서관에서 이 책을 발견하였다.

그동안 와인 관련 책을 많이 접했지만 그 책들의 내용은 와인 자체에 대한 소개, 품종, 와인 감별, 역사 등에 대한 것이었다. 지리학을 전공한 사람으로서 조금은 아쉬운 감이 있었는데, 이 책은 그러한 갈증을 일거에 해소해 주었다.

처음에는 도서관에서 대출해서 읽다가 한 권쯤 사도 좋을 것 같아서 구입했고, 좀 읽다 보니 번역을 하고 싶은 생각이 들었다. 일단은 출간을 염두에 둔 것이 아니었기 때문에 출판사를 섭외한다거나 저작권의 유무를 알아보는 것보다는 번역이 우선이었다.

번역을 하다 보니 수많은 지명에 익숙하지 않거나 지리학의 기초지식이 없는 사람에게는 조금 생소할 수 있겠다는 생각이 들어 주석을 달기 시작하였다. 주석은 인터넷 검색을 통해 주로 포털 사이트나 위키피디아 같은 곳을 이용해 찾은 것으로 독자의 수고를 덜어 주자는 의도에서 첨가하였다. 처음에는 주석을 길게 달아 놓았다가 오히려 방해가 될 것 같다는 생각이 들어서 점차 줄여 나가기 시작했다. 그래도 여전히 주석이 많기는 하지만 일일이 찾는 것보다는 나을 것이라고 본다.

이 책은 와인이라는 하나의 큰 주제를 두고 지리학의 세부 분야에서 와인에 접근하고 있다. 저자는 별도의 서문 없이 자연스럽게 와인에 관심을 갖게 된 배경에서부터 시작하여 이야기를 진행한다. 각 장별로 지리학의 하위 분야를 다루는데, 자연지리적 측면에서 시작해 점점 인문지리적 영역까지 거의 지리학의 전 영역을 다루고 있다. 마치 지리학 개론서 같은 형식이다. 각 장별로 사례지역을 하나씩 소개하고 있어서 계통적인 접근에 지역적 접근을 보완하고 있다.

이 책을 읽으면서 그리고 실제로 번역을 하면서 많은 것을 배울 수 있었다. 번역한 지는 꽤 오래되었는데 오랜만에 묵혀 두었던 번역본을 꺼내 보니 여기저기 미흡한 점이 있어서 보완을 하였다.

뜻밖의 출간 제의에도 선선히 응해 주신 푸른길 출판사 김선기 사장님 그리고 편집진 여러분께 감사드린다. 끝으로 그동안 저랑 와인 잔을 함께 기울여 주신 많은 분들에게 감사드린다.

2018년 5월

■ 차 례

Chapter 01

지리학과 와인연구

Geography and the Study of Wine

와인은 풍미와 향, 외관 그 이상의 것이다. 당신이 마시는 각각의 와인의 병 안에는 수많은 과학과 예술이 존재한다. 나는 여러분이 이 책을 읽으면서 그 과학과 예술 이면에 지리학이 있다는 것을 인식하게 되기를 바란다. 지리학은 잘 이해되지 않는 주제인 경향이 있기 때문에 소수의 사람만이 와인과의 근접성이나 중요성을 인식할 수 있다. 그러나 그 영향을 보거나 나아가 느끼는 것은 가능하다.

대부분의 사람들은 지리학자가 지명이나 암기하는 그런 사람이라고 생각한다. 감사하게도 그것이 지리학의 모든 것이 아니다. 지리학은 공간과학이다. 그리고 다른 모든 과학에서처럼 우리의 목표는 왜 그런가를 설명하는 것이다. 우리 지리학자들은 왜 사물들이 그곳에 존재하는가에 답을 한다. 모든 와인병의 이면에는 엄청나게 많은 훌륭한 지리학이 존재한다. 내 목표는 여러분에게 그러한 지리학을 인식시키는 것이고 그 이해를 높일 수 있는 몇 가지 즐거움을 선사하고자 하는 것이다.

그렇다면 무엇이 지리학을 와인 파티로 데려가는가? 지리학은 여러분이 이미 와인에 대하여 가졌을 몇 가지 질문에 답을 할 수 있다. 왜 보르도(Bordeaux)는 레드와인에 좋은 장소인가? 왜 어떤 장소에서는 리슬링(Rieslings)**1**을 생산하고 다른 곳에서는 샤르도네(Chardonnay)**2**를 생산하는가? 결국에 와인생산은 어떻게 되었는가(당신이 좋아하는 지역을 선택했는가)? 어떻게 와인은 우리에게 장소를 경험하도록 하는가? 이것들은 우리가 지리학을 통해 답을 할 수 있는 질문이다. 그래서 만약에 당신이 이러한 종류의 질문에 흥미가 있다면, 심지어 그에 대한 답을 알지 못하더라도 지리학자일 수도 있다.

와인의 역사, 와인의 풍미, 빈티지(vintage, 포도 수확)의 질과 가치, 특정 지역의 와인, 포도 재배, 와인제조, 와인 요리하기 등에 대한 많은 책들이 있다. 와인에 대해 백지 상태인 사람을 위한 책, 와인 지도집(아틀라스) 그리고 포도원의 사진 에세이 책도 있다. 이 책은 위의 어느 책과도 경쟁하지 않는다. 이 책은 와인에 대해 보다 광범위한 이해를 제공하는 지리적 원리를 소개한다. 이 책은 당신 서가에 꽂혀 있을 다른 모든 와인 책의 좋은 동반자다.

와인은 지리학을 위한 기름진 토대다. 이것은 왜 포도 재배와 와인이 지리학 입문 교재에 수록되고 왜 '와인의 지리학' 코스가 북미 전역의 대학에 등장하는가에 대한 이유다. 지리학자들은 주제의 측면에서 혹은 장소의 측면에서

---

1. 독일에서 제일 많이 재배되는 화이트와인의 대표적인 품종이다. 독일의 요하니스베르크성이 원산지이며 추운 지방에서 잘 자라는 생육 특성을 보인다. 또한 전 세계적으로도 재배되어 독일, 프랑스의 알자스 지방, 이탈리아, 캘리포니아, 오스트레일리아, 뉴질랜드, 남아프리카공화국 등에서 많이 생산한다.
2. 전 세계에서 가장 유명한 청포도 품종으로 프랑스의 부르고뉴 지방이 원산지이며 샹파뉴, 쥐라 등의 지방에서도 많이 재배된다. 특히 샹파뉴 지방에서는 샴페인을 만들 때에도 사용한다. 화이트와인을 만드는 품종 중 세계에서 가장 유명하다. 어떤 환경에서도 재배하기가 쉽기 때문에 전 세계적으로 재배된다.

생각하는 경향이 있다. 와인의 세계에서 사람들은 와인지역과, 무엇이 와인지역에 작용하는가에 대해 생각한다. 주제별로 생각하는 사람들은 기후, 지질, 생물, 문화, 정치, 경제가 와인에 어떻게 영향을 미치는지 그리고 이들 요소들과 관련이 있는 지리가 어떻게 와인지역에 영향을 미치는지에 대해 생각한다. 이 책에서 내가 대단히 주제적 사고방식의 대변자라는 것을 보게 될 것이다.

주제적 접근은 저편에 있는 모든 훌륭한 지역 와인에 관한 책을 보완한다. 그런 책의 글과 사진들은 훌륭한 와인을 생산하는 장소에 관하여 생생하게 상세한 것을 말해 준다. 이 책의 각 장은 장소들을 훌륭하게 만들어 주는 지리를 접할 기회를 제공한다. 그렇다고 지역적 접근이 배제된다는 것은 아니다. 각 장의 말미에 있는 지역 클로즈업은 각 장에서 논의되는 개념을 설명하는 데 중요하다. 가령, 모젤(Mosel)**3**강의 포도밭은 미기후(microclimate)가 와인제조에 어떻게 영향을 미치는지, 남아프리카공화국과 칠레는 식민주의와 와인이 어떻게 연계되는가를 보여 주는 훌륭한 사례다.

* * *

내가 와인에 관심을 가지기 시작한 것은 프랑스 알프스 지역에서 고고학 발굴을 위해 한 달 동안 작업을 하면서 보내고 있던 1986년 여름으로 거슬러 올라간다. 불행하게도 나는 와인에 관심을 가질 수 없었다. 내 주위 도처에 와인이 있었지만 나는 깨끗하게 와인의 세계를 무시했었다. 그 지방 와인을 탐닉하는 대신 우리는 값싼 일반 맥주를 마셨다. 나는 항상 용기 있게 변명을 하려

---

3. 독일 와인 전체 생산량의 약 15% 정도를 차지한다. 실제로 이 지역의 정식 명칭은 모젤-자르-루베르(Mosel-Saar-Ruwer)이며 이곳에서 생산되는 와인을 모젤 와인이라고 부른다. 고급 품질의 리슬링 와인이 생산되는 곳으로 대부분 리슬링 화이트와인을 생산한다.

와인의 지리학

고 시도한다. 나는 어리고, 어리석었다. 가난했다. 발굴 작업을 하는 다른 미국 학생들에 의해 타락하였다. 온갖 종류의 설명이 가능하다. 그러나 발굴 현장 주위에 살던 마을주민만은 탓할 수는 없다. 그들은 훌륭했다. 그들은 할 수 있는 한 기회가 있을 때마다 그들 지방의 와인과 음식을 우리와 함께 나누었다. 내가 무슨 말을 하겠는가. 그것은 청춘의 저주다. 그때 우리는 일반 맥주를 마시는 것이 우리 미뢰(맛봉오리, taste buds)에 해가 된다는 것을 깨닫지 못했다.

와인에 대한 나의 관심은 실질적으로 마이애미 대학(University of Miami, 미국 플로리다주에 있는 대학교) 지리학과의 대학원 첫 학기에서부터 시작된다. 대부분의 와인 탐구 여행은 오하이오주 옥스퍼드에서 시작하지 않는다. 존 돔(John Dome) 덕분에 나의 와인여행은 시작되었다. 내가 존을 처음 만났을 때 그는 수십 년 동안 마이애미 대학에서 소위 '와인의 지리학'이라는 강의를 하고 있었다. 그 강좌는 지속적으로 지방의 많은 주민들과 그것을 사회적 출세의 수단으로 생각하는 많은 비즈니스 전공자를 끌어들였다. 나는 그 강좌에서 존의 대학원생 조교로 임명되었다.

처음에 모든 것이 유쾌하다고 생각했다. 나는 사람들이 레드 와인을 냉장하지 않는다는 것을 배웠다(물론 나는 이미 와인을 냉장한 후였지만). 또한 코르크 조각을 병에 담그지 않고 어떻게 코르크 따개를 사용하는지를 배웠다(물론 시간이 좀 걸리기는 했다). 나는 일주일에 두 번씩 강의 준비를 했고, 강의를 들었고 슬라이드를 감상했다. 나는 청소를 하고 개봉하지 않은 와인들을 집으로 가져가면 그날 저녁이 끝났다. 그 코스가 끝날 무렵에 나의 부엌은 와인병들로 가득 찼다. 나는 어떤 음식이 와인과 잘 어울리는가를 조금씩 배웠다. 비록 옥수수 칩(Frito)에 어떤 와인이 잘 어울리는지 결코 알아내지는 못했지만. 그러나 그 어떤 것보다 와인에 엄청난 지리학이 존재한다는 사실을 인식하게 되었다. 내가 알프스에서 일반 맥주를 들이키면서 시간을 보냈던 것을 정말로 후회하게 된 것이 바로 그 시점이었다.

지리학자도 아니고 결코 지리학 강좌를 들어 본 적이 없는 사람들은 지리학이 무엇인가를 어떻게 설명해야 할지 모른다. 그래서 당신은 아마 훌륭한 와인을 한잔하면서 그리고 지리학이 그 놀라운 맛과 어떠한 관계가 있는지 의아해하면서 이 책을 읽을 것이다. 아니면 이 책의 나머지가 와인지역과 그 지역에서 생산되는 와인의 리스트가 될 것이라고 생각할 수도 있다. 우선 내가 그러한 종류의 세세한 것에 대해서는 전문가가 아니라는 점을 이해해 주기를 부탁한다. 또한 훌륭한 와인 감정사도 아니다. 나는 12달러짜리 와인의 세계에서 매우 행복한 생애를 보낼 수 있다. 그렇다면 내가 무엇으로 기여할 수 있을까?

지리학은 무엇인가가 어떻게 작동하는지를 이해하는 한 방법이다. 지리학자들에게 와인은 복잡한 퍼즐이다. 어떤 사람은 부품들의 더미를 보고 그것들 모두가 차를 만드는 데 어떻게 적합한가를 볼 수 있다. 다른 사람들은 웹 페이지를 보고 HTML[4] 코드를 구현해 볼 수 있다. 우리는 주위 세계를 보고 그것이 어떻게 작동하는가를 이해하려고 한다. 왜 어떤 장소에서는 샤르도네를 생산하고 다른 곳에서는 피노 누아(pinot noir)[5]를 생산하는지, 왜 칠레는 남아메리카에서 가장 큰 와인 생산국이며, 왜 어떤 포도원은 자갈길과 유사한 토양을 가졌는지, 왜 유럽인들은 종종 생산된 장소를 따서 와인의 이름을 명명하는지 혹은 왜 한 장소의 포도원과 와이너리가 다른 장소의 그것들과 서로 다르게 보이는지에 대한 의문을 가진다면, 당신은 지리학자가 질문할 수 있는

---

4. 웹 문서를 만들기 위하여 사용하는 기본적인 프로그래밍 언어의 한 종류.
5. 프랑스 부르고뉴 지방이 원산지인 정통 최고급 적포도주를 만드는 포도 품종.

문제들을 묻고 있는 것이다. 더욱 중요한 것은, 이것들이 지리학자가 답을 할수 있는 질문이라는 것이다.

지리학은 우리가 마시는 와인의 매 방울마다 존재한다. 그러나 와인은 지리학의 모든 부분에 존재하는가? 당신이 우리가 어떻게 지리학을 연구하는가를 본다면 그 답은 예스다(지리학의 모든 부분에 와인이 존재한다). 사실 지리학자들이 주요한 문제에 접근하는 방식은 여러 개이며 와인은 그 모든 것에 적합할 수 있다. 1964년 윌리엄 패티슨[6]은 지리학 저널(*Journal of Geography*)에 독창적인 논문을 기고하였다. 거기서 패티슨은 지리학연구의 범위와 역사를 전통적 환경연구, (때때로 인간생태학이라 불리는) 인간-토지 연구, 지역연구, 공간분석으로 세분했다. 심지어 이것들은 오늘날에도 지리학자들이 주제에 대해 취하는 4가지 기본적인 접근이다. 와인은 4가지 접근 모두에 아주 잘 들어맞는다.

환경적 전통은 지리학이 '자연' 과학(물리학, 화학, 지질학, 생물학)과 교차하는 곳이다. 만약 당신이 이러한 전통에 있는 지리학자에게 어떻게 그가 혹은 그녀가 와인을 연구하는가라고 묻는다면, 얻을 수 있는 것은 매우 환경과학의 개념에 바탕을 둔 답변일 것이다. 그들은 제트기류의 이동 측면에서 빈티지에 대하여 이야기할 수도 있다. 또한 포도 생산을 난방도일(煖房度日, heating-degree days)과 관련 있는 것으로 볼 것이다. 그들은 토양화학의 영향과 어떻게 그것이 와인의 맛에 영향을 미치는지 검토할 것이다. 그들은 와인이라는 주제에 대해 순수하게 과학적인 접근을 할 것이다.

이것은 인간-토지 혹은 인간생태학적 전통에 입각해서 연구하는 지리학자

---

6. Pattison, William D., 1964, "The Four Traditions of Geography," *Journal of Geography*, pp. 211–216.

들과는 매우 상이한 접근일 것이다. 이 지리학자들의 접근법은 와인을 농업/공업 제품으로, 문화적 적응으로 그리고 경제활동으로 간주하는 사회과학의 하나가 될 것이다. 그들은 시간의 경과에 따라 무역의 패턴, 와인산업의 지리적 확장 혹은 왜 특정 유형의 와인이 특정 집단의 사람들에게 특별한지에 관심을 가지게 될 것이다. 보다 가까운 곳에서 그들은 심지어 지방와인 소매업자들의 성공과 실패를 결정하는 지리적 요소들을 연구할 수 있다. 환경연구와 인간-토지 연구는 서로 매우 다르지만 공통점이 한 가지 있다. 주제를 장소와 연관시킨다는 점이다.

환경연구와 인간-토지 전통의 '주제'적 접근(topical approach)은 지리학의 지역연구 전통으로부터 분리해 놓는 것이다. 당신이 호머(Homer)의 책을 읽는다면, 그의 저작에서 장소에 대해 상당한 분량을 기술해 놓은 것을 발견할 수 있을 것이다. 지역연구 전통은 끊임없는 진화의 일부라고 할 수 있는데, 배경 정보로서의 지리학에서 그 목적이 장소의 기술인 작업으로, 그러한 장소의 지리를 만드는 것의 '퍼즐'을 이해하는 현대 지역지리적 접근으로 진화하고 있다. 그래서 지역연구의 전통의 입장에 있는 지리학자들은 가령 와인무역의 확대와 같은 주제를 연구하는 것보다는 차라리 한 장소를 연구하고 그러한 팽창이 어떻게 영향을 미치는지를 연구한다.

이러한 전통이 프랑스 지리학을 거쳐 우리에게 다가오는 것은 흥미로운 역사적 사건이다. 1800년대 후반과 1900년대 초 폴 비달 드 라 블라슈(Paul Vidal de la Blache)에 의해 예시된 것처럼 프랑스 지리학자들은 지역의 모노그래프(연구논문)를 생산하는 데 전문화되어 있다. 비달 드 라 블라슈의 제자들은 어떻게 그것이 작동되는가를 이해하기 위하여 한 지역에 살면서 그 지역을 연구하는 데 여러 달을 보내고는 했다. 그들이 만들어 낸 모노그래프는 오늘날 인지할 수도 없을 장소에 대한 생생하고 역사적인 짧은 경험이었다. 우리

와인의 지리학

는 그들의 예술을 칭찬할 수 있고 와인의 고장에서 그러한 연구를 수행할 수 있었다는 것이 얼마나 만족스러운지 상상할 수 있다.

지리학의 4가지 전통 중 마지막은 공간분석(spatial analysis)적 전통이다. 비록 공간분석적 전통이 초기 지도제작과 항해에 그 기원을 두고 있을지라도, 현대지리학의 '도구상자'로 진화해 왔다. 그것은 컴퓨터를 이용한 지도화, 통계분석, 공간 데이터의 모델링, GIS(지리정보시스템)의 이용, 위성 이미지를 이용한 원격탐사 응용 등을 포함한다. 다른 전통들이 이 도구들을 와인의 지리학 연구의 일부로 활용하는 데 반해, 공간분석 전통에 숙달한 지리학자들은 와인을 그들의 도구에 응용할 만한 것으로 생각한다. 그들은 포도원의 토양에서 습도의 수준을 결정하기 위하여 위성 자료를 사용할 수 있으며, 해충 침입 경로를 예측하기 위하여 공간 모델링 기술을 사용할 수 있고, 혹은 와인이 시장에 도달하기 위한 최소비용 운송로를 확인하기 위하여 지리정보시스템을 응용할 수 있다.

와인의 지리학적 연구는 훨씬 광범위한 와인의 학문세계의 단지 일부다. 그 세계는 3가지의 기본적인 지식 영역으로 구분된다. 첫 번째는 포도주 양조학(enology)으로 와인제조에 대한 연구이다. 이 영역에는 와인이 생산되는 방식, 와인의 화학, 인간의 맛/냄새 그리고 생리기능에 미치는 와인의 영향이 포함된다. 두 번째는 포도 재배학에 대한 연구, 본질적으로 포도농업에 대한 연구가 있다. 이 분야에서 훈련을 제공하는 대학들은 산업에 고용될 수 있도록 학생들을 준비시킨다. 대학들은 또한 포도 재배자와 와인제조자들에게 도움을 제공한다. 그래서 이들 분야에서 특화된 대학들 - 가령, 캘리포니아 대학 데이비스 캠퍼스(University of California, Davis)와 코넬 대학(Cornell University)- 은 종종 와인을 생산하는 장소 근처에 입지하고 있다. 대학의 실험실에서 나온 결과는 그 지역의 와인에서 발견할 수 있다.

연구의 세 번째 영역은 보다 광범위하게 초점을 맞춘다. 즉, 와인과 와인지역의 인류학, 경제학, 지리학, 역사학 혹은 정치학이다. 이러한 접근은 순전히 학술적이거나 개인적인 관심사이다. 또한 더 나은 포도 수확이나 고품질 와인을 생산하는 데 아무런 역할을 하지 않는다. 수입을 올리는 것과도 관련이 없다. 이 영역에서 우리는 와인의 보다 광범위한 맥락을 이해한다. 와인 애호가들에게 이러한 접근은 우리의 호기심을 만족시켜 주고 와인에 대한 경험을 더해 주는 것에 관한 모든 것이다.

대부분의 경우, 와인에 대한 학술적 연구는 와인을 생산하는 영역들에 국한된다. 와인에 대한 학술적 연구가 중요한 이미지 문제에 직면해 있기 때문이다. 사회적으로 우리는 알코올에 대해 염려한다. 이것은 요란한 음주와 알코올 중독이 대학 캠퍼스에 심각한 문제라는 인식이 증가하고 있는 때에 특별히 적용된다. 그러한 이미지 문제의 일부는 부유층의 상품을 연구하는 것이 엘리트주의적이라는 견해에 의해 정해진다. 와인을 생산하는 영역에서 이러한 이미지 문제는 와인산업의 경제적 실체에 직면하여 사라진다. 와인 생산지역이 아닌 곳에서, 이러한 이미지 문제들은 와인을 연구하는 사람들을 다소 방어적으로 만든다.

와인에 대한 학술적 연구가 이미지 문제를 갖고 있더라도, 와인의 열광자로서 나는 그것이 아주 즐겁다. 더욱이, 지리학은 와인에 대한 학습과 평가를 위해 아주 훌륭한 도구라고 생각한다. 지리학과 관련하여 좋은 점은 우리가 쉽게 강의실에서 벗어나 현장으로 갈 수 있다는 것이다. 와인연구의 경우 이것은 와이너리와 포도원을 방문한다는 것을 의미한다. 지방 포도원으로의 당일치기 여행은 즐겁고 와인에 대한 사랑이 훌륭한 학습의 경험으로 전환될 수 있는 기회를 제공한다. 우리는 책에서 배운 지리적 개념을 받아들일 수 있고, 그 위에 구축할 수 있다. 심지어 와인관광객이 될 만한 가치가 있는 경험을 찾

와인의 지리학

을 수도 있다. 즉, 타국의 와인지역으로 여행을 하고, 그들의 와인에 관하여 배우고, 그들의 문화를 경험하는 와인관광객 말이다. 당연히 포도원의 소유자들은 방문의 일환으로 당신이 와인을 구매하기를 희망한다. 나는 그러한 구매를 자료 수집으로 합리화하기를 좋아한다.

국내를 방문하든 해외 포도원을 방문하든 간에 이 책은 우리가 그곳에 도착해서 훌륭한 지리적 질문을 할 수 있는 데 도움을 줄 것이다. 우리는 어떤 포도 품종이 얼마만큼 자라고 있는지, 그리고 토양, 배수 혹은 기후가 포도성장에서 어떻게 요소가 되는지 확인해 볼 수도 있다. 이 결정들이 시장의 힘, 관리의 편의성 혹은 다른 고려 요인을 바탕으로 이루어졌는지? 우리는 포도나무를 관리하는 것을 볼 수도 있다. 어떻게 포도나무가 격자로 만들어지는지? 포도나무가 땅과의 경사와 태양 광선을 받아들이는 경사가 수직인가 혹은 나란한지? 포도나무의 간격은 얼마인가? 사용된 격자들 사이에 공간은 어떠한가? 포도나무의 가지치기는 어떻게 하는지? 열 맞추어 심기가 존재하는가?

와인 지리학자는 우리는 포도밭을 보고 매력적이라고 생각하는 사람에서 그것이 어떻게 작동하는가를 이해하는 사람으로 진화한다. 누구든지 와이너리에 갈 수 있고, 둘러볼 수 있고, 와인을 구입할 수 있다. 와인학자가 되어 가는 동안 우리는 양조장 소유주들, 와인제조자들과 비공식적인 방식으로 그들의 기술에 대하여 이야기할 수 있고, 매번 우리가 할 수 있는 것보다 더 많은 것을 배울 수 있다. 그것이 와인 지리학자, 와인 역사학자 혹은 와인 화학자라는 것의 좋은 점이다. 우리는 와인에 대해 보다 심오하게 이해하고 아마도 빠짐없이 모든 와인 방울로부터 더 많은 즐거움을 얻는다.

Chapter 02

와인경관과 지역

Wine Landscapes and Regions

패티슨(Pattison) 이전의 40년 동안 '경관'이라는 개념이 지리학계를 지배하고 있었다. 1920년대부터 1950년대까지 경관은 지리적 개념을 소개하고 우리를 둘러싸고 있는 세계에 대하여 사고하기 위한 기본적인 구성요소로 간주되었다. 경관은 한때 그러했던 것만큼 탁월한 개념은 아니지만, 경관연구는 여전히 오늘날에도 지리학을 형성하고 있다. 지리학자들에게 경관은 단지 미학적 개념이 아니다. 토스카나(Toscana)지방 혹은 프로방스(Provence)지방의 사진 에세이에서 보는 포도원의 이미지들은 수많은 지리정보를 전달한다. 방금 1500 조각의 퍼즐을 완성한 사람처럼 어떻게 그것이 함께 잘 어울리는가를 보는 것은 지리학자의 즐거움의 일부다.

와인의 지리학

지역지리와 와인지역

와인상점은 일반적으로 와인 원산지에 따라 와인을 배치한다. 와인의 대부분은 상당히 간단하다. 오스트레일리아 와인은 오스트레일리아에서 온 것이다. 캘리포니아 와인은 캘리포니아에서 온 것이다. 그러나 나파 밸리(Napa Valley)[1]는 어떠한가? 정확하게 코트도르(Côte d'Or)[2]는 무엇인가? 이곳들은 사람들이 특별하거나 독특한 것으로 인식하고 있는 장소일 수 있지만, 지도상에서 쉽게 확인할 수 있는 것은 아니다. 우리는 이러한 장소들을 지도상에 그어진 정치적 관할구역 혹은 중심 커뮤니티에 경제적으로 연계된 지역, 가령 나파(Napa) 혹은 본(Beaune)[3]이라고 말할 수 있다. 그러나 어떤 경우에, 이러한 정의가 잘 적용되지 않는다. '지역(region)'이라는 용어가 대단히 많은 방식으로 정의될 수 있는 것이 현실이다. 우리가 와인지역으로서 부르고뉴(Burgundy), 윌래미트 밸리(Willamette Valley)[4], 키안티(Chianti)[5]를 언급할 때

---

1. 미국 캘리포니아주 나파 카운티에 위치한 대규모 와인 생산지이다. 캘리포니아 와인생산의 중심지로, 샌프란시스코에서 북동쪽으로 약 60km 떨어진 지역에 위치한다. 총면적은 약 480km²이며, 남북으로 40km, 동서로 12km에 이르는 지역을 아우른다.
2. 코트도르는 프랑스 동부에 위치한 데파르트망으로, 수도는 디종이며 인구는 532,948명(2006년 기준), 면적은 8,763km², 인구밀도는 60.8명/km²이다. 그 이름은 프랑스어로 '황금빛 언덕'을 뜻하며 프랑스의 대표적인 와인 생산지이다.
3. 본은 프랑스 부르고뉴 코트도르 데파르트망에 위치한 도시로 면적은 31.30km², 인구는 22,218명(2006년 기준), 인구밀도는 710명/km²이다. 매년 11월 호스피스에서 열리는 포도주 경매로 유명한 곳이다.
4. 미국의 태평양 북서부 지역에서 150mile(240km)의 긴 계곡이다. 이 계곡에는 19,000ac(7,700 ha) 이상의 포도원 및 500개 이상의 와이너리가 있으므로 오늘날 계곡은 자주 '오리건 와인나라'와 동의어로 간주된다.
5. 이탈리아 토스카나주의 키안티 지역은 토스카나 지역에서 가장 아름다운 곳이며, 키안티 지역의 경계는 분명하지 않지만 일반적으로 피렌체(Firenze)와 시에나(Siena)를 넘어서 펼쳐져 있다. 이 두 도시를 포함하여 동쪽으로는 발다르노(Valdarno) 그리고 서쪽으로는 발 델사(Vals d'Elsa)로 연장되어 있다.

의미하는 것은 무엇인가?

미국에서 중서부는 무엇인가? 남부는? 뉴잉글랜드? 펜실베이니아는 중서부, 북동부의 일부인가 아니면 둘 다인가? 우리가 지역에 대하여 이야기할 때 그 지역은 훌륭하고도 깔끔한 정치적 경계를 가지거나 혹은 가지지 않을 수 있다. 코네티컷주, 메인주, 매사추세츠주, 뉴햄프셔주, 로드 아일랜드주, 버몬트주를 '뉴잉글랜드(New England)'로 인지할 수 있다. 그러나 미 대륙의 가운데 위치한 미주리주의 어떤 사람들에게 중서부 주가 중부도 아니고 서부도 아니라는 점을 고려한다면 '중서부(Midwest)'라는 용어는 이치에 맞는가?

대부분의 주요 와인 생산국은 과거 이 라벨링에 문제가 있었다. 시간이 지남에 따라 와인 생산국들은 제품 보호와 규제수단으로 지역 식별 시스템을 개발했다. 이 시스템은 와인 생산지역의 경계와 식별을 규정한다. 이 시스템은 명확하고도 정확하게 무엇이 특별한 와인지역의 일부인지 아닌지 말해 준다. 그래서 우리가 와인병에서 장소 라벨을 볼 때 그것은 매우 잘 정의된 것을 의미한다. 예를 들면, 환경을 고려하거나 그 환경에서 시간이 지남에 따라 진화해 온 와인생산의 유형에 의해 그 지역이 정의될 수 있다. 아니면 문화에 바탕을 둘 수도 있다. 어디에서 보르도가 시작되고 끝나는지 알 수 있게 해 주는 경관 속에 실마리가 있을 수 있다. 우리는 바로 그 실마리들을 볼 수 있도록 경관을 읽는 데 잘 훈련할 필요가 있다.

우리가 어떻게 19세기 풍경화가 존 컨스터블(John Constable)[6]의 그림을 볼 수 있는지 생각해 보자. 우리는 그의 색채 사용 혹은 그의 작품이 농촌 생활을 생생하게 만드는 방식을 감정할 수 있다. 그의 경관은 보여지고, 평가되

---

6. 19세기 영국의 대표적인 낭만주의 풍경화가. 소박한 시골 정경을 소재로 자연을 직접 관찰하고 변화하는 대기와 빛의 효과, 구름의 움직임 등에 주목하여 풍경화라는 장르에 새로운 기운을 불어넣었다.

와인의 지리학

고, 칭찬을 받는다. 지리학자들에게 경관은 미술작품처럼 단순히 찬미의 대상만은 아니다. 경관은 사람들이 책을 읽는 것처럼 '읽혀'야 한다. 경관이 반드시 전경(前景)에서 행동을 위한 배경은 아니다. 그것은 주제 그 자체일 수 있다. 지리학자들은 때때로 경관에 지나치게 많은 관심을 기울인다. 어쩔 수 없다. 특히 영화 보기를 좋아하는 우리에게는 일종의 직업병이다. 경관을 읽는 사람으로서 나는 영화 촬영지를 바탕으로 그 영화가 어디에서 촬영되었는가를 알아내는 것이 반(半)지적인 추구라는 착각에 빠질 수도 있다(약간 미약한 합리화이지만 나는 그것에 충실할 예정이다). 우리는 영화가 어디에서 촬영되었는지를 보기 위하여 마지막 크레딧이 올라갈 때까지 기다린다.

경관과 경관의 모든 요소들은 정말로 의미가 있다. 포도밭의 계곡들을 보면서 우리는 인간과 자연 사이에 상호작용으로 진화해 온 어떤 것을 본다. 여기서 환경과 인간은 땅의 외관을 창조하는 데 중요한 역할을 했다. 와인경관에 대한 사진 에세이가 단순히 예쁜 그림만은 아니다. 그것들은 해명되기를 기다리고 있는 정보의 원천들이다.

당신은 어떻게 경관을 읽는가?

루이스(Pierce Lewis)[7]는 '경관을 읽기 위한 공리(Axioms for Reading the Landscape)'라는 논문에서 경관을 읽기 위한 방법에 관한 몇 가지 규칙을 정의한다. 경관은 문화와 인간의 물리적 표현이다. 만약 장소가 외관상 유사하

---

7. Lewis, Pierce K., "Axioms for Reading the Landscape – Some Guides to the American Scene."

다면, 어떤 식으로든 문화도 유사하다. 시간의 시험을 견뎌 낸 경관의 변화들은 사람에게도 중요한 변화들이다. 일시적 유행은 사라진다.

루이스에 의하면 경관을 이해하기 위해서는 가장 두드러지거나 혹은 독특한 것들을 추구하는 버릇을 스스로 깨뜨려야 할 필요가 있다. 매우 일반적인 것이 반드시 지루한 것만은 아니다. 오히려 그것은 너무 중요해서 어디에나 존재한다. 당신이 주 간 고속도로 87번을 따라 뉴욕주 북부의 와인지역으로 차를 몰고 갈 때, 아름답게 보이는 똑같은 포도원을 연속적으로 통과하게 될 것이다. 어떤 경우에 포도밭을 갈라놓는 것은 단지 트랙터의 색깔일 것이다[포드(Ford)의 파랑색, 매시 퍼거슨(Massey Ferguson)의 빨강색, 존 디어(John Deere)의 녹색 혹은 우리 아이들이 나에게 말해 주는 기타의 것]. 이러한 유사성은 결국에는 조금 지루해질 수 있지만 간과해서는 안 되는 것을 의미한다.

우리의 경관 읽기의 첫 번째 시도에서 경관 요소가 시간 속에서 하나의 장소를 가지고 있다는 것을 고려할 필요가 있다. 경관 요소는 문화적 맥락과 환경적 맥락을 보유한다. 환경적으로 보르도와 유사하고 100년 전에 프랑스인들이 정착했던 한 지역은 아마도 보르도의 경관과 아주 유사하게 보일 것이다. 우리는 이를 직관적으로 이해한다. 심지어 어렸을 때도 언제 사태가 적당하고 그렇지 않은지 인식할 수 있을 만큼 환경과 문화에 대하여 충분히 안다. 이는 타고난 지리적 능력이다. 경관을 읽는 것이 쉽다거나 절대로 쉽지 않다고 말하는 것은 아니다. 루이스가 재빠르게 지적한 것처럼, 경관들은 많은 양의 정보를 전달할 수 있다. 그러나 경관이 정보에 대해 명백하다는 것을 의미하는 것은 아니다.

일단 우리가 경관에서 물리적 특징(지형, 식생, 건물 등)을 확인하는 데 능숙해진다면, 다음 단계는 그것들을 이해하기 시작하는 것이다. 어떠한 힘이 작용하는가? 무엇이 우리가 보는 물리적 특징을 형성하였는가? 이러한 문제들에 답을 할 수 있다면 매우 중요한 단계로 나아갈 수 있을 것이다. 그것은 경관이 보이는 방식을 이해하는 것으로부터 왜 경관이 그러한 방식으로 보이는지 설명하는 것으로 우리를 안내할 것이다.

경관이 형성되었던 방식에 대하여 지리학자들이 이야기할 때 – 경관의 형태 – 우리는 '형태학(morphology)'이라는 용어를 사용한다. 칼 사우어(Carl Sauer)의 공헌은 30년 이상 지리 이론을 지배했는데, 그는 1925년 '경관의 형태학(The Morphology of Landscape)'이라는 그의 독창적인 연구에서 이 개념을 두드러지게 만들었다. 그의 연구는 경관의 형성작용을 설명하기 위한 틀을 제공했다. 〈표 1〉은 사우어 작업의 산물이다. 이 연구의 기본 전제는 어떤 입지에서든지 환경의 힘이 작동한다는 것이다. 시간이 지남에 따라 이 힘은 자연적 형태를 창출한다. 우리가 자연적 형태를 함께 조합할 때 그 산물이 자연경관이다. 그 경관은 기후, 지표, 토양, 하천 유역과 그것을 독특하게 만드는 다른 특징을 가지게 될 것이다. 많은 입지들이 동일한 자연형태를 공유하게 될 것이다.

자연경관은 인간활동을 위한 배경 혹은 매개체다. 사람들은 그들의 문화, 필요, 관심에 따라 경관을 변경시킨다. 이렇게 변경된 것은 문화경관을 형성한다. 하나의 예로 대평원주(州)들의 경관에 주목해 볼 수 있다. 1800년대 앵

표 1. 사우어의 경관 형성을 설명하는 틀

환경적 힘	자연적 형태	매개체	인문적 형태	생산
지질학적	기후			
기후학적	지표	자연경관	인구 주택 종교 사회	문화경관
생물학적	토양 (하천)유역 자원 식물과 동물 생태			

글로인의 정착 물결 이전에 그 지역에서는 유목부족집단이 거주하고 있었다. 앵글로인의 정착과 함께 그 부족집단들은 농부들로 대체되었다. 그 매개체, 자연경관은 각각의 경우에 동일하였다. 그러나 분명하게도 인간의 간섭은 문화경관을 상당히 다르게 만들었다.

사우어는 결코 그가 발표한 연구에서 와인지역을 초점으로 사용하지는 않았지만 확실히 그의 이론은 와인경관에 적용될 수 있다. 나파와 소노마 (Sonoma)[8]지역을 한번 고려해 보자. 우리는 자연경관의 퍼즐을 읽을 수 있고 어떻게 그것이 창출되었는가를 보기 위해 조각들을 조립해 볼 수 있다. 우리는 각각의 조각들이 그 계곡에 정착한 와인 제조업자들에 의하여 어떻게 변형되었는지 짐작할 수 있다. 또한 왜 사람들이 변형을 선택했는지 이해하려고 시도할 수 있고, 그렇게 함으로써 나파와 소노마의 경관 혹은 심지어 이 책의 앞표지에 묘사된 그림에 있는 경관을 이해한다. 다음번에 와인 생산국을 여행하거나 혹은 당신이 좋아하는 와인 생산국의 사진을 넘겨 가면서 시도해 볼 수 있다. 그리고 이러한 종류의 읽기가 조금 어렵더라도 걱정하지 않아도 된다. 아무도 처음부터 당신이 셜록 홈즈같이 될 것이라고 기대하지 않는다. 그것은 연구를 필요로 한다. 또한 많은 실습을 필요로 한다.

경관의 개념은 점점 더 역사와 문화 보전 프로그램의 기초로 활용되고 있다. 우리가 역사적 보전에 관하여 생각할 때 개별적인 대상들을 생각하는 경향이 있다[예를 들어, 건물, 지붕이 있는 다리 혹은 조상(彫像)]. 이것 모두 좋지만 반면에 종종 독특하거나 특별한 것만 보전을 위해 선택되는데, 이 개별적인 대상들을 보전하는 것이 반드시 그 환경을 보전하는 것은 아니다. 이 주

위 환경은 어떤 경우에는 정말로 가장 중요하다. 또한 우리가 흔하게 발견할 수 있어서 그중 하나를 보전하는 것이 그것을 위하는 것이 아닌 것들이 존재한다. 또한 우리가 종종 사라질 때까지 인식하지 못하는 것들이 있다. 당신이 펜실베이니아주의 랭커스터 카운티(Lancaster County)를 방문한다면 손상되지 않은 아미시(Amish)9 농장의 경관을 발견하려고 시도해 보라. 그것은 매우 어려운 과제다. 도처에서 개발, 상업화 그리고 가장 거슬리는 형태의 관광이 존재하기 때문이다.

역사와 문화 보전주의자들은 이러한 생각을 명심하고, 경관 보전에 보다 더 관여하게 되었다. 이러한 경향의 선도자는 유네스코(UNESCO)10였다. 전 인류에게 중요한 사이트를 확인하는 과정에서, UNESCO는 세계적으로 중요한 경관을 포함시키기 위하여 세계유산 사이트(World Heritage Sites) 프로그램을 확대했다. 이 프로그램은 그 경관들의 중요성을 인식했지만, 그 자체로서 그것들을 보전하는 능력을 갖춘 것은 아니다. 오히려 그 프로그램은 보전 사업을 하는 데 필요한 자금 조달뿐만 아니라 지방 계획과 경관 보전의 기초를 제공한다.

와인, 경관 그리고 떼르와

와인에 대한 연구를 하게 될 때, 경관의 형태학은 매우 중요하다. 그것은 바로 사우어의 경관 형태학이 떼르와(terroir)의 연구에 대한 지리적 유사물이기

---

9. 주로 미국의 펜실베이니아주, 오하이오주, 인디애나주 등 여러 주에 집단적으로 살고 있다. 이들은 새로운 문명을 완강히 거부하고 있다.
10. United Nations Educational, Scientific and Cultural Organization(국제연합교육과학문화기구).

때문이다. 당신이 와인애호가라면 아마도 이미 '떼르와'라는 용어와 친숙할 것이다. 당신이 와인라벨에서, 책에서 혹은 당신이 좋아하는 와인의 웹 페이지에서 그 단어를 보았을 수도 있다. 그 용어는 도처에 있다. 왜냐하면 떼르와는 와인과 와인이 생산된 장소를 이해하기 위해 중요한 개념이기 때문이다.

그 개념에 익숙하지 않은 사람들에게 떼르와는 '땅', '토양'에 해당되는 프랑스어이지만, 그것은 그 이상이다. 떼르와는 와인에 영향을 미치는 그 지방의 모든 환경과 사회의 특징을 기술하기 위해 사용된다. 많은 사람들은 전체적으로 볼 때 장소의 모든 특징들 즉, 떼르와가 와인에서 느낄 수 있는 독특한 영향력을 가지고 있다고 믿는다. 이것은 지리를 음미하는 것을 의미한다. 떼르와는 장소가 중요하다는 것을 보여 준다. 지리학자들은 이에 대해 지리학의 여명기부터 논의해 왔다. 따라서 와인 지리학자들은 이 개념을 사랑한다. 경관의 형태학은, 우리가 주위 세계에서 본 것이 환경의 힘과 사람들이 그 환경에서 내린 결정의 산물이라는 것을 말해 준다. 떼르와는 또한 우리가 느끼는 맛이 환경의 힘과 우리가 환경에 대해 내린 결정의 산물이라는 것을 말해 준다. 그래서 와인 지리학자들이 그 개념을 깊이 신뢰한다는 것은 말할 필요조차 없다.

떼르와는 이 책에서 중요한 개념이다. 어떻게 지리학자들이 떼르와에 들어가는 요소들을 연구하는가를 스냅사진처럼 각각의 장에서 볼 수 있다. 그래서 당신이 이 책을 다 읽었을 무렵에는 와인지리학을 이해하게 될 뿐만 아니라 떼르와와 그것의 중요성을 심도 있게 이해하게 될 것이다.

와인의 지리학

생테밀리옹

　우리가 와인경관 읽기에서 사례연구에 주목한다면, 인터넷이나 선호하는 와인 지도집의 다양한 사진에 의존해야 한다. 그리고 유네스코의 문화경관 보전 프로그램에서 제시된 프랑스 생테밀리옹(Saint-Emilion)은 어떤 사례 못지않게 훌륭하다. 생테밀리옹은 유네스코 문화경관 보전 명부에 등재되어 있는 최초의 와인경관이었다. 이를 넘어서서 생테밀리옹은 와인경관은 어떻게 생겨야 하는지 우리가 생각하는 그대로처럼 보인다.

　경관을 연구하는 데 있어 우리는 자연과 함께 시작한다. 기후에서 국지화된 변화가 존재한 반면에 더 중요한 변화는 지역의 지질이다. 생테밀리옹은 해안 평야, 가론(Garonne)강11과 도르도뉴(Dordogne)강12의 광대한 계곡이 내륙 산기슭의 언덕에서 만나는 곳의 사면에 위치하고 있다. 그래서 생테밀리옹은 두 개의 독특한 떼르와를 가지고 있다. 하류 생테밀리옹의 평야들은 도르도뉴강과 그 지류들에 의해 오랫동안 퇴적된 충적토를 가지고 있다. 이들 토양은 깊고 자갈성이다. 생테밀리옹의 산기슭과 고원의 떼르와는 지질면에서 상당히 다르다. 언덕과 고원은 석회암이 풍부하다. 석회암은 쉽게 풍화되고 토양에 영양분을 추가한다. 지질에서 이러한 차이는 생테밀리옹의 상이한 코뮌에서 자란 메를로(merlot)13와 카베르네 프랑(cabernet franc)14 포도 품

---

11. 길이 647km(지롱드강 제외 길이는 575km), 유역면적 5만 6,000km², 센강·론강·르와르강과 함께 프랑스의 4대강으로 꼽힌다. 피레네산맥의 에스파냐령 아란 계곡에서 발원하여 아키텐 분지를 적시고 보르도를 지나, 지롱드 하구를 거쳐 대서양(비스케이만)으로 흘러든다.
12. 프랑스 남서부를 흐르는 강. 길이 472km. 오베르뉴 고원의 최고봉인 퓌드상시(1,886m)에서 발원하여 남서쪽으로 흐르다가 보르도 북쪽 15km 지점에서 가론강과 합류하여 지롱드강을 이룬다. 상류의 계곡지대에는 댐이 건설되어 마레즈·보르 등 4개의 수력발전소가 있고, 하류의 평야에서는 포도의 재배가 성하다.
13. 보르도와인을 대표하는 적포도주를 만드는 포도 품종. 포도 알이 둥글고 푸른빛을 띤 검은색이

종이 그 맛에서 중요한 차이가 있을 수 있다는 것을 의미한다.

생테밀리옹은 보르도에서 동쪽으로 20mile(약 32km)이 약간 넘고, 대서양에서 동쪽으로 약 55mile(약 88km) 떨어진 곳에 위치한다. 그러한 거리에서는, 프랑스 중앙부의 기후와 결코 유사한 기후를 보일 수 없을 만큼 대양으로부터 멀리 떨어져 있다. 이러한 기후로 생테밀리옹은 메를로와 카베르네 프랑의 포도 품종으로 만든 와인에 적합한 지역이다. 그 지역의 기후와 토양은 꽤 많은 농산물 재배를 위해 사용될 수 있지만 포도 재배의 성공은 포도를 그 지역의 단일지배 작물로 만들었다. 이러한 종류의 단일경작은 최근에 발생한 것이 아니다. 생테밀리옹은 로마시대까지 거슬러 올라가는 와인생산의 역사를 가지고 있으며 보르도 내에서 다른 생산구역들에 필적한다.

지리학자들에게 떼르와의 한 가지 단점은 와인과 함께 그것이 중단된다는 점이다. 지리학자로서 우리는 훨씬 더 많은 것에 관심을 가지고 있다. 생테밀리옹과 같은 장소에서 우리가 와인을 중단한다면 많은 흥미를 자아내는 지리학을 놓치게 될 것이다. 생테밀리옹에 대한 매우 특별한 어떤 것이 존재하기 때문이다. 생테밀리옹은 시간의 흐름에 영향을 받지 않는 것처럼 보이는 중세 성벽으로 둘러싸인 읍이다. 그 벽으로부터 당신은 도르도뉴 계곡을 가로질러 볼 수 있고, 이따금씩 단지 보르도에서 프랑스 중부로 달리는 기차의 모습을 흘끗 볼 수도 있다. 성곽과 성벽, 교회, 주택, 심지어 거리까지 천연 석회암으로 이루어졌다. 대략 석회석으로 되어 있지 않는 유일한 것은 지붕의 타일인데, 이것은 하천 계곡에서 채굴한 점토로 제조되었다. 건축물 재료와 역사

며 맛이 달콤하다. 1800년대부터 프랑스 보르도 지방과 이탈리아 베네토 지방에서 재배해서 지금은 카베르네 소비뇽과 함께 보르도와인을 대표한다.

14. 프랑스 보르도와 르와르 지역에서 적포도주를 만드는 포도 품종. 프랑스 보르도지방, 시드 웨스트(Sud-Ouest, 남서) 지방과 발 드 르와르(Val de Loire, 르와르강 계곡)에서 재배된다.

적 건축의 일치는 생테밀리옹을 우리가 상상하는 시골 프랑스 읍의 엽서로 만들어 준다(구불구불한 미로, 숨겨진 안마당, 카페, 교회 등). 읍의 건축에 사용된 일부 석회암은 현지에서 채굴되었다. 이것은 와인을 저장하기 위한 이상적인 공간을 제공해 주었다. 소도시의 성격은 자연, 역사 그리고 지역의 와인경제를 연계하는 와인경관을 창출하면서 주변 마을과 와인 샤또로 확대되었다.

우리의 연구가 와인과 함께 멈춘다면, 생테밀리옹에서 발전한 와인문화를 놓치게 되는 것이다. 소도시의 역사와 그곳의 와인은 서로 깊이 얽히게 되었다. 와인은 소도시의 역사와 문화의 일부이며, 소도시의 사회생활이다. 1년에 2번씩(6월, 9월의 3번째 일요일) 주민들은 쥐라드(Jurade)[15]의 역사를 축하한다. 그해의 나머지 기간에 생테밀리옹의 와인문화는 도시와 샤또에 나오는 와인관광객들을 환영하며 보다 덜 공식적인 방식으로 진행된다. 생테밀리옹의 경관과 특성이 유네스코에 의해 역사적으로 중요한 경관으로 승인을 얻었지만 생테밀리옹은 박물관이 아니다. 당신이 진정으로 와인경관을 경험하기를 원한다면 방문할 만한 이상적인 장소다.

---

15. 생테밀리옹 지역의 쥐라드는 옛날 영국이 보르도 지역을 지배하던 시대에 생긴 것으로 쥐라드는 810년이 넘는 역사를 자랑하고 있으며 어원으로 보면 이 지역을 관장했던 행정관 혹은 재판관의 의미라고 할 수 있다.

포도 재배의 기후학

The Climatology of Viticulture

당신이 선호하는 근처의 와인상점이 내가 가는 와인상점과 같다면, 그들은 두 가지 중 한 가지 방식으로 와인을 전시할 것이다. 한 가지 방식은 와인유형별로 전시하는 것이고, 다른 한 가지 방식은 국가별로 전시하는 것이다. 상이한 지역에서 온 와인들이 함께 그룹화되어 진열되어 있을 수 있다. 왜냐하면 그것들이 특별하거나 혹은 가장 진지한 미식가를 위해 자물쇠가 채워져 있는 최고급 와인이기 때문이다. 보다 일반적인 진열은 캘리포니아 와인(어쩌면 몇몇 오리건주 혹은 워싱턴주 와인이 섞여 있을 수도 있다), 프랑스 와인, 이탈리아 와인 그리고 아마도 약간의 독일 혹은 스페인 와인을 포함하고 있는 줄일 것이다. 최근에 당신이 찾는 와인상점은 아마도 오스트레일리아산 와인에 독자적인 열을 제공했을 것이다. 당신이 가는 상점이 충분히 크다면 그곳에는 남아프리카공화국, 칠레, 뉴질랜드, 동유럽, 그리고 동부 지중해와 같은 장소에서 생산된 와인을 포함하는 줄이 있을 수도 있다. 왜 노르웨이, 케냐, 에콰도르가 아닌 이 장소들인가? 왜 와인은 그토록 세계의 많은 상이한 지역에서 생

와인의 지리학

산되는가? 그에 대한 답은 기후다. 토양, 포도를 목표로 하는 해충, 운송상의 어려움, 경제적 통상금지, 문화적 차이와 관련된 문제는 극복될 수 있다. 그러나 온실을 제외하고 우리가 할 수 없는 것은 기후를 통제하는 것이다.

날씨는 날마다 변동한다. 그러나 장기적으로 그것은 예측 가능한 패턴이 된다. 기후는 수백 년 혹은 수천 년의 스케일에서 고려되는 한 장소의 날씨 패턴이다. 그러한 시간의 범위를 넘어 기후는 식생과 동물생태, 토양 발달에 영향을 가하고, 우리 문화의 성격에 영향을 미친다. 그 자체로서 그것은 포도 재배와 와인경관에 대한 우리의 이해에 대단히 중요하며, 기후는 떼르와의 한 가지 구성 요소다.

식물을 바탕으로 만들어지는 어떠한 종류의 제품이든지, 식물과 식물이 잘 자라나는 기후조건 사이에는 관계가 존재한다. 세계 기후지도, 자연식생의 패턴 및 농업의 유형을 비교해 보면 그것들은 유사한 패턴의 경향을 보인다. 오늘날 우리가 식품으로 재배하는 식물들은 한때 자연경관의 일부였다. 물론 우리들은 어떤 경우에는 수천 년 동안 그러한 식물들에 어설프게 손을 대 왔다. 그렇게 하는 과정에서 우리는 주목할 만한 방식으로 식물을 변화시켰지만, 할 수 없었던 것은 기후와의 관계를 끊어 버리는 것이었다. 가령, 옥수수는 키가 큰 초종(草種)에서 시간이 지남에 따라 진화하였다. 만약에 우리의 기후가 동부 대평원처럼 키가 큰 초종에 적합하다면, 우리는 옥수수를 재배하는 데 좋은 기후를 보유한 것이다.

기후는 와인용 포도가 생산될 수 있는 공간적 한계를 결정한다. 우리는 포도를 다룰 수 있고, DNA를 변화시킬 수 있고, 그것이 잘 자랄 수 있는 인공적 환경을 다룰 수 있다. 그러나 시장경제학과 와인 질에 대한 고려는 항상 포도의 기후적 한계로 되돌아가게 한다. 질 좋은 와인제조용 포도를 생산하기 위해서 길지만 찌는 듯한 더위가 아닌 따뜻한 성장기, 짧고도 너무 혹독하지 않은 겨울, 적당한 양의 봄과 초여름의 강우, 늦여름과 가을의 건조 상태가 필요하며 봄에 서리가 늦게까지 내리지 않아야 하고, 가을 서리가 일찍 내려서도 안 된다.

기후를 구분하는 데 사용되는 다양한 시스템이 존재한다. 이 시스템들의 일반적인 목적은 기온, 강수, 계절적 날씨 변동에 관한 엄청난 자료를 보다 해석하기 쉽게 만드는 데 있다. 가장 일반적인 것 중의 하나는 쾨펜(Köppen)[1]의 기후구분이다. 당신이 세계 기후지도를 가지고 있다면 그것은 아마도 쾨펜의 기후구분에 기반을 두고 있을 것이다. 이것은 기후가 A, B, C, D 혹은 E로 시작하는 두 개 및 세 개의 문자 조합으로 명명되어 있다. 다른 시스템처럼 쾨펜의 기후구분은 기온과 강수 패턴 그리고 어떻게 이것들이 일 년 동안 변동하는지를 고려한다. 그것은 광범위한 기후분류 혹은 매우 상세하고도 특별한 기후작업을 위해 사용될 수 있다.

아주 열심인 정원사들은 정원 카탈로그, 식물 라벨, 종자 꾸러미 들이 종종 기후에 대한 정보나 식물 내한성 지도를 포함한다는 것에 주목했을지도 모른다. 이들 지도는 미국 농업부(U.S. Department of Agriculture) 식물 내한성 분류에 기초를 두고 있고, 그것의 의도는 문제가 되고 있는 식물이 어디에서 생존하게 될 것인가를 보여 주는 데 있다. 어떤 점에서 그러한 지도는 기후에 관한 것이다. 어떤 점에서는 그렇지 않다. 내한성 측정은 최저기온에 바탕을 두고 있다. 이는 한 식물이 견딜 수 있는 최저온도의 수준이 얼마인가를 우리에게 말해 주기 위한 것이다. 내한성 측정은 식물의 습도와 강수 요구조건을 다루지 않는다. 그것은 왜 애리조나주의 피닉스(Phoenix)와 플로리다주의

---

1. 블라디미르 페터 쾨펜(Wladimir Peter Köppen, 1846.9.25.~1940.6.22.). 러시아 독일계 기상학자. 기상학에 대한 연구가 많았는데, 특히 '쾨펜의 기후구분'은 세계 각지의 기후를 11지역으로 구분하여 그것을 기호로 나타낸 것으로, 간편하기 때문에 널리 이용되고 있다.

　　　　　　　　　　　　　　　　　　　　와인의 지리학

올란도(Orlando)가 동일한 한계지대에 속하는가에 대한 이유가 된다. 여기서 가정은 우리가 식물이 성장하는 데 필요한 배수 혹은 관개의 요구조건을 대비할 수 있다는 점이다. 내한성은 우리가 식물에 필요한 습도를 제공한다면 어디에서 포도가 생존하게 될 것인지를 말해 줄 것이다. 이는 어떤 식물들에게 작용할 것이다. 나중에 보게 되겠지만, 그것은 우리에게 포도에 관하여 많은 도움이 되지는 않는다.

농업계에서 식물내한성의 사용은 상당히 제한적이다. 보다 일반적인 것은 생육도일(生育度日, GDD: Growing Degree Days)[2]의 사용이다. 내한성처럼 생육도일은 기후의 한 측면인 기온을 고려한다. 내한성과 대조적으로 생육도일은 생육기 동안 전체 가열을 반영한다. 그 자체로 가정의 공기조절을 위한 에너지 사용의 논의에서 우리가 사용하는 냉방도일(冷房度日, CDD: Cooling Degree Days) 개념과 관련이 있다. 이 개념은 우리에게 계절적 기온에 대한 논의 및 광합성과 식물의 호흡작용을 위한 에너지 이용에 대한 메커니즘을 제공한다.

생육도일의 산출[3]은 50°F(10℃)[4]를 기준으로 비교한 평균 일일 기온에 바

---

2. 농작물의 종류에 따라 일평균기온과 기본온도(base temperature) 차이를 생육기간 전체에 대해 합계한 도일(度日)을 말하며 작물재배의 적지나 품종 선정의 지표가 된다.
3. 생육도일은 일간 최고기온과 최저기온의 평균 온도를 기본 온도와 비교하여 계산한다. 여기서 기본 온도는 대략 10℃를 기준으로 한다. 그 계산식은 다음과 같다:

$$GDD = \frac{T_{max} + T_{min}}{2} - T_{base}. \ (T: 온도)$$

생육도일은 전형적으로 겨울 최저기온에서 측정된다. 기본 온도 이하의 어떤 온도든지 평균을 계산하기 전에 정해져야 한다. 마찬가지로 최고기온은 일반적으로 30℃에서 한도가 된다. 왜냐하면 대부분의 식물과 곤충들은 그 기온보다 높은 곳에서 성장하지 못하기 때문이다.
가령, 최고 기온이 23℃이고 최저 기온이 12℃인 날은 기본 온도가 10℃라고 한다면 7.5 생육도일에 기여한다.

$$\frac{23+12}{2} - 10 = 7.5$$

탕을 두고 있다. 평균 일일 기온이 50°F를 넘는(당신이 에어컨에 대한 냉방도일을 계산한다면 65) 모든 온도의 경우에, 당신은 전체 측정한 값에 초과 온도를 추가한다. 그래서 55°F(약 12℃)의 경우에 당신은 전체 수치에 5를 더한다. 4월부터 10월까지(포도나무는 포도가 익도록 개화한다) 성장기의 마지막에 이 수치들은 합산이 된다. 당신이 운이 좋다면 와인생산은 2000 생육도일 이하에서도 가능하다. 이상적으로 그 범위는 2500에서 4000 생육도일 사이고, 성장기에 평균 기온 약 75°F에서 80°F(약 24-27℃)에 해당된다. 4000 생육도일을 넘을 수 있고 여전히 의미 있는 와인을 생산한다. 그러나 높은 열은 심각하게 포도 생산과 질을 제한할 수 있다.

비록 절대적으로 확신할 수 있는 것은 아니지만, 생육도일 측정은 상이한 와인 생산지역의 성장 환경 사이에서 의미 있는 비교를 이끌어 내는 데 사용할 수 있다. 그러한 생각은 유사한 생육도일를 가진 지역들은 유사한 와인을 생산할 수 있어야 한다는 것이다. 보르도(Bordeaux), 뉴욕주의 핑거 레이크스(Finger Lakes)[5], 오스트레일리아의 쿠나와라(Coonawarra)[6]를 비교해 보자. 토스카나(Toscana)[7], 케이프타운(Cape Town)[8], 캘리포니아의 센트럴 밸리(Central Valley)[9]를 비교해 보자. 우리가 이 이론을 믿는다면, 이 지역들은

---

4. 화씨 온도를 섭씨 온도로 환산하는 공식: $℃=\dfrac{°F+32}{2}$

   섭씨 온도를 화씨 온도로 환산하는 공식: $°F=℃×1.8+32$

5. 핑거 레이크스는 미국 뉴욕주 북부의 서중부에 위치한 호수지대로, 동쪽에서부터 서쪽으로 Otisco Lake·Skaneateles Lake·Owasco Lake·Cayuga Lake·Seneca Lake·Keuka Lake·Canandaigua Lake·Honeoye Lake·Canadice Lake·Hemlock Lake·Conesus Lake로 이루어졌으며, 보통은 앞의 7개 호수를 지칭하는 경우가 많다.

6. 남부 오스트레일리아에서도 가장 남쪽 끝 코너에 위치한 이곳은 기후가 비교적 추운 지역으로 고전적인 포도 품종 재배에 이상적이다.

7. 이탈리아 중부에 있는 주. 주도(州都)는 피렌체이다.

8. 남아프리카공화국 웨스턴 케이프주의 주도이다.

          와인의 지리학

기후를 바탕으로 비슷해야 한다. 문제는 이론을 검증하기 매우 어렵다는 것이다. 우리는 와인의 품질에 영향을 미칠 수 있는 12개 혹은 다른 변수를 통제할 수 있어야 한다. 이것은 매우 복잡하다. 훨씬 더 긍정적인 점은 이것이 수많은 와인시음을 위한 기초가 될 수 있다는 것이다.

식물내한성 지도와 생육도일은 기온을 반영하고 그래서 기후구분의 한 부분을 다룬다. 와인의 지리학을 이해하기 위해서 우리는 더 많은 것이 필요하며 쾨펜의 기후구분에서 그것을 얻는다. 쾨펜의 기후구분은 수많은 다양한 기후 변수를 한 세트의 기후등급으로 표현한 것이다. 그 시스템은 기후와 연관이 있는 몇 가지의 언어를 취하고 공식적으로 기후데이터를 사용하여 용어를 정의한다. 이것은 가령 '열대성' 혹은 '사막'과 같은 용어의 의미에서 애매모호함을 제거한다. 부록에 있는 기후지도는 기본적인 쾨펜의 기후구분을 사용한다. 그래서 우리가 일반적으로 사용하는 용어와 친숙할지라도 그것을 와인에 대하여 사용하기 위해서는 여전히 약간의 번역이 요구된다.

와인생산에 적합한 기후를 살펴보기 전에, 한 가지 중요한 점에 관하여 구체적으로 알아볼 필요가 있다. 우리는 포도로 와인을 만드는 것에 대하여 이야기하고 있다. 이것은 중요하다. 왜냐하면 와인은 거의 모든 과일을 이용해 만들 수 있기 때문이다. 파인애플 와인, 크랜베리(cranberry) 와인, 자두 와인 그리고 다른 모든 포도 이외의 와인을 포함한다면, 우리의 와인과 기후지도는 아주 달라질 것이다. 이 포도의 대체물은 포도 와인제조에 잘 맞지 않는 지역에서 와인제조가 가능하도록 했다. 문화지리학자로서 우리는 와인용 포도의 기후적 한계가 어떻게 다른 와인 및 비(非)와인 알코올의 대안으로 이어졌는

---

9. 미국 캘리포니아주 중앙부의 대지구대(大地溝帶). 5만 2,000km². 남북 길이 약 750km. 동서 길이 약 80km.

가를 흥미롭게 살펴볼 수 있다. 그러나 지금은 포도에만 전념하도록 하자.

쾨펜 기후의 기후구분에서 가장 기본적인 수준의 분류는 기온조건에 의해 기후를 세분하는 것이다. 이것은 방대한 기후구분을 만들어 내는데, 어떻게 색깔이 분류되는가와 유사하다. 수백 개의 파랑색의 명암이 존재할 수 있고, 각각의 명암은 어떤 면에서 중요할 수 있다. 그러나 그것들 모두 여전히 파랑색이다. 이것이 바로 우리가 기후의 가장 기본적인 명칭을 가지고 보는 것이다. 아무리 수많은 국지적 다양성이 존재하더라도 모든 기후는 5개 분류 중 하나에 해당된다:

① 모든 달에서 평균 64.4°F(18℃) 이상의 열대기후
② 강수보다 증발이 더 많아 습기가 부족한 사막기후
③ 월평균기온이 26.6°F(−3℃)에서 64.4°F(18℃) 사이로 대부분의 와인생산이 이루어지는 아열대 기후
④ 월평균기온이 50°F(10℃) 이상인 달이 하나 혹은 그 이상이거나 월평균기온이 26.6°F(−3℃) 이하인 달이 하나 혹은 그 이상인 대륙성 기후
⑤ 월평균기온이 50°F(10℃) 이하인 극지 기후

기후지도에서 이 광범위한 분류에 대한 패턴이 존재한다는 것을 알게 될 것이다. 우리가 이 시스템에서 열대에서 극지로 이동할 때 우리 또한 적도에서 극으로 여행한다. 지표가 동일하다면(모든 대양 혹은 모든 대륙), 그 패턴은 매우 규칙적일 것이다. 그러나 그렇지 않다. 그래서 우리는 여기저기 패턴에서 약간의 불규칙성에 주목한다.

보다 세밀함의 정도를 높여 제공하기 위하여, 광범위한 기후구분은 강수를 바탕으로 세분된다. 어떤 기후는 일년 내내 균형적인 강수량을 보인다. 다른

와인의 지리학

기후의 최대 강수량은 여름 혹은 겨울 동안 집중된다. 이는 계절적 날씨 변이가 여름 건조기 혹은 겨울 건조기를 만들어 내는 지역에서 발생한다. 사막 기후는 계절적 강수 명칭을 가지고 있지 않다. 왜냐하면 결국에 그것들은 사막이기 때문이다. 계절적 강수 패턴은 와인생산에 관한 한 중요한 세부사항이다. 균형적인 강수 패턴은 포도 성장에 좋을 수 있다. 여름의 건조한 계절이 더 좋을 수도 있다. 습한 여름은 포도 성장과 와인생산에 문제를 만들어 낼 수 있다.

강수 패턴에 더하여 최고기온을 추가적인 세부항목에 포함함으로써 세부 수준을 더할 수 있다. 당신이 농업을 살펴본다면 그리고 우리에게 보다 더 중요한 포도 재배를 본다면 최고기온은 아주 유용한 세부항목이다. 여기서 핵심적인 수치는 70°F(21℃)와 50°F(10℃)이다. 어떤 식물들은 상대적으로 만족시키기 쉽다. 광합성을 할 수 있을 만큼 충분히 따뜻하다면[일반적으로 50°F(10℃) 이상] 식물들은 행복하다. 다른 식물들은 훨씬 더 까다롭다. 그것들은 몇 개월의 따뜻한 달[70°F(21℃) 이상]이 필요할 수도 있다. 혹은 식물들이 동면기 동안 진화했다면, 몇 개월의 차가운 달[50°F(10℃) 이하]이 필요할 수 있다. 포도는 어떤 식물들처럼 필요하지 않을 수 있지만, 최상의 상태가 되기 위하여 특별한 필요조건이 있다. 따뜻한 여름을 필요로 한다. 포도는 또한 겨울 동면 동안 진화했기 때문에 차가운 겨울이 필요하다. 이와 같이 어디에서 포도 재배가 이루어지고 이루어지지 않을지 결정하는 데 보다 더 상세한 기후데이터가 중요하다.

우리는 와인생산을 매우 제한된 수의 기후, 특별히 구체적으로 지중해 분지의 기후와 연관 짓는다. 물론 와인은 이 기후지역 밖에서도 생산될 수 있다. 인간의 재주와 때때로의 행운이 그러한 일을 가능하게 만든다. 그러나 이러한 문제들을 극복하기 위한 우리의 능력이 반드시 와인생산을 경제적으로 수지

타산이 맞게 만들 수 있는 것은 아니다. 남극의 온실에서 성장한 포도로 와인을 만들 수 있지만, 이는 매우 호사스러운 취미를 넘어서는 그 이상의 어떤 것도 아니다.

우리가 식물생장의 생산성에 이상적으로 적합한 기후를 원한다면, 그것은 열대기후가 될 것인데, 그곳은 일년 내내 따뜻하다. 열대기후 지역은 적도상에 있거나 적도에 가깝기 때문이다. 계절의 변화는 태양으로부터 들어오는 복사열 흡수를 조금만 변화시킨다. 적도지역의 열기는 거대한 양의 대류성 강우(convectional rainfall)**10**를 만들어 낸다. 대기는 종일 가열되고, 그것이 상승의 원인이 된다. 대기가 상승함에 따라 차가워지고 습기를 보유할 수 있는 능력을 상실하며, 그 결과는 오후의 소나기이다. 이것은 거의 하루 주기로 발생한다. 그 결과, 항상 따뜻하고 습윤한 상태가 특징인 기후가 나타나게 된다.

열대의 (기후)조건이 어떤 식물들에게는 좋을 수 있는 반면에 포도에는 그렇지 못하다. 와인 지도집에서, 적도 근처에는 와인 생산지역이 거의 없다는 것을 봤을 수 있다. 포도가 열대기후에서 자라지 못할 것이라는 것은 아니다. 포도는 자랄 것이다. 열대환경에서 성장한 포도는 단지 와인제조를 위해서는 좋지 않을 것이다. 동면 혹은 휴식 기간이 없는 와인용 포도는 와인을 형편없이 생산한다. 진정으로 겨울의 추운 기간에 기후에 적응한 대부분의 식물들은 최상이 될 수 있는 기간을 필요로 하고, 연중 내내 계속되는 열대의 따뜻한 기운은 그러한 기간을 제공하지 않는다. 제6장에서 충분히 토론을 하겠지만, 와인용 포도는 기온이 일관되게 50°F(10℃) 혹은 그 이하인 2~3개월의 추운 기간을 필요로 한다. 당연히 이것은 열대에서는 일어나지 않는다.

---

10. 지면이 강한 일사로 가열되어 대기가 불안정해지면서 대류가 발생하고 이로 인해 발생하는 강우 현상이다. 대기가 과열과습한 열대지방에서 주로 발생하는데, 빗방울이 크고 강하지만 단시간에 그친다. 토양의 유효성분을 유실시켜 비옥도를 낮게 한다.

와인의 지리학

찾고 또 찾는다면, 질 좋은 와인생산을 위해 필요한 서늘한 기간을 제공하는 몇몇 열대의 고립된 입지를 발견하는 것이 가능할 수도 있다. 문제는 이 입지들이 위도에 바탕을 두고 열대에 위치하더라도, 기후적으로 열대가 아닌 고원지대에 있다는 것이다. 우리가 열대기후에 대한 논의에서 이 위치들을 속이고 포함시킨다고 하더라도 기온을 다루는 것은 우리 문제의 단지 일부분이다. 열대기후에 대한 우리 정의의 일부는 강수량에 바탕을 두고 있다. 열대기후는 엄청난 강수량을 보유하고 있다. 그래서 우리가 올바른 기온특성을 가진 입지를 발견할지라도 열대기후의 고유한, 과도한 습도 문제는 극복하기가 매우 어렵다. 과도한 습도 문제는 와인용 포도 생산을 위해 건조한 조건을 필요로 하는 바로 그때(늦여름)에 엄청난 양의 강우가 내리는 몬순(monsoon)기후[11]에서 특히 극복하기 어렵다.

사막기후는 두 가지 서로 다른 환경에서 발견된다. 대부분의 세계의 거대한 사막은 북위 혹은 남위 약 25도에 집중되어 있다. 적도에서 상승의 원천인 뜨거운 공기는 상승함에 따라 차가워진다. 그리고 나서 그것들은 적도의 양편으로 폭포처럼 지구에 떨어진다. 공기가 하강함에 따라 기온은 상승한다. 이것은 공기를 건조시키고(열이 상승하는 것은 습기가 떨어지는 것을 의미한다), 사막과 같은 상태를 만드는 효과가 있다. 아프리카, 중동, 중앙아시아, 호주 그리고 미국 남서부가 바로 그러한 결과이다.

우리가 사막을 발견할 수 있는 또 다른 조건은 강수그늘 효과(rain shadow effect)[12]의 결과이다. 공기가 밀려 올라가서 산을 넘어섰을 때 그 공기는 차가

---

11. 몬순은 대륙과 해양의 온도 차이 때문에 발생하는 계절풍을 말한다.
12. 강수그늘은 산맥이 습한 바닷바람을 가로막고 있어 비가 내리지 않는 지역을 말하며, 바람이 산비탈을 타고 위로 올라가면서 해안의 평지와 산 경사면에는 비가 내리고 산을 넘어온 바람은 건조하므로 산 너머 지역에는 비가 적게 내리는 강수그늘 효과가 생긴다.

Chapter 03 포도 재배의 기후학

45

워지고 습기를 보유하는 능력을 상실한다. 가령 산의 바람을 받아들이는 쪽의 경우에 이것은 습윤한 날씨를 의미한다. 동일한 공기가 산 정상을 통과하고 다른 쪽으로 하강할 때 다른 쪽은 따뜻해지기 시작한다. 공기가 따뜻해진다는 것은 공기가 건조한 것을 의미하기 때문에 산의 바람이 불어 가는 쪽은 보다 건조해진다. 그것은 사막으로 분류될 수 있을 만큼 충분히 건조할 수 있다. 중앙아시아의 히말라야산맥과 남미의 안데스산맥의 바람이 불어 가는 쪽의 사막들은 이러한 효과의 가장 전형적인 사례다. 집에서 보다 가까운 지역의 오리건주와 워싱턴주의 코스트(Coast)[13]와 캐스케이드(Cascade)[14] 산지는 와인산업에 대단히 중요한 강수그늘 효과를 만들어 낸다.

사막이 어떻게 형성되는가에 관계없이 사막의 건조 환경은 기껏해야 성장하는 포도를 어렵게 만든다. 사막은 습도가 부족한 것이 특징이다. 사막에 강수가 내릴 수 있지만 증발 가능성이 이용 가능한 습기를 훨씬 더 넘어선다. 우리가 관개를 통해 부족함을 극복할 수 있다면, 포도는 이 지역에서 자라고 번성할 수 있다. 문제는 관개가 관리하기 쉬운 일이 아니라는 점이다. 사막기후에서 우리가 정원에서 많이 사용하는 분무식 관개는 포도 관개에 도움이 되지 못한다. 스프레이는 대기를 통과해서 날아가면서 증발로 인해 많은 물을 잃어버린다. 포도와 함께 우리는 또한 물 공급을 목표 삼아야 할 필요가 있다. 분무식 관개는 잔디의 세세한 부분까지 중요한 잔디밭에서는 훌륭하다. 그러나 포도밭에서 토지의 모든 곳에까지 물을 뿌릴 필요는 없다. 우리는 핵심적인 지점에 물 공급을 집중할 필요가 있다. 이를 위해 방울관개(drip irrigation)를 이용할 필요가 있다. 방울관개는 핵심 포인트의 지표 아래에 지속적으로 물이

---

13. 북아메리카 대륙 태평양 연안을 남북으로 달리는 산맥. 퍼시픽 코스트산맥이라고도 한다.
14. 미국 북서부 캘리포니아주·오리건주·워싱턴주에 걸쳐 있는 산맥. 주봉우리는 레이니어산 (4,323m)이다. 미국 본토 48개주 중에서는 가장 높은 산이다.

흐를 수 있도록 구멍 뚫린 호스를 눕혀 두거나 매립하는 방법을 사용한다. 사막기후에서 방울관개의 이점은 목표지점에 물 공급을 할 수 있는 능력과 증발에 의한 손실을 최소화하는 데 있다.

이것이 분무관개가 유용하지 않다는 말은 아니다. 방울관개는 사막 식물에 급수하기에는 불충분한 선택일 수 있다. 그러나 그것은 기온을 낮추는 데 유용하고 포도가 건포도로 변화는 것을 예방하는 데 도움이 된다. 물이 증발하기 때문에 그것은 효율적으로 기온을 낮추기 위하여 대기 중으로부터 열을 끌어온다. 사실, 이것은 몇몇 건조기후에서 에어컨으로 사용되는 증발식 냉각기(evaporative cooler) 혹은 '스왐프쿨러(swamp cooler, 물풍기)'[15]를 위한 바탕이다.

관개와 관련된 첫 번째 문제는 물에 대한 접근이다. 물은 사막기후에서 항상 이용할 수 있는 것이 아니다. 두 번째, 물은 사용하기에 안전해야 한다. 지하수와 지표수에는 관개를 위한 유용성을 제약하는 자연적 오염물질이 있을 수 있다. 세 번째, 펌프질을 한 물, 특히 장거리에서 펌프질로 퍼 올린 물이라면 엄청 비싸고, 관개를 감당할 수 없게 만들 수 있다. 이 세 가지 문제가 극복될 수 없다면, 방울관개와 분무관개에 대한 논의는 부적절하다.

열대기후와 달리, 사막기후는 질 좋은 와인생산에 대한 약간의 잠재력이 있다. 그렇다고 어떠한 사막이든지 와인을 생산 할 수 있다는 것을 의미하는 것은 아니다. 어떤 사막들은 너무 뜨겁고 건조해서 포도 재배의 합리적인 시도가 배제될 수 있다. 그러나 질 좋은 와인 포도를 생산할 수 있는 잠재력을 가진

---

15. 증발식 냉각기(습식 냉각기, 사막 냉각기 및 습식 공기 냉각기)는 간단한 증발로 공기를 냉각시키는 장치. 증발 냉각은 증기 압축 또는 흡수 냉동 사이클을 사용하는 일반적인 공기 조절 시스템과 다르다. 증발식 냉각기가 공기를 냉각시키는 과정은 여러 가지 면에서 대규모의 미스트 가습기와 매우 유사하다.

장소가 있다. 가령, 남부 애리조나주의 엘진(Elgin)[16]은 진정한 사막이라기보다는 건조초원(스텝)에 조금 더 가까운 조건을 갖추고 있다. 이곳에서 포도가 자랄 수 있으며, 와인이 생산될 수 있다. 그럼에도 불구하고 포도의 재배조건은 여전히 이상적이지 않으며, 그것이 제대로 작동하기 위해서는 적당한 양의 인간의 개입이 필요하다.

많은 유형의 농업의 경우, 대륙성 기후는 이상적이다. 지리학 입문 교과서는 대륙성 기후와 곡물, 채소 그리고 다른 형태의 농산물을 연관 짓는다. 대륙성 기후들은 적당하게 긴 생육기, 뜨거운 여름, 생육기 내내 풍부한 강수량을 보유한다. 이것은 대부분의 농업 형태를 훌륭하게 만든다. 그러나 위의 조건은 대륙성 기후를 포도 재배와 와인생산의 주변부로 만든다.

대륙성 기후는 충분히 대륙성이라 불리는 효과에 의해 만들어진다. 대륙과 같은 거대한 땅덩어리는 상당한 계절적 날씨 변동을 일으키면서 주변의 대양보다도 훨씬 빠르게 뜨거워지고 식는다. 여름에 뜨거운 날씨가 아니라면, 대륙은 따뜻하고 (가열로 인해) 저기압이 발생하며, 연간 강수량 중 많은 양이 내린다. 겨울에는 매우 추운 기후조건, 고기압(냉각 때문), 눈과 같은 형태의 제한된 양의 강수가 발생한다. 대륙이 크면 클수록 이 효과는 더욱 크다. 남반구에서 우리는 대륙성 기후를 볼 수 없다. 왜냐하면 열대 밖에는 작은 육괴(陸塊, 땅덩어리)만 존재하기 때문이다. 이것은 대부분의 육괴가 열대 밖에 존재하는 북반구와는 대조적이다. 북미, 유럽, 아시아는 대륙성을 만들어 내기에 알맞은 위도에 있다. 그 자체로서 대륙성 기후는 이 육괴들을 지배한다.

대륙성 기후는 대부분의 채소와 곡물이 자라는 데 완벽할 수 있다. 채소와

---

16. 엘진은 미국 애리조나주 산타크루즈 카운티의 인구 조사지정구역(CDP)이다. 엘진은 애리조나주에서 최초로 상업적인 규모의 와인제조에 참여한 지역이다.

와인의 지리학

곡물은 여름의 열기에서 빨리 자라고 제한된 생육기를 이용할 수 있다. 그러나 옥수수나 밀에 최적인 기후에서 질 좋은 와인을 생산하는 것은 복잡하고 위험한 노력이 된다. 그것은 지식과 기술 그리고 때로는 상당한 운이 필요하다. 대륙성 환경은 우연하게 여건이 좋은 해에 고품질 와인을 생산할 수 있지만 와인생산이 기껏해야 수익이 미미할 때는 여러 해 동안 여건이 좋지 않을 수 있다. 와인용 포도와 관련된 많은 것들이 이 환경에서 자생하고 번성한다. 다른 형태의 주류를 생산하는 데 사용되는 많은 작물들도 그러하다. 와인 포도의 변종을 이용하는 양조업자들은 성공적으로 그들의 기술을 실습할 수 있는 입지를 발견할 수 있다. 그러나 이들 지역에서 품질이 좋은 와인생산은 실질적 도전이 될 수 있다.

강수는 대륙성 기후에서 양조업자들에게 문제가 될 수 있다. 대륙성 기후는 일반적으로 여름에 최대 강수가 내리거나 균형 잡힌 연중 강수 패턴을 보인다. 이것은 당신의 채소밭을 위해서는 훌륭할 수 있지만, 와인생산을 위해서는 결코 이상적이지 않다. 늦여름과 초가을 강수는 즙이 많은 커다란 포도를 생산할 수 있다. 불행하게도 이 포도들은 허약하거나 '맥없는' 와인을 생산한다. 때늦은 습기 또한 곰팡이를 성장시키는 데 이상적인 환경을 창출한다. 어떤 양조업자들은 토양으로부터 수분을 제거하도록 되어 있는 작물을 줄과 줄 사이의 공간에 식재함으로써 토양의 과도한 습기를 처리한다. 적절한 가지치기와 분무는 몇몇 곰팡이와 균류 문제를 완화하는 데 도움이 될 수 있다. 그러나 성장기 마지막 무렵에 시기가 좋지 않은 강수는 훌륭한 작물을 그저 괜찮은 정도로 만들 수 있다. 이 점을 염두에 두고, 이들 지역의 와인 생산자들이 소나기에 앞서서 수확할 시기를 맞추기 위하여 일기예보를 주시하는 것을 발견할 수 있다.

대륙성 기후의 지역에서 와인생산을 위한 또 다른 주요한 제약은 기온과 성장기의 기간이다. 와인용 포도의 성장 패턴을 논의하는 과정에서 발견하게 되겠지만, 성장주기에서 기온이 결정적으로 중요한 지점이 존재한다. 또한 성장주기에서 포도가 극단적인 추위에 민감한 단계가 존재한다. 이것이 의미하는 것은 늦은 봄, 초가을 서리는 재난에 가까운 결과를 가져올 수 있다는 점이다.

서리에 민감한 지역에서 생육할 수 있는 작물을 생산 가능하도록 하는 문제를 다루는 방법들이 존재한다. 암석이 많은 토양은 열을 흡수하고 보존하며, 언덕 사면에서의 식재는 열을 집중시킬 수 있다. 어떤 양조업자들은 서리 기간에 분무관개를 한다. 왜냐하면 아이러니하게도 식물 위에 형성된 얼음은 보다 차가운 외기에 반하여 식물을 격리할 수 있기 때문이다. 바람을 일으키는 장치와 프로판17 난방기들이 또한 서리를 이기기 위해 사용된다. 이러한 모든 실행은 광선과 빈번하지는 않은 서리에 효율적으로 대항할 수 있으나, 대량의 반복되는 서리에 민감한 지역에서는 경제적으로 수지타산이 맞는 것은 아니다. 또한 기온이 실제로 식물을 동사시킬 만큼 충분히 낮게 떨어지는 곳에서는 식물을 보호하지 못할 것이다.

포도나무는 상당히 내구성이 있는 식물이고 다양한 기후에서도 생존할 수 있다. 그러나 포도나무를 이용하려면 단순한 포도나무의 생존 그 이상의 것이 필요하다. 우리가 원하는 수량과 품질을 만들어 낼 수 있도록 포도나무를 생존시키고 번성시켜야 한다. 포도나무는 수많은 상이한 한계기후에서 자랄 수 있는 반면에 대규모 포도 재배는 여전히 와인에 이상적인 소수의 기후에 국한된다. 그렇다면 와인에 이상적인 기후는 무엇인가? 우리는 아직 아열대와 극지 기후를 논하지 않았다. 극지기후는 명백한 이유 때문에 재빨리 결론지을

---

17. 탄소 수가 세 개인 포화 탄화수소. 무색무취의 가연성 기체로 상온에서 압력을 가하면 쉽게 액화한다. 액화 석유 가스의 주성분을 이루며 가정용이나 자동차 따위의 연료가 된다.

수 있다. 이제 아열대 기후만이 남았다.

아열대 기후는 일반적으로 사막과 대륙성 기후 사이에 놓인 곳에서 발견된다. 아열대 기후는 와인제조자들에게 긴 성장기, 따뜻한 기온과 고품질 와인을 위한 차가운 겨울 휴식기의 적당한 조합을 선사한다. 아열대 기후에서 문제는 강수다. 여름에 최고 강수를 보이는 아열대 기후는 대부분 인디아와 중국에서 지배적이다. 이들 지역은 단순히 늦은 여름 동안 너무 습하기 때문에 주요한 와인 포도 생산지역이 아니다. 남동부 미국, 브라질 일부와 같이 고른 강수량을 보이는 몇몇 아열대 기후지역은 강수량이 너무 많고 열대에 너무 근접해 있어서 와인생산을 지원할 수 없다. 그리고 북유럽과 알래스카에서 발견되는 몇몇 차가운 아열대 기후지역은 단순히 와인 포도에게 너무 춥다. 그러나 아열대 기후 계급 내에서 우리 대부분은 와인생산과 관련되는 기후를 발견할 수 있다. 바로 지중해와 서안해양성 아류형(亞類型, subtypes)이다.

쾨펜의 기후구분에 존재하는 분류들 중에서 와인생산과 가장 강력하게 연관되는 것은 지중해성 기후이다. 이 기후는 지중해와 그 주변 지역의 지배적인 기후이기 때문에 지중해성 기후라고 언급된다. 지중해성 기후는 일반적으로 위도 (남북 각각) 30도에서 45도 사이에서 발견되고, 상대적으로 온화한 겨울과 따뜻하고 건조한 여름을 보유한다. 비록 지중해성 기후가 차가운 겨울을 경험할지라도 평균 기온이 영하로 떨어지는 때가 두 달 이상을 넘지는 않는다. 지중해성 기후는 사막과 같은 조건에 가깝지만 진정한 사막에서 발견하게 되는 것보다 더 많은 습기를 가지고 있다. 여름에, 열기와 적은 강수의 조합은 만약 식물들이 그러한 여름 가뭄조건에 익숙하지 못한다면 생존하기 어렵게 만드는 건조 상태를 야기한다. 식물들은 여름에 휴지기를 갖거나 식물이 수분을 보유할 수 있도록 두꺼운 반질거리는 잎사귀를 발전시킴으로써 이러한 조건에 적응한다. 포도는 지하 심층에 저장된 물을 빨아올릴 수 있는 심층 뿌리 시스템을 발전시킴으로써 적응한다.

　지중해성 기후는 뜨거운 사막과 적도로부터 멀리 떨어진 서늘한 해양성 기후 사이의 점이지대에 존재한다. 여름 동안 사막과 연관성이 있는 건조한 조건과 높은 기온이 이 지역으로 이동하면서 이 기후를 사막처럼 만든다. 겨울 동안 보다 시원하고 보다 습윤한 조건이 되돌아온다. 차고 습윤한 겨울 조건은 왜 이들 지역이 사막으로 분류가 되지 않는가에 대한 이유이다. 이 기후는 지구의 기울어진 회전축의 산물이다. 태양 주위의 궤도와 관련이 있는 23도는 계절이 생기는 원인이다. 이러한 경사가 없다면 지중해성 기후는 존재하지 않을 것이다. 캘리포니아, 스페인, 이탈리아, 오스트레일리아, 남아프리카공화국, 남부 프랑스 대부분의 와인 생산지역들이 지중해성 기후에서 발견되기 때문에 23도 경사가 없다면 비극이 될 것이다.

　포도 성장의 적합성 측면에서 서안해양성 기후는 지중해성 기후에 아주 근접하게 버금간다. 서안해양성 기후는 지중해성 기후에 이웃하거나 지중해성 기후의 극지 방향에 입지해 있고 그 이름에서부터 예상할 수 있는 것처럼 대륙 서해안에서 발견된다. 중위도에서 바다로부터 불어오는 편서풍은 이 기후의 기온을 온화하게 한다. 훨씬 더 먼 내륙은 기후가 대륙성일 수 있지만, 해안 입지는 아열대 기후로 분류될 수 있을 만큼 충분하게 기후조건을 온화하게 한다. 포도 재배의 비결은 가능한 한 적도에 가까운 곳의 서안해양성 기후에 존재하는 것이다. 그것은 서안해양성 기후가 적도로부터 멀리 스코틀랜드, 노르웨이, 알래스카와 같은 장소까지 확대되어 있기 때문이다. 이들 장소는 다른 종류의 주류를 생산하는 데 좋을지라도(우리는 뒷장에서 스코틀랜드와 위스키에 대해 토론할 것이다), 나는 당신이 아마도 훌륭한 알래스카 와인을 가져보지 못했다고 보장한다.

　서안해양성 기후는 포도 생산에 아주 잘 맞을 수 있는데 비해, 지중해 기후와는 명확하게 다르다. 서안해양성 기후는 보다 서늘하고, 비가 자주 오고 여름 가뭄이 더 적다. 그렇긴 해도 너무 추워서 와인을 생산할 수 없을 만큼 충분히 극지 방향이 아니거나 너무 습해서 와인 포도를 생산할 수 없을 만큼 비가 자주 오는 것도 아니다. 서안해양성 기후들은 다양한 종류의 식생을 지원할지라도 지중해성 기후와는 상이하다. 이들 지역의 와인 제조업자들은 포도의 변종들이 추운 날씨에 더 잘 적응하고 비가 많은 날씨에 더 잘 적응한다고 보는 경향이 있다. 오리건(Oregon)과 캘리포니아를, 알자스(Alsace)[18]·부르고뉴와 프로방스를, 또는 독일과 이탈리아를 비교할 때, 우리는 본질적으로 서안해양성 기후와 지중해성 기후를 비교하는 것이다.

스페인

지중해성 기후의 거의 완벽한 사례는 북부 해안지역과 몇몇 산악지역을 제외한 스페인의 지중해성 기후이다. 부분적으로 이것은 스페인의 위도에서 기인한다. 그것은 또한 강수그늘 효과의 산물이다. 그 결과는 동일한 기후가 아니다. 차라리 그것은 지중해성 기후지만 북쪽에서 남쪽으로 이동함에 따라 점점 더 뜨거워지고 건조해지는 경향이 있다.

다른 모든 지중해성 기후지역처럼 스페인의 여름 날씨는 매우 덥고 건조하다. 북쪽의 아열대 고기압의 변화는 나머지 기간 동안 사하라 사막 위에 축적되어 있던 덥고, 건조하고 가라앉는 공기를 가져온다. 강수그늘효과가 스페인

---

18. 프랑스의 동부, 독일 국경 쪽에 위치한 알자스는 보주(Vosges) 숲이 있어 강우량이 적고 바람도 막아 주어 와인생산에 적합하다. 지역마다 토지의 기복이 심해 미기후가 형성되고 토양 질이 다양하며 북-남쪽으로 110km에 걸쳐 와인을 생산한다.

의 겨울 강수량을 제한한다는 점에서 스페인은 다른 지중해성 기후 지역과 차별화된다. 만약 스페인이 완벽하게 평평하다면, 북쪽으로부터 불어오는 찬 바람은 북대서양으로부터 비와 눈을 가져올 것이다. 그러나 스페인은 평평하지 않다. 북서부 스페인에서 대략 해안과 평행하게 달리는 산맥 코르디예라 콘타브리코(Cordillera Contábrico)[19]산맥은 강수그늘을 만들어 낼 만큼 충분히 높다. 보다 동쪽으로 가면 피레네(Pyrenees)산맥은 훨씬 더 위압적인 장벽이다. 이 산맥들은 중간의 더 작은 규모의 산맥들과 결합해서 훨씬 더 북쪽에서 발생하는 습윤한 날씨로부터 스페인을 고립시킨다.

강수그늘효과와 아열대의 높은 기온의 계절적 이동은 스페인의 와인 제조업자들이 가뭄을 다루는 데 능숙해야 한다는 것을 의미한다. 스페인 중앙부의 많은 부분이 해발 1,000ft(약 304.8m) 이상일지라도 결과적으로 냉각효과는 여름 가뭄을 진정시키기에는 미약하다. 사실, 몇몇 스페인 와인지역의 기온은 실제 광합성을 방해할 정도로 충분히 뜨거울 수 있다. 적어도 잔디의 질로 자신의 값어치를 측정하는 사람들에게 가뭄에 대한 명백한 대응은 관개를 하는 것이다. 우리가 앞서 논의한 것처럼, 이것은 방울관개(drip irrigation)다. 그러나 많은 지역들은 관개를 실행할 만큼 물이 충분하지 않다. 그러나 관개의 이용은 포도원의 경제성과 관련된 이슈다. 관개 시스템을 설치·유지하고 이용하는 비용은 충분한 재력을 가진 대형 생산자들에게 유리하다. 그것은 관개가 여전히 소규모 양조업자의 관심이라는 것을 말해 준다. 왜냐하면 그것은 조밀한 포도나무 식재와 포도나무 한 그루당 높은 수준의 생산성을 허용하기 때문이다. 관개는 높은 운영비를 상쇄하고 또한 시스템 설치를 위해 빌린 돈을 갚

---

19. 스페인의 주요 산맥 중의 하나로서 영어로는 "The Cantabrian Mountains" 혹은 "Cantabrian Range"이다. 이것은 북부 스페인을 가로질러 약 300km 이상 뻗어 있다.

와인의 지리학

고도 남을 만큼 충분할 수 있다. 그러나 양조업자가 물을 가지고 있고, 그것을 사용할 여유가 있고, 그것을 이용하도록 허가되었을지라도 정상적인 포도나무를 사용하여 와인생산을 위한 포도를 생산하기에는 여전히 너무 뜨겁고 건조할 수 있으며, 사실 보다 춥고 보다 비가 많이 오는 조건에 적응한 포도나무가 스페인에서는 드물다.

단지 극단적으로 건조하다고 해서 즉각적으로 관개로 전환할 필요가 있다는 것을 의미하는 것은 아니다. 단순하게 포도밭에서 줄 간격을 늘림으로써 양조업자들은 가뭄조건을 거스를 수 있다. 줄 간격이 크면 클수록 포도나무가 물을 끌어 올릴 수 있는 지역이 더 넓다. 이렇게 하면 개별적인 식물들이 건조한 조건에 더 잘 대응할 수 있다. 그러나 불리한 면은 줄의 숫자가 적어지고 생산이 줄어들 것이라는 점이다. 다른 식물들에게 가는 수분 손실을 막기 위하여, 가뭄의 영향을 받는 지역의 양조업자들은 포도나무 줄 사이의 잡초와 풀들의(만약에 정말로 그러한 식물들이 실제로 자란다면) 성장을 막기 위하여 할 수 있는 것을 할 것이다. 잡초와 풀들은 경제적 가치가 없다. 그래서 이 포도나무에 의해 더 잘 이용될 수 있는 수분을 빨아들일 때 잡초와 풀은 유지할 만한 가치가 없다. 양조업자들은 지표수를 잡기 위한 노력의 일환으로 개별적인 식물 주위의 집수구역을 활용할 수 있다. 그들은 또한 증발률을 증가시킬 수 있는 지표의 바람을 차단하기 위한 다양한 방법을 시도한다. 스페인 포도원에 대한 그림을 통해서 보거나 혹은 다음 방문 때 그것을 찾아봐라. 당신은 의심할 바 없이 스페인 와인경관에서 이러한 실례를 보게 될 것이다.

가뭄에 적합한 식재 방법을 이용하는 것 이외에도 스페인 양조업자들은 가뭄에 적응한 품종의 포도를 사용하는 데 익숙하다. 이 식물들은 정상적인 품종에게 너무 뜨겁고 건조한 조건에서도 생존할 수 있다. 어떤 것은 형태 면에서 훨씬 더 관목과 같다. 그것들은 낮은 곳에서 자라는 관목처럼 자라기 때문에 격자 울타리 위에서 길러지는 것보다 태양에 덜 노출된다. 몇몇 스페인의 포도원에서 이들 변종은 전혀 격자를 사용하지 않는다. 식물의 형태를 넘어서 어떤 식물들은 보다 적은 수분을 사용하는 것에 적응했다. 그것들은 보다 작은 잎 혹은 습기의 손실을 늦추는 반질거리는 잎을 가질 수 있다.

극단적인 열기 및 한발에 관한 논의에 이어 추운 날씨 문제에 대해 논의하는 것이 이상해 보일 수 있다. 그러나 그러한 논의는 스페인과 그곳의 기후에 관하여 흥미로운 일이다. 북쪽의 산들은 높거나 단단한 벽이 아니다. 날씨 시스템은 해안가의 산맥들 위로 통과할 수 있다. 또한 산맥들은 대서양으로부터 차갑고 습한 공기에 대한 도관 역할을 하는 계곡을 가로지른다. 피레네산맥은 다른 산맥들보다 차가운 북쪽 공기에 훨씬 더 중요한 장벽이다. 그러나 가을과 겨울에 차가운 산악공기는 계곡으로 흘러내려 온다. 이 차가운 바람은 스페인 북부 변경을 따라 와인지역에 성장기간을 단축시킬 수 있다. 많은 스페인 와인지역들은 고원지대에 있기 때문에 그곳의 고도는 서늘한 기온을 야기할 것이고 와인생산에 영향을 미칠 수 있다. 그 결과, 양조업자들은 여름의 극단적인 기온과 가을과 겨울의 추위 문제를 다루어야 한다.

열기에 대처하기 위하여, 스페인 양조업자들은 전통적으로 기후에 잘 적응하고 한발에 적응한 포도 품종을 사용해 왔다. 비록 스페인 밖에서는 주로 품종 이름의 인지도가 부족하기 때문에 품종이 와인 소비자들에게 약간 신비스러울 수 있지만, 스페인 사람들에게는 아주 잘 알려져 있고 사랑받는다. 리오하(Rioja)[20], 나바라(Navarra)[21] 그리고 카스티야 이 레온(Castilla y León)[22]

---

20. 스페인에서 가장 좋은 와인을 생산하는 지역. 19세기 필록세라로 유럽의 포도원이 황폐해질 때 많은 프랑스의 와인 기술자들이 이 지역에 이동해 들어왔다. 그 후 많은 기술자들이 스페인을 떠났지만 그들의 기술과 경험을 리오하인들에게 전수하고 갔으므로 이때부터 리오하에서 좋은 와인이 생산되게 되었다.

와인의 지리학

과 같은 이름은 다수의 소비자들에게 많은 것을 의미하지는 않는다.

그것들은 스페인의 가장 중요한 와인지역일지라도 여전히 보르도(Bordeaux), 부르고뉴(Burgundy), 토스카나(Toscana)와 같은 이름만큼의 인지도를 가지고 있지 못한다. 이름 인지도의 문제 또한 몇몇 가장 일반적인 스페인 포도 품종에까지 확대된다. 템프라니요(Tempranillo)[23]와 (비록 그르나슈로 쓰지만) 가르나차 틴타(Garnacha Tinta)[24]는 샤르도네나 카베르네 소비뇽만큼 미국인들의 귀에 익숙하지가 않다.

시간이 지남에 따라 부분적으로 품질 덕택에 스페인 와인의 인지도는 크게 개선되었다. 또한 인지도가 높아진 원인의 일부는 현재 스페인이 어떠한 상태인지에 대한 이해가 증가된 데에 있다. 오랫동안 세계는 경제의 주류에서 (스페인이) 프랑코 정권하에 고립되어 있었기 때문에 스페인이 무엇을 하고 있었는지 정확하게 알지 못했던 것 같다. 그러나 오늘날에는 더 이상 그렇지 않다. 유럽에서 가장 열망하는 재산 중의 일부는 스페인의 지중해 해안이다. 스페인은 프로스포츠의 가장 인지도가 높은 몇몇 팀의 고향이고 와인거래에서 점점 더 잘 알려지고 있다. 고유 와인광고를 통하든 혹은 와인생산 기술과 보다 널리 알려진 포도를 채택하든 간에 스페인 와인은 미국의 선반에서 늘어나고 있다.

---

21. 스페인 피레네산맥 서부의 구릉지. 주도는 팜플로나이다.
22. 스페인의 17개 지방 중에서 가장 큰 지방으로 국토 전체 면적의 5분의 1에 가까운 18.6%를 차지하고 있다. 이베리아 반도 중부에 광활하게 펼쳐진 메세타 센트랄(Meseta Central) 내륙고원에 위치한다. 과거 레온 왕국과 카스티야 라 비에하(Castilla la Vieja, 옛 카스티야라는 뜻) 왕국의 영토가 합쳐져 탄생한 주로 '카스티야 이 레온'이라는 지명은 '카스티야와 레온'이라는 의미이다.
23. 스페인 리오하 와인을 만드는 주요 적포도 품종. 주로 스페인 리오하 지방에서 재배되어 그르나슈(Grenache) 품종과 블렌딩된다. 척박한 환경에서도 잘 자라며, 수확이 빠른 품종이다.
24. 스페인에서 가장 비싼 레드와인으로 수확량이 많으며, 당분함량도 높다. 프랑스에서는 그르나슈라고 하는 것으로 교황이 아비뇽에 있을 때 스페인에서 프랑스로 도입한 것이다.

Chapter 04

미기후와 와인

Microclimate and Wine

 우리가 기후, 떼르와(terroir) 그리고 와인에 대하여 이야기할 때, 스케일
(scale)[1]의 문제를 다룰 필요가 있다. 스케일은 일반적인 지리적 개념이다. 우
리는 거리와 보여질 수 있는 세부사항의 양을 나타내기 위하여 지도상에서 스
케일을 사용한다. 우리가 기후에 대하여 이야기할 때 이는 매우 중요한 개념
이다. 기후를 살펴보는 것은 쇠라(Seurat)[2]의 그림을 보는 것과 유사하다. 쇠
라는 색의 미세한 점을 사용하여 그림을 창조한 프랑스 인상주의 화가다. 가
까이에서 보았을 때 그것은 단지 채색된 점들이다. 어느 정도 떨어져서 보면
그 점들은 복합적인 이미지를 형성한다. 기후도 그와 유사하다. 스케일을 바

---

1. 1990년대 이후 지리학에서 스케일에 대한 연구가 영미권을 중심으로 활발하게 이루어지고 있다.
   이와 관련된 문헌은 무수히 많지만 그중에서도 단일 저자가 정리한 최초의 단행본이라고 할 수 있
   는 앤드루 헤롯(Andrew Herod, 2011)의 *Scale*(Key ideas in geography series)을 참고하라.
2. 조르주 쇠라(Georges Pierre Seurat, 1859.12.2~1891.3.29). 신인상주의미술을 대표하는 프랑
   스의 화가. 색채학과 광학이론을 연구하여 그것을 창작에 적용해 점묘화법을 발전시켜 순수색의
   분할과 그것의 색채대비로 신인상주의의 확립을 보여 준 작품을 그렸다.

와인의 지리학

꾸면, 다소 떨어진 곳에서 광범위한 기후지역으로 나타나는 것이 수많은 국지적 기후변화로 분해된다. 우리는 이 국지화된 기후변동을 미기후(microclimate)라고 부른다. 이는 다른 모든 자연적 요소가 동일하더라도 한 포도밭의 떼르와가 그 이웃의 떼르와와 다를 수 있다는 것에 대한 이유가 된다.

기후는 동일하지 않다. 기후구분을 위해 우리는 몇 안 되는 기상관측소에서 작성한 광범위한 (지역) 기온과 습도 자료를 이용한다. 그러나 그러한 범위는 많은 국지적 변이를 허용한다. 산 정상과 계곡, 남쪽 사면과 북쪽 사면, 모두 동일한 광범위한 기후구분에 속한다. 그렇다 치더라도 그 기온과 습기에서 여전히 상당한 차이가 있다. 가령, 해안의 조건이 내륙의 조건과 항상 약간의 차이가 존재하는 코네티컷(Conneticut)주에서 이를 발견할 수 있다. 그 차이는 계속적으로 지속된다. 이는 일시적 이탈이 아니다. 그 결과, 광범위한 기후지역 내에서 미기후적 변이가 존재한다.

앞 장에서 서안해양성 기후를 논의할 때 이 국지적 기후 문제를 넌지시 암시했다. 아일랜드, 영국, 프랑스, 독일은 그러한 기후가 지배적이다. 만약 우리가 바로 그 올바른 장소에 있다면 고품질 와인은 이 기후에서 생산될 수 있다. 독일은 서안해양성 기후에 속해 있고, 훌륭한 와인을 생산하지만 와인을 도처에서 생산하는 것은 아니다. 훌륭한 독일 와인은 국지적 조건이 와인 포도 생산에 적합한 특정한 장소에서 나온다. 날씨와 관련하여 약간의 운이 있는 것은 확실히 국지적 조건에 영향을 미치지 않는다. 또한 보다 차가운 조건에 적응된 포도 품종을 갖는 것은 도움이 되지만 그것은 다음 장의 주제다.

그렇다면 일반적으로 포도 생산에 좋지 않은 기후에서 와인을 만들기 위해 무엇을 취해야 하는가? 그것은 바로 올바른 입지를 택하는 것이다. 당신이 와인 지도집이나 혹은 사진 에세이가 가까이에 있다면, 독일 포도밭의 그림을 빠르게 넘겨 봐라. 아마도 어떤 사진들은 강을 조망하는, 가파르게 경사진 포도밭을 보여 줄 것이다. 결국, 몇몇 독일의 최상의 와인은 모젤(Mosel)강 계곡과 라인(Rhein)강의 지류인 몇몇 다른 계곡의 포도밭에서 나온다. 아마도 당신의 지도는 그 지역의 와인 생산지역을 보여 줄 것이다. 더 나은 경우는 평균 품질의 와인 생산지역과 최상의 와인 생산지역을 구분할 것이다. 이상적으로 당신의 와인 지도집은 지표 형상 혹은 지형을 보여 주는 지도를 포함하고 있을 것이다.

와인 지도집을 소유하고 있지 않거나 혹은 지형도를 읽는 기술을 마스터하지 못한 사람들을 위해 (말하자면) 와인생산의 패턴은 대개 남쪽에 접한 경사지대에서 탁월하다. 심지어 최상의 생산지역은 그 지역 하천의 바로 위의 가파른 남쪽 경사면이다. 그리고 우리가 정말로 사소한 것까지 캐고 들어간다면, 바로 최상의 생산지역은 그 지역 하천 바로 위의 가파른 남쪽에 면한 경사의 중간지점이다. 최상의 생산지역을 설명해 주는 것은 미기후다. 그러나 그 설명이 미기후라고 말하는 것은 차가 엔진이 있기 때문에 움직인다고 말하는 것과 유사하다. 기술적으로 그것은 올바른 대답이지만, 여전히 우리에게 많은 것을 말해 주지는 않는다.

기후에서 국지적 변이는 다양한 이유 때문에 발생할 수 있다. 경사는 태양복사에너지 수용 각도, 토양의 습기, 바람 노출, 찬 공기 배출에 영향을 미칠 수 있다. 큰 물에 인접하고 있으면 기온을 제어할 수 있고 기온의 진폭을 최소화할 수 있다. 고도는 기온과 강수에 심각한 영향을 미칠 수 있다. 심지어 바다 수준에서 존재하는 것조차 기온에 상당한 영향을 미칠 수 있다. 우리가 이것들을 조합하기 시작했을 때 모두 동일한 광범위한 기후분류를 가지는 지역들에서 결국에는 수많은 공간적 변이가 생길 수 있다. 기후, 떼르와, 와인을 이해하기를 원한다면 이 다양성을 이해하는 것이 필요하다.

기온과 미기후에 대한 지표의 영향을 이해하기 위하여 다음과 같은 예시를

와인의 지리학

고려해 보자. 애리조나주 투손(Tucson)의 맑은 햇볕이 잘 드는 8월의 어느 날이다. 그늘에서 기온은 110°F(43.3℃)였고, 우리는 맨발이며 발이 바비큐에서 꺼낸 것처럼 되지 않고 시내를 가로질러 밖으로 걸어가려고 시도하고 있다. 어떤 표면 위를 걸어가기를 원하겠는가? 잔디밭은 어떠한가? 아마도 콘크리트 인도가 유망하다. 아스팔트 거리는 어떠한가? 도로 중간의 맨홀 뚜껑은 우리 발을 위한 안식처인가 아니면 (요리용)번철인가?

일반적으로 기온은 시내를 가로질러 아주 일정하게 될 것이다. 그러나 어떤 상당한 국지적 변이가 존재할 것이다. 어떤 표면은 태양으로부터 받은 많은 복사열을 반사한다. 퍼센트로 측정한 반사도를 알베도(albedo)[3]라고 한다. 가령 초지와 콘크리트 같은 표면이 수용한 복사열을 반사한다면, 적은 열이 만들어질 것이다. 금속과 아스팔트와 같은 다른 표면들은 많은 복사열을 흡수하고 많은 열을 만들어 낸다. 그 결과, 초지와 콘크리트는 걷기에 안전할 것이다. 반면에 아스팔트와 금속은 고기를 요리할 수 있을 만큼 충분히 뜨거울 것이다. 지표면으로부터 5ft(약 152cm)에서 차이를 주목하지 못할 수 있지만, 표면에서 우리의 발은 명확하게 감지할 것이다(8월 투손에서 아무것도 덮이지 않은 금속 표면에서 고기를 요리하는 것이 가능할지라도, 고기의 모든 박테리아를 죽일 수 있을 만큼 기온은 충분히 높지 않다. 당신은 주의를 받았다).

지표면의 열에 대한 토론은 이전 장의 대륙성에 대한 토론의 연장이다. 그러나 우리가 관심을 가져야 할 필요가 있는 지표면 열 평형의 다른 요소가 존재한다. 맨발로 걷기 유추로 되돌아가 보자. 걷는 시간을 야간으로 바꾸고 가장 뜨거운 표면을 찾고 있다고 생각해 보자. 여기서 이슈는 어떤 표면의 열이 가장 높이 올라가느냐가 아니다. 어떤 표면이 가장 길게 열을 보유하느냐가

---

3. 빛을 반사하는 정도를 수치로 나타낸 것으로 반사율이라고도 한다.

문제다. 열을 보유하는 것은 우리의 목표가 일찌감치 식물을 심고, 늦은 계절까지 자라게 하고 저녁 냉기와 서리를 피하는 것일 때 중요한 고려사항이 될 수 있다. 그래서 우리가 7장에서 암석이 많은 토양에 대하여 이야기할 때, 그것을 암석으로 생각해서는 안 된다. 암석이 많은 토양을 보온 요소의 집합으로 생각하라.

기온에 영향을 미치는 다른 요소는 고도다. 고도는 적도에서 왜 눈이 내릴 수 있는가에 대한 이유다. 해수면으로부터 멀어질수록 기온은 내려간다. 실제로, 우리가 위로 올라갈 때 매 1,000ft(304.8m)마다 환경 체감률(변화율)은 3.2°F(16℃)이다. 환경 체감률과 일치하지 않는 기온변동이 있을 수 있지만, 그것은 단지 순간적이다. 그래서 당신이 대략 30,000ft로 국토를 가로질러 비행한다면, 당신은 해수면보다 거의 100°F(37.8℃)나 추운 공기를 통과해서 날고 있는 것이다. 다음번에 비행기의 외기 온도를 보여 주는 비행기에 타고 있을 때 이것을 확인해 볼 수 있다.

이러한 기온변화의 원인은 대기가 기저에서 가장 짙다는 점이다. 대기를 통과하여 올라갈 때 대기는 점점 덜 조밀해지고 기압은 낮아진다. 밀도의 변화는 기온과 관계되는 한 무엇인가를 의미한다. 그것은 대기 중에는 열을 전달하는 소수의 분자가 존재한다는 것을 의미한다. 또한 보다 적은 분자와 보다 낮은 압력을 가진 분자들이 서로 움직임에 따라 마찰을 통해 적은 열이 만들어진다는 것을 뜻한다. 보다 적은 열이 생산되기 때문에 대기의 밀도가 높은 지역에서보다는 차가운 상태로 이어지면서 대기에 의해 덜 전달된다. 부수적으로 해로운 유형의 태양 복사열 수용을 거르기 위한 공기가 많지 않다. 그래서 우리는 낮은 고도에서보다 (산소량의 부족 때문에) 빠르게 지칠 뿐만 아니라 보다 쉽게 햇빛에 탈 것이다.

양조업자에게 이것이 의미하는 것은 날씨가 서늘한 곳에서 가능한 한 해수

와인의 지리학

면에 가깝게 위치하기를 원한다는 것이다. 만약 조건들이 와인 재배를 위해서 이미 지나치게 차갑기 일보 직전이라면, 높은 고도에 식재함으로써 일을 악화시키기를 원하지 않는다. 반면에 와인 포도에 너무 뜨거운 입지가 존재한다. 열기에 대항하기 위하여 우리는 조건들이 포도 재배에 더욱 적합할 수 있는 더 높은 고도로 눈을 돌릴 수 있다. 이것은 더 높은 고도로 시선을 돌리지 않으면 너무 뜨겁고 건조한 지역[앞 장에서 인용한 사례 애리조나주의 엘진(Elgin)에서처럼]에서 어떻게 포도밭이 번성할 수 있는가에 대한 이유가 된다.

심지어 고도가 동일할지라도 언덕의 한쪽 면에서 다른 쪽 면까지 약간의 기온변화가 있을 것이다. 태양광선을 받는 쪽의 산면은 보다 집중된 복사열을 받아들이고 그래서 더 많은 열을 생산한다. 태양으로부터 떨어진 쪽의 산면은 덜 집중적으로 복사열을 받고 그래서 보다 낮은 수준의 열기를 체험할 것이다. 태양으로부터 떨어진 산면이 낮 시간의 일부 동안 그늘에 있다면 수용하는 복사열은 더욱더 적을 것이다. 이것은 산에도 적용된다. 이것은 언덕에도 적용된다. 가장 완만한 경사에도 적용된다. 여러분이 눈이 오는 기후에 있다면, 봄에 눈이 녹는 것을 관찰하고 언덕의 어느 쪽에서 우선적으로 눈이 녹는지를 주목하시오.

따뜻한 기후에서 와인을 생산하려고 시도한다면, 토지의 경사와 기온에 대한 경사의 영향은 우리의 주요 관심사항이 아닐 수도 있다. 만약에 서늘한 기후에 있다면, 경사는 중요한 관심사항이다. 비록 열의 차이가 매일 불과 몇 도에 이르더라도, 그러한 온도[난방도일(GDD)을 기억해 보라]는 일 년 동안 합산된다. 성장기, 이르거나 늦은 서리, 혹은 좋은 수확을 이루기 위해 충분히 따뜻한 성장조건을 제공하는 것에 관하여 관심을 갖는다면 그러한 온도는 상당히 중요할 수 있다. 그러하다면 경사와 경사면에 접하는 방향은 포도 생산을 위해 대단히 중요하다.

미기후에 대한 경사의 영향은 가열의 문제를 넘어선다. 그것은 또한 경사와 대기 이동 사이에 존재하는 관계의 한 요소다. 동일한 언덕의 상부, 중부, 하부의 입지는 동일한 양의 복사에너지를 수용하고 동일한 양의 열을 만들어 낼 수 있지만, 차가운 공기 배출과 바람 노출 때문에 기온과 습도에서 차이를 경험할 것이다. 따라서 언덕의 하단부에서 자라는 것이 상단부에서 자라지 않을 수 있다. 이것은 양조업자들에게 동일한 양의 태양 복사에너지를 받고, 동일한 양의 열을 만들어 내는 경사가 와인을 생산하는 데 동일하게 유용하지 않을 수 있다는 것을 의미한다.

주간(晝間)에 대기의 가열은 지표면 가까이 뜨거운 공기가 상승하는 원인이 된다. 야간에 이 프로세스는 대기가 서늘해짐에 따라 역전된다. 대기가 차가워짐에 따라 보다 조밀해지고 가라앉는 경향이 있다. 가장 차가운 공기는 가장 조밀한 대기가 될 것이고 가장 낮은 입지로 가라앉게 될 것이다. 차가운 공기는 계곡으로 배출될 것이다. 그래서 그 용어를 '냉기 침강(cold-air drainage)'이라고 한다. 계곡은 밤에는 보다 차갑고 아마도 서리가 내리기 쉽다. 주간에는 보다 느리게 가열될 것이다. 포도 생산을 하기에는 너무 차가운 외변(外邊)의 기후는 계곡에서의 포도 생산을 비실용적으로 만들 수 있다. 비실용적이라면, 결과적으로 와인의 질에 중요하게 영향을 미친다.

냉기 침강이 경사의 하단부를 포도 생산의 바람직한 입지보다 못하게 만들더라도, (그렇다고) 경사의 상층부가 훨씬 더 나은 곳이라고 할 수도 없다. 개인적 경험으로 여러분이 알 수 있는 것처럼 언덕의 정상은 바람에 가장 많이 노출된 부분이다. 그래서 풍속냉각(Windchills)[4]은 언덕의 바닥부분보다 정

---

4. 풍속냉각(wind chill)이라고도 쓰며, 풍속냉각지수(windchill factor)라고도 한다. 기온·풍속과 관련해 피부에 대한 공기의 냉각효과를 측정하는 것이다. 풍속냉각은 다양한 식에 의해 표시될 수 있는데, 그중 하나는 $K=(10.45+10\sqrt{v}-v)(33-t)$이다. 이때 K는 단위시간당 피부의 단위면적(m²)에서

상부에서 더 높다. 우리가 보통 식물에 관한 풍속냉각을 생각하지 않는 반면에 그러한 바람들은 영향력이 있다. 냉각효과 이외에도, 더 바람이 많이 불수록 증발 가능성이 커진다. 이것은 또한 포도나무와 열매를 맺는 능력에 영향을 미친다. 냉기배출효과와 바람의 노출은 몇몇 작물재배에 의해 완화될 수 있다. 경사면을 횡단하지 않고 경사면을 따라 위아래로 줄 맞추어 심거나 지표면에 가까이 있는 식물을 가지치기하는 것은 차가운 공기가 아래로 흘러 내려가는 것을 용이하게 할 수 있다. 이러한 방법은 대부분의 작물에 적합하지 않다. 그 결과로 일어나는 토양 침식은 뿌리를 노출시키고 암석이 아주 많은 표면을 남긴다. 잎을 수확하는 작물의 경우 잎을 잘라 내는 것은 실용적이지 못하다. 포도원을 위한 이러한 실행을 가능하게 하는 것은 오직 깊게 뿌리가 박힌 포도나무와 포도의 수확이다.

이는 우리가 서늘한 기후에서 태양과 접하는 경사면에 식재하기를 원한다는 것을 의미한다. 우리는 또한 경사의 중간 부분에 식재하기를 원한다. 그 방법에서 가열의 이익을 얻고, 바람과 냉기 침강에 덜 노출된다. 우리는 포도나무의 차이를 보게 될 것이고 와인의 차이를 맛볼 것이다. 이것은 종종 지형도를 포함하는 고품질 와인 지도집에서 예시된다.

부동산의 세계에서 수변 자산은 소유할 만한 좋은 것이다. 사람들은 활발한 여가와 풍경을 즐기기 위해 물 가까이에 살기를 좋아하고 특권을 위해 추가로 비용을 지불한다. 경제적 측면에서 물은 하나의 어메니티(amenity)다. 수역은 또한 국지적 기후조건에 영향을 미치고 따라서 수변자산은 지방의 양조업자들에게 값어치가 있을 수 있다.

잃어버린 열(kcal)이고, v는 풍속(m/s), t는 기온(℃)이며, 평균피부온도는 33℃(91.4°F)로 가정한다. 습도나 개체의 신진대사같이 열손실에 중요한 영향을 미치는 다른 요소들은 고려되지 않는다.

앞서 우리들이 논의한 것처럼, 물은 기온을 온화하게 하는 효과가 있다. 이는 여름에 육지에서보다 가열을 더 오래 걸리게 한다. 또한 겨울에 물이 차가워지는 데 더 오랜 시간이 걸리게 한다. 주간기온은 많이 변동할 수 있지만, 수온은 많이 변화하지 않는다. 따뜻한 수역 위로 차가운 공기가 흐르게 되면 그 물에 의해서 가열된다. 차가운 수역 위로 뜨거운 공기가 흐르면 그 물에 의해 차가워진다. 우리가 가까이 살고 싶어 하고 바라보는 물은 일간의 그리고 계절의 기온차이를 줄여 주는 순수한 효과가 있다.

만약 포도밭이 수역으로부터 바람이 불어 가는 쪽이라면 수역이 그 위로 흐르는 공기에 미치는 영향은 중요할 수 있다. 심지어 수역이 크지 않을지라도 순풍과 역풍의 성장조건은 성장하는 포도 품종에 충분히 영향을 미칠 수 있을 만큼 상이할 수 있고, 우리가 포도를 재배할 수 있는지 없는지 결정할 수도 있다. 가열과 냉각의 간섭은 몇 도에 불과할 수도 있지만, 한계기후에서 몇 도는 훌륭한 수확과 형편없는 수확 사이의 차이가 될 수 있다.

수역 위를 이동하는 공기의 가열과 냉각이 간단하지 않은 것이 현실이다. 여름에 수역으로부터 순풍이 부는 입지는 겨울에는 수역으로부터 역풍이 불어올 수 있고 반대도 그러하다. 수역이 대기 중의 습도에 미치는 영향을 고려해야 한다. 기온의 편익을 제공하는 동일한 수역은 또한 습도 문제를 만들어 낼 수 있다. 그리고 서늘한 기후에서 기온을 온화하게 하는 수역의 효과는 얼음이 얼기 시작하면서 줄어들 것이다. 그래서 수역, 미기후, 와인생산에 대한 궁극적인 규칙은 규칙이 없다는 것이다. 이는 항상 각각의 입지별로 기반을 두고 고려해야 하는 것 중 하나일 뿐이다.

위에서 논의된 미기후와 관련된 모든 이슈들은 와인과 기후에 대한 어떠한 토론도 매우 복잡하게 만든다. 이것들은 동일한 기후조건을 가진 두 개의 장소를 발견하는 것이 거의 불가능하게 만든다. 우리의 목표가 포도밭과 기후에

와인의 지리학

관하여 일반론적으로 말하는 것이라면 미기후와 관련된 모든 이슈들은 이를 몹시도 악화시킬 수도 있다. 한편으로 미기후와 관련된 모든 이슈들은 모든 와인이 조금씩 다를 수 있고, 달라야 하며 시음할 만한 가치가 있을 수 있고 있어야 한다는 것을 의미한다.

라인강과 그 지류

짧은 성장기간과 서리가 빨리 내리는 서늘한 기후에서 와인을 생산하고자 한다면, 어떻게 할 것인가? 기후와 와인 사이에 연계가 빈약한 몇몇 입지가 존재하기 때문에 이는 물어야 할 중요한 질문이다. 이 입지들은 와인생산을 위해 기껏해야 단지 한계적으로 수용할 수 있는 기후를 보유한다. 그러나 이 동일한 입지들은 안정된 양의 훌륭한 와인을 생산할 수 있다. 그 열쇠는 환경에 생산을 맞추고 이용 가능한 조건으로부터 우리가 할 수 있는 모든 것을 얻는 것이다. 이를 위해 우리는 또한 그러한 환경에 잘 적응한 포도의 변종을 발견할 필요가 있다. 라인강(독일어로는 Rhein, 영어로는 Rhine)[5]과 그 지류가 그러한 지역이다. 리슬링(Riesling)은 그러한 포도다.

라인강 유역의 기후는 포도 재배와 와인생산을 위해서 이상적이지 않다. 이곳에서 와인을 생산하는 것은 반드시 적합하지만은 않은 지역에 억지로 농업활동을 맞춰 끼우는 것이다. 이에 맞추기 위해 차가운 날씨에 적응한 포도 품종이 필요하다. 라인강 유역에서는 리슬링, 질바너(Silvaner)[6], 슈페트부르군

---

5. 본류의 길이 약 1,320km. 유역면적 15만 9,610km². 하구 삼각주 부분을 합친 면적 22만 4,400 km². 알프스산에서 발원하여 유럽에서 공업이 가장 발달한 지역을 관류하여, 북해로 흘러든다.
6. 오스트리아가 근원지인 청포도 품종으로, 가볍고, 부드럽고, 드라이한 화이트와인을 생산한다.

더(Spätburgunder, pino noir)[7] 그리고 뮐러–투르가우(Müller–Thurugau)[8]의 변종이 존재한다. 우리는 또한 그 지역 내에서 이상적인 입지를 발견할 필요가 있다. 어느 장소에서나 재배할 수 있는 것은 아니다.

당신이 훌륭한 와인 지도집을 가지고 있다면, 지도집을 이해할 수 있는 좋은 기회다. 독일 와인지역의 지도를 통해 여기저기 읽어 보라. 지도집의 지도들이 지형(땅의 형태)을 포함하고 있다면, 당신은 큰 강 위쪽의 남쪽 면에 접한 경사 위에 위치한 포도밭의 패턴에 주목하기 시작할 것이다. 독일의 모든 와인 생산지역이 정확하게 이러한 패턴을 따르지는 않을 것이지만 최상의 포도밭의 다수가 그러하다.

그 이유는 아주 간단하다. 이 경사들이 남쪽으로 노출된 태양광의 가열효과를 극대화한다. 경사 또한 차가운 공기가 계곡으로 배출되는 것을 허용한다. 포도나무는 가지치기를 해 주어야 하고 찬 공기 배출을 용이하게 하기 위해 식재되어야 한다. 이것이 비록 침식을 야기할지라도, 그 침식이 주간에는 훌륭하게 가열시키고 밤에는 열을 더 잘 보유하는 암석이 풍부한 표토(表土)를 만든다. 언덕의 삼림은 차가운 겨울바람으로부터 경사면의 포도원을 보호해 준다. 몇 가지 사례에서 심지어 강의 빛 반사는 포도밭의 미기후의 요소로 간주된다. 바꾸어 말하면, 수백 년 동안의 실천과 실험은 어떻게 미기후를 이용하는가에 대한 환상적인 사례가 되는 와인지역을 만들어 냈다. 리슬링 포도는 이러한 환경에 잘 들어맞는다. 왜냐하면 리슬링은 다른 포도 품종들보다 차가운 날씨에 더 잘 견디기 때문이다. 리슬링은 그해 늦게까지 성숙하기 때문에

---

7. 우아하며 독특한 향기를 가졌고 과립은 소립이며 조숙성이다. 프랑스 부르고뉴(Bourgogne) 지방의 피노 누아(Pinot Noir) 품종에서 도입된 품종이다.

8. 독일에서 번성하는 포도종으로 독일 포도 경작 면적의 24%를 차지한다. 리슬링과 질바너 두 포도종의 교배를 통해 얻어진 종이다.

와인의 지리학

가을의 마지막 몇 안 되는 따뜻한 날까지 이용할 수 있다. 리슬링 품종은 에이커당 많은 양의 와인을 생산하지 않는다. 그래서 일반적으로는 차가운 날씨로 인해 다른 포도 품종을 이용할 수 없는 곳에서만 발견된다.

언덕 중턱의 포도원은 미기후가 작용하는 것을 볼 수 있는 장소이자 훌륭한 리슬링을 맛볼 수 있는 곳이다. 그곳은 또한 전통적 포도 재배를 볼 수 있는 장소다. 가파른 사면의 입지는 대부분의 기계화된 형태의 농업에 잘 맞지 않다. 실제로, 기계는 수확한 포도를 아래 계곡으로 운반하는 승강기에 한정될 수 있다. 이것은 왜 대부분의 양조장이 계곡에 있는가를 설명하는 데 도움이 된다. 포도를 들어 올리는 것보다 언덕 아래로 운반하는 것이 항상 훨씬 더 용이하다. 포도밭의 가파른 경사는 인간의 노동을 더욱 어렵게 한다. 독일에서는 노동비가 중요하지 않은 것이 아니기 때문에 언덕 중턱의 포도밭에서 나오는 와인은(독일 혹은 노동비가 높은 그 어떤 곳에서) 아마도 훨씬 더 비쌀 것이다. 그러나 훌륭한 리슬링을 좋아한다면 그 비용은 값어치가 있을 것이다.

지리학자들에게 라인강 유역 분지에 대한 관심은 미기후의 주제를 넘어선다. 시간이 경과함에 따라 라인강과 모젤(Mosel)강과 같은 라인강의 지류들은 심곡을 잘라 낸다. 강들이 왔다갔다 사행(蛇行, S자 모양으로 강이 굽어지는 것)하면서 하천들은 계곡을 넓힌다. 사행하천(meander)의 바깥쪽 끝에서 물은 가속화되고 계곡의 벽을 침식한다. 사행하천의 내측 끝에서 물은 느려지고 강에서 운반된 암설(debris)이 퇴적되고 범람원을 형성한다. 깊은 계곡과 감아 도는 강은 매력적인 문화경관을 발전시키는 자연경관을 구성한다. 남쪽에 면한 경사에는 계곡의 미기후가 제공하는 모든 이점을 활용할 수 있는 포도밭이 존재한다. 북쪽에 면한 경사지는 그 기후에 적합한 다른 작물들이 경사면의 입지에는 적합하지 않기 때문에 전형적으로 포도가 재배된다. 강을 따라 노출된 언덕의 꼭대기는 성과 함께 점재(點在)되어 있다. 그러한 위치의 전략적 가치는 특히 계곡의 바닥에서 걸어서 그곳을 방문할 때 오늘날에도 인정할 만하다. 도로나 철도에 접한 하천들은 범람원의 평평한 지형의 이점을 충분히 이용한다(기차는 특히 언덕을 대하는 데 열악하다). 그리고 범람원이 충분히 넓은 곳이면 어느 곳이든 우리는 차가운 기후에 보다 더 전통적인 작물을 발견한다. 차가운 공기가 계곡으로 배출된다면, 범람원의 작물들은 차가운 공기를 견디거나 그것이 문제가 되기 전에 수확된다.

계곡에서 우리가 또한 발견할 수 있는 것은 소읍과 마을, 일부 위대한 시대와 역사다. 그것들은 계곡에서 발달하였다. 왜냐하면 그곳에서 범람원의 농업용 토지와 하천에 의한 교통 루트를 이용할 수 있기 때문이다. 이들 계곡의 소읍들을 자세하게 관찰해 보면, 그중 다수가 하천의 굴곡부 내측에 범람원의 작은 부분에 자리 잡고 있음을 알게 될 것이다. 이들 입지는 사행하천의 외측 끝에서 발생하는 하천의 침식으로부터 보호된다. 홍수가 발생했을 때 이들 마을은 홍수로의 바깥에 위치하고 있는데 이것은 마을이 비록 침수될지라도 빠르게 흐르는 홍수의 힘에 의해 좌우되지 않는다는 것을 의미한다. 정착시대와 하천 계곡의 번성은 강변마을이 전통적 건축의 가장 훌륭한 사례를 가지고 있다는 것을 의미한다.

라인강과 그 지류의 계곡은 훌륭한 와인의 장소다. 경관으로서 그림과 같은 마을, 감아 도는 하천, 언덕사면의 포도밭의 혼합은 장엄한 경치를 만들어 낸다. 이곳에서 기후와 와인 사이의 상호작용은 가장 생생하다. 언덕 정상에서 계곡의 언덕 중턱까지 기후와 와인이 함께 작용하는 곳과 그렇지 않은 곳을 볼 수 있다. 더욱더 중요한 것은 그 지역은 몇몇 주목할 만한 와인을 생산한다는 것이다. 이것은 지역의 특성에 흠뻑 빠지고, 몇 가지 훌륭한 음식을 먹으며, 미기후가 생산하는 최상의 와인을 마시는 데 관심이 있는 방문객들에게 라인강과 그 지류의 계곡을 아주 이상적인 장소로 만든다.

Chapter 05

포도, 토양 그리고 떼르와

Grapes, Soil, and Terroir

토양은 와인생산에서 중요한 고려사항이다. 토양의 물리적, 화학적 특성은 포도나무의 건강과 포도나무가 생산하는 포도의 특성에 영향을 미친다. 다양한 와인들에서 토양의 차이를 느낄 수 있다고 주장하는 사람들이 있다. 명백하게 나는 결코 그런 사람들 중의 한 명이 아니다. 그러나 내가 이미 일반 맥주를 마시는 것을 자백했기 때문에 이 말이 반드시 어떤 것을 의미하는 것은 아니다. 그 차이를 느낄 수 있는 사람들에게는 토양의 아름다움이 (와인)병으로 바로 도달한다. 그래서 토양을 더러운 것으로 경멸적으로 언급해서는 안 된다. 그것은 문자 그대로 품질 좋은 와인제조의 토대이자 떼르와의 바탕이다.

당신이 정원사라면 토양을 보았을 때 아마도 좋은 토양을 알 것이다. 하나의 씨앗도 심어 보지 않은 사람조차도 좋은 토양은 어떠할 것이라는 기본 개념을 가지고 있다. 아니면 적어도 토양이 어떠해야 한다고 생각한다. 그것은 삶에서도 그러한 것처럼 외관으로 우리를 매우 현혹시킬 수 있기 때문이다. 채소원예에 좋은 토양이 삽날의 길이보다 더 깊게 뿌리를 내리고 있는 어떤

와인의 지리학

식물에는 쓸모가 없을 수 있다. 마찬가지로, 표면이 자갈길과 유사한 토양은 일단 돌로 된 지표층을 지나서 이르게 되면 훌륭한 자원이 될 수 있다. 포도나무는 5ft(약 152cm)를 넘어서 깊은 곳까지 쉽게 뿌리를 내릴 수 있다. 그래서 와인과 토양의 경우에 우리 부모님들이 말해 주셨던 것을 기억해야 한다. 아름다움은 피상적인 것 그 이상이다.

토양의 기초

당분간 우리가 모두 근본적으로 토양의 즐거움에 대하여 모른다고 가정하자. 그것은 우리에게 단지 더러운 것에 불과하다. 그러나 우리가 원하는 것은 신뢰할 만한 방식으로 와인과 토양을 논의할 수 있는 것이다. 그렇게 하기 위해 토양을 들여다보고, 만져 보고 심지어 냄새를 맡아 보는 것이 매우 도움이 될 것이다. 심지어 초보자로서 우리는 단순히 직접 관찰하는 것만으로도 토양에 관하여 많은 것을 배울 수 있다. 그것은 우리를 땅과 하나로 만들지는 못하지만, 적어도 우리 손을 더럽게 하는 것(토양을 만지는 것)은 그 물질에 대한 '느낌'을 제공해 줄 것이다.

토양은 토성(texture)을 가지고 있다. 우리가 그것을 손가락 사이에서 비빈다면 토양의 무기성분의 하나인, 실제로 모래알인 모래조각을 느끼게 될 것이다. 토양은 그 안에 포함된 가스 혹은 분해된 유기물 때문에 냄새가 날 수도 있다. 토양은 축적된 수분 때문에 촉촉할 수도 있다. 바꾸어 말하면, 토양의 직접적 관찰에 바탕을 두고 토양의 기본 특성과 요소를 추론할 수 있다. 원자를 쪼갤 수는 없지만 흙 속에서 단순히 노는 것도 나쁘지는 않다.

관찰을 기반으로 하고 싶다면, 토양의 무기적 성분으로 시작하는 것이 좋다. 토양의 무기적 성분은 암석의 풍화를 통해 우리에게 도달한다. 풍화를 통해 암석은 식물의 생명을 지지할 수 있는 점점 더 작은 입자로 쪼개진다. 그러한 입자들은 물과 바람에 의해 이동할 수 있고 토양으로 흡수된다. 풍화는 하나의 물리적 프로세스(때때로 기계적 풍화)라고 할 수 있으며, 글자 그대로 암석이 쪼개지고 혹은 화학적 프로세스를 통해 발생할 수 있다.

화학적 풍화는 적어도 화학에 대한 상당한 이해를 요구한다. 우리가 만약 어떻게 산이 물질을 녹이는지를 이해하거나 금속이 부식할 때 어떤 일이 발생하는가를 설명할 수 있다면 화학적 풍화를 이해하게 될 것이다. 암석에서 발생하는 그러한 프로세스를 그려 보라. 그러나 단지 그것이 매우 천천히 일어나고 줄곧 현미경 수준에서만 보일 수 있다고 그려 보라. 토양의 풍화에서는 화학적 영양소가 토양과 그 안에 갇혀 있는 물로 배출된다. 장기간에 걸쳐 풍화는 화학적 영양소의 공급을 유지하고 현재 진행 중인 토양의 생산성을 보장한다. 풍화가 없다면, 토양을 통한 수분의 이동과 식물은 생산성을 늦추면서 영양소를 제거할 수 있다.

토양의 무기요소의 영향을 이해하기 위하여 큰 암석 덩어리를 생각해 보자. 그 암석은 우리가 비료에서 발견할 수 있는 동일한 수많은 화학적 요소를 포함할 수 있다. 문제는 그것이 단단한 암석이기 때문에 그 요소들이 식물에 도달하는 것이 불가능하다는 것이다. 작거나 때때로 미세한 조각으로 풍화된 요소들은 식물에 접근할 수 있다. 무기요소들은 토양을 기름지게 한다. 무기요소들은 토양을 포도나무 성장을 위한 더 나은 매개체로 만든다. 이와 같이 무기요소는 식물이 열매를 맺는 능력과 과일의 화학적 품질에 영향을 미친다. 그러므로 풍화는 와인생산에 중요하다.

무기물질뿐만 아니라 토양에 대한 유기적 요소는 유기물질(잎, 식물 뿌리 등) - 소위 부식질(humus) - 분해의 생산을 포함한다. 부식질은 풍화된 물질

와인의 지리학

과 다르지만 보완적인 방식으로 토양에 도움이 된다. 분해가 어떻게 유기물을 토양으로 도입하는가를 이해하기 위하여 잔디 깎는 기계를 생각하자. 잔디 깎는 기계는 잔디밭에 남게 되는 수많은 조그만 조각으로 잔디를 절단한다. 그 모든 조각들은 어디로 가는가? 따뜻하고 습한 환경에서, 여름의 우리 잔디밭처럼 그러한 조각들은 부패하고 부식질이 된다. 시간이 지남에 따라 부식질은 토양의 일부가 된다. 이것은 여러 가지 방식으로 일어날 수 있다. 심지어 잔디밭에서 놀고 있는 아이들이 부식질이 토양에 포함되는 데 도움이 될 수 있다. 중요한 것은 부식질이 토양의 생산성을 크게 증진시킨다는 것이다. 시간이 지남에 따라 부식질의 편익이 지표 바로 아래에 있는 토양층으로 이동한다. 이는 중요하다. 왜냐하면 몇 인치 뿌리를 내리고 있는 잔디와는 달리 포도는 토양까지 깊게 뿌리를 내리고 있기 때문이다. 그렇다고 하더라도 포도는 지표 근처에서 부식질의 창출로 이익을 얻을 수 있다.

토양 속에서 작용하는 유기물질들은 그 안에 살고 있는 것들에게 대단히 중요하다. 그러한 풀들의 작은 조각들은 성장 사이클의 일부로서 풀들이 토양으로부터 빨아들인 영양분을 포함한다. 우리가 잔디밭에 뿌리는 비료는 잘린 풀 조각 속에도 있다. 그래서 부식질의 형태로 토양에 풀을 넣어 두는 것은 토양에 영양분을 넣어 두는 것이다. 추가적인 편익으로서 분해된 유기물은 습도를 유지하는 데 능숙하다. 분해된 잔디의 모든 조각들을 작은 스펀지로 생각해 보자. 순수한 효과는 토양과 혼합된 유기물질이 식물에게 영양분을 공급하고 그것들이 생존하는 데 필요한 습기를 보유한다는 점이다.

토양을 아래로 파고 들어가면 유기물과 무기물의 비율은 변화한다. 지표면에서 토양은 유기물의 비율이 높은 경향이 있다. 거의 전적으로 유기물인 표층 혹은 층들을 가지고 있는 토양이 존재한다. 분해된 유기물은 지표의 토양으로 삽입되기 때문이다. 마찬가지로 새로운 무기물들은 기반암이 천천히 풍화됨에 따라 토양 속에서 깊숙이 생성된다. 토양의 층들을 통과해 아래로 이동함에 따라 유기물의 비율은 감소하고 반면에 무기물의 비율은 증가한다. 유년 토양에서 이러한 전이는 단지 수 인치에서만 발생할 수 있다. 이러한 프로세스가 장기간(수천 년) 동안 계속되기 때문에, 토양의 깊이는 증대될 것이다. 한때 가장 얇았던 토양이 시간이 경과함에 따라 수 피트(ft) 깊이의 토양이 될 수 있다.

심도 있는 토양의 변이는 포도와 같이 깊게 뿌리를 내리는 종에게 유리하다. 각각의 토양층은 식물에게 상이한 것을 제공할 수 있다. 어떤 층은 특정한 종류의 영양분에 적합하다. 다른 층은 수분을 잡아 두고 저장하는 데 좋다. 이 층들에서 포도나무는 토양이 제공해야 하는 모든 것에 접근하기 위하여 광범위한 뿌리체계를 성장시킬 수 있다. 다른 층은 식물에게 적은 것을 제공할 수 있다. 포도나무는 아래쪽의 보다 생산적인 층으로 뻗어 나가기 위하여 이 층들을 관통해서 뿌리를 내릴 것이다.

기후는 토양 생산과 풍화에서 대단히 중요하다. 추운 기후에서 반복되는 계절적 동결은 고비율의 물리적 풍화를 만들어 낼 수 있다. 암석 내부 물의 동결과 해동은 암석을 조각으로 부수어 버릴 수 있다. 이것은 암석과 포장을 위해 사용하는 암석과 같은 물질(가령, 콘크리트)에 적용된다. 포장도로는 계속적으로 이용되면서 시간이 경과함에 따라 균열될 것이다. 틈 사이에 있는 수분은 포장도로를 균열시키면서 동결하고 팽창한다. 이러한 프로세스는 제설기가 부서진 포장도로를 쓸어버릴 때까지 반복된다. 암석에 낀 식물의 뿌리, 특히 나무의 뿌리들은 유사한 영향을 미칠 수 있다. 만약 당신 주위에 성숙한 나무가 있다면 아마도 그 뿌리가 보도를 뒤틀리게 하는 곳을 발견할 수 있을 것이다. 명백하게도 기후가 반복적인 동결 혹은 나무의 성장을 지원하지 않는다면, 그러한 물리적 풍화는 제한될 것이다.

와인의 지리학

기후의 영향은 또한 기온이 화학반응의 속도에 영향을 미친다는 점에서 화학적 풍화에까지 확대된다. 유기물의 분해를 포함하여 화학반응은 보다 높은 온도에서 더욱 빠르게 일어난다. 열대처럼 뜨거운 기후에서 화학적 풍화와 분해는 훨씬 빠를 것이다. 추운 기후에서 동일한 양의 풍화나 분해는 훨씬 더 오래 걸릴 것이다. 만약 당신이 이것을 증명하기를 원한다면 앞서서 논의한 가위질한 잔디의 일부를 옮겨 보자. 어떤 것은 냉동고에, 어떤 것은 냉장고에 그리고 어떤 것은 욕실의 스탠드에 놓아 보자. 얼마 안 있어 당신은 화학적 풍화에 미치는 기온의 영향을 보게 될 것이다. 그리고 풍화가 속성에서 화학적이건 물리적이건, 풍화율은 토양에서 필요로 하는 영양분을 발견하고자 하는 포도와 다른 식물의 능력에 영향을 미칠 것이다.

토양의 형성과 식생에 대한 기후의 영향으로 기후, 토양, 지표의 식생 지도는 매우 유사한 패턴을 보일 것이다. 이것은 매우 유용한 학습 도구다. 지표면에서 우리는 식생을 볼 수 있다. 기후와 토양에 대해서는 똑같이 말할 수 없다. 그러나 우리가 식생, 토양, 기후가 어떻게 관련이 있는지 안다면 우리가 볼 수 없는 것을 추측할 수 있다. 지도를 비교할 수 있고, 패턴에서 공통점을 볼 수 있고 왜 그러한 공통점이 존재하는가의 이유에 대한 연구를 시작할 수 있다. 다음과 같은 두 가지 예를 생각해 보자.

옥시졸(Oxisols)은 우림(雨林)기후에서 지배적인 토양이다. 열대우림은 고온과 습도의 이상적인 조건에서 자라는 키가 큰 활엽 상록수로 구성되어 있다. 그러한 고온과 습도는 빠르게 유기물을 분해하고 높은 비율의 화학적 풍화를 만들어 낸다. 불행하게도 우림에서 물은 유기물과 영양분을 바로 토양에서 씻어 내는 경향이 있다. 그 결과 옥시졸은 심하게 풍화되어 영양소나 유기물의 내용면에서 적다. 영양소는 존재하지만 영양소들은 모두 나무에 있다. 이것은 열대기후가 기온과 강수 문제 때문에 포도 성장에 좋지 않을 뿐만 아니라 열대기후의 토양에는 포도나무에 필요한 영양분이 적기 때문에 한계가 있다는 것을 의미한다.

아리드졸(Aridsol)은 사막 토양이다. 사막 환경은 뜨겁고 건조한 조건에 적응한 선인장과 다른 유형의 식물을 보유하고 있다. 건조한 조건은 지표의 식생이 적고 토양의 유기물 양이 제한적이라는 것을 의미한다. 식생의 부재는 토양침식이 많다는 것을 의미한다. 건조한 조건은 화학적 풍화를 제한할 것이다. 암석은 보다 느리게 풍화가 될 것이고 침식에 의해 표면이 노출될 것이다. 결과적으로 아리드졸은 표면에 유기물이 적은, 암석이 많은 표면을 보유하게 될 것이다. 풍화가 일어날 때 토양으로부터 영양분을 씻어 내는 습기가 부족하다. 포도와 다른 식물들의 경우 이것은 좋은 일이 될 수 있다. 포도 재배자가 극단적인 열기와 습도 부족의 문제를 극복할 수 있다면 토양에 포획된 영양소는 아리드졸을 포도 생산에 유용하도록 만들 수 있다.

토양은 매우 긴 시간에 걸쳐 천천히 형성된다. 토양이 어떻게 생산되느냐 하는 것은 단지 기후 이외에도 더 많은 것에 의존한다. 토양의 형성은 기후뿐만 아니라 기반암의 지질, 식생, 지형 그리고 시간의 경과에 영향을 받는다. 만약 우리가 무엇을 찾고 있는지 안다면 토양은 수 세기 동안 환경이 어떠했는가에 대한 훌륭한 기록자이다. 그 입지가 습지였는가 혹은 건조했는가? 기후 조건이 따뜻했는가 혹은 차가웠는가? 그 입지가 숲이었는가 혹은 모래 사구로 덮여 있었는가? 이 모든 것과 그 이상의 것이 제시된 입지의 토양에 반영되어 있을 수 있다.

토양의 기초를 탐색하면서 지리적 물질에 도달하기 이전에 (말하자면) 많은 땅을 다룰 수 있다. 어떤 점에서, 우리는 토양이 오직 지리적 맥락과 관련해서만 충분히 이해될 수 있다는 사실을 다루어야 한다. 그것은 우리가 장소의 중요성을 평가하지 않고는 실제로 토양을 이해할 수 없기 때문이다. 지질, 식생,

와인의 지리학

지형, 기후는 입지마다 다양하다. 그래서 그것들이 생산하는 토양도 입지마다 다양하다.

지형은 지표의 형태 혹은 형상이다. 입지에 의존하기 때문에 지형은 토양 형성에서 가장 중요한 요소일 수 있다. 지형이 토양 침식, 운반, 퇴적을 일차적으로 조정하기 때문이다. 전 세계가 평평하고 무풍지대라면 이 프로세스는 토양에 아무런 영향을 미치지 않는다. 명백하게 실제로는 그렇지 않다. 우리가 앞 장에서 논의한 것처럼, 산기슭은 종종 포도밭에 매우 바람직한 입지다. 결과적으로 우리는 지형이 포도밭의 토양에 어떻게 영향을 미치는지 알 필요가 있다.

침식은 단순히 바람, 물, 혹은 지표 위의 얼음의 이동을 통한 물질의 제거다. 포도밭과 빙하는 아주 드물게 함께 발견되기 때문에 우리는 침식을 일으키는 힘으로서 얼음을 무시할 수 있다. 물과 바람은 물질들을 침식하고 물질들이 퇴적될 다른 입지까지 그것들을 운반한다. 우리가 포도밭의 토양을 살필 때 토양의 침식과 퇴적은 토양의 질과 생산성에 영향을 미치기 때문에 그것의 영향을 고려할 필요가 있다.

침식과 본 장의 앞부분에서 언급한 잔디 깎기 사례를 검토해 보자. 잔디 깎는 기계에 의한 먼지와 암설(debris)은 침식의 산물이다. 잔디 깎는 기계는 그것을 공중으로 날려 버린다. 그 결과로 일어나는 먼지구름은 우리가 토양 형성의 느린 속도를 고려할 때까지 다소 중요하지 않을 수 있다. 각각의 먼지구름은 일 년 혹은 이 년 동안의 새로운 토양 발전을 나타낼 수 있다. 그러나 먼지의 양뿐만 아니라 그 안에 있는 것이 무엇인지를 고려해 보자. 그러한 먼지구름은 유기물질과 식물 영양소가 매우 높을 수 있다. 그것은 잔디밭 표토의 많은 부분을 구성한다. 먼지가 날아가 버림에 따라 잃어 버린 것은 토양 생산성의 일부다. 침식을 통해 잃어 버린 토양은 단순히 사라지지 않는다. 그것은 어디론가 가야 한다. 그 토양은 몇 피트 혹은 수백 마일을 이동할 수 있다. 그것이 퇴적될 때, 당신이 잃어 버린 유기물과 식물의 영양소로부터 다른 누군가는 이익을 볼 것이다.

침식의 중요성은, 침식이 느리게 일어날지라도 토양 형성을 넘어설 수 있다는 점이다. 토양 표면의 침식은 유기물 제거의 효과를 가지고 있는 반면에 무기물을 남겨 둔다. 침식이 많은 곳에서, 심지어 이 물질들은 제거될 수 있으며 노출된 기반암을 남겨 둔다. 침식이 일어나는 비율에 따라, 침식은 토양에서 영양소를 메마르게 하거나 그것을 완전히 제거할 수 있다.

선물에 관한 한 받는 것보다 주는 것이 더 낫다. 침식을 통한 토양의 이동에 관한 한, 반대쪽이 사실이다(주는 것보다 받는 것이 더 낫다). 바람이나 물에 의한 물질의 퇴적은 다른 입지에서 침식된 유기물과 식물 영양소를 유입할 수 있다. 제한된 양에서 이것은 매우 좋은 것이다. 퇴적은 일종의 토양의 천연 비료다. 시간이 지남에 따라 강의 범람원에 입지한 농업사회는 그러한 비료를 공급하는 계절적 홍수에 의존해 왔다. 그러한 사회에서 홍수는 고난이 아니라 생활주기의 일부로서 간주된다. 어떤 경우에, 홍수를 예방하고 수력을 생산하기 위한 댐의 이용은 이러한 순환을 중단시켰다. 고전적인 예는 나일(Nile)강의 아스완(Aswan) 댐[1]이다. 이 댐은 이집트 국민을 위해 거대한 양의 전기를 발생시킨다. 그것은 또한 매년 발생하는 홍수를 예방하고, 그렇게 함으로써 홍수가 동반하던 퇴적된 영양분을 보충하기 위하여 이집트 농민들로 하여금 비료를 사용하게 만들었다.

퇴적이 너무 많을 때는 문제가 될 수 있다. 극단적으로 운반된다면 기존의

---

1. 1902년에 이집트의 나일강 중류에 완공한 홍수조절 및 관개용 댐이다. 길이 1,962m, 높이 5m, 기저부 두께 27.2m, 저수량 55억m³이다.

와인의 지리학

토양은 퇴적된 물질(충적토)에 의해 완전히 묻힐 수 있다. 그러나 적당한 두께의 충적토가 기존의 식물 뿌리 시스템에 단기적인 문제를 야기할 수 있을지라도, 장기적으로는 퇴적은 토양 발달에 있어 주된 역할을 할 수 있다. 그것은 토양의 퇴적이 풍화를 통한 토양 형성을 훨씬 뛰어 넘는 속도로 발생할 수 있기 때문이다. 단 한 번의 홍수가 한평생 형성할 수 있는 것보다 더 많은 토양을 쌓을 수 있기 때문이다. 우리는 반복된 퇴적에 의해 만들어진 토양을 충적토(alluvial soils)라고 한다. 이들 토양이 존재하는 곳에서 풍화는 단지 이차적인 중요성을 가질 뿐이다.

충적토는 명백하게 인지하기 쉽다. 그것은 단순히 토양층을 보는 문제다. 그 자리에서 발달한 토양에서 토양층들은 관련이 있을 것이다. 한 가지 특성은 다음 특징으로 그리고 계속 다음 특징으로 전이될 것이다. 충적토에서 토양층은 종종 서로 관련이 없다. 토양층은 케이크의 층과 같다. 그것은 색깔, 토성, '향취'에서 다를 것이다.

어떤 토양이 충적이냐 하는 최적의 지표는 동일한 크기의 입자로 된 층을 가지고 있느냐일 것이다. 이는 바람과 물이 입자를 운반할 때 물질을 선별하기 때문이다. 빠르게 흐르는 많은 양의 물은 대단한 힘을 가지고 있다. 물이 느리게 흐르고 혹은 물의 양이 적다면 힘 또한 적을 것이다. 빠르고 대량으로 이동하는 물은 단지 자갈 크기의 입자를 온건한 속도로 그리고 점토 크기의 입자를 매우 느린 속도로 운반할 수 있다. 모래와 자갈로 이루어진 층은 빠르게 움직이는 물에 의한 퇴적을 나타낼 수 있다. 그러한 층의 바로 위와 아래의 매우 미세한 층들은 느리게 흐르는 물에 의한 퇴적을 나타낸다. 바람은 정확히 동일한 일을 한다. 바람은 단지 물과 동시에 하지 않는다. 그 결과로 나타나는 토양층은 무한하게 존속할 수 있다. 시간이 경과함에 따라 그것들은 퇴적암에서 층들로 영원하게 될 수 있다.

토양을 구성하는 입자들은 하찮은 것이 아니다. 토양학자들이 자갈, 모래 실트2 혹은 점토와 같은 용어를 사용할 때 그들은 토양 입자의 크기를 언급한다(내림차순으로). 토양에 존재하는 이 물질들의 정확한 비율은 우리가 어떻게 토성을 분류하는가에 대한 바탕이 될 수 있다. 이것을 하기 위해 토성 삼각도이라 불리는 작은 도구를 사용한다. 모래, 실트, 점토의 비율을 그래프화하기 위하여 삼각형을 사용함으로써 그 조직을 분류할 수 있다. 모래보다 더 큰 입자와 자갈은 미국 농업부(USDA: United States Department of Agriculture) 분류체계에 따라 토성의 일부로서 고려되지 않는다. 양토(loam)는 토양에서 느슨하거나 애매한 용어가 아니다. 그것은 토성 분류의 한 예이다. 이 경우 상대적으로 모래, 실트, 점토의 양이 동일하다. 우리가 아래에서 보게 될 것처럼, 포도나무와 다른 식물을 위한 토양 조직의 중요성은 수분을 보유하는 토양의 능력에 대한 영향에 있다.

　토성이 중요한 이유는 그것이 토양의 침투율, 여과율, 공극률에 영향을 미치기 때문이다. 평이하게 설명하자면, 토성은 물이 토양으로 스며드는 비율, 수분이 토양을 통해 이동하는 비율, 토양의 기공 양 등에 영향을 미친다. 우리가 한 양동이의 물을 가져와서 그중 반을 어린이의 모래상자에 붓고, 나머지 반을 근처의 맨땅에 붓는다면, 토성의 영향을 보게 될 것이다. 입자의 크기가 작으면 작을수록 (더 많은 점토) 수분이 토양 속으로 침투하고 통과하는 시간이 더 오래 걸리게 될 것이라는 것이 규칙이다. 사실 어떤 점토는 너무 작고 치밀하게 채워져 있는 입자를 가지고 있을 수 있는데 그것들은 수분이 통과하는 것을 허용하지 않는다. 매립지에서 침출수(매립지 퇴적물로부터 화학적 요소들을 끌어당기는 수분)가 토양으로 흘러 들어가는 것을 예방하기 위하여 플라

---

2. 모래보다는 미세하고 점토보다는 거친 퇴적토이다.

스틱을 사용하기 이전에, 책임감 있는 매립지 소유자들은 두꺼운 점토로 매립지의 바닥을 깔았다. 점토층은 침출수의 흐름이 토양 아래로 가는 것을 늦추거나 멈추게 한다. 점토는 단지 플라스틱 바닥재를 지지하거나 강화할지라도 여전히 새로운 매립지의 기초로 사용된다.

토성은 수분을 보유하는 토양의 능력을 결정하는 데 매우 주요하다. 만약 삽으로 축축한 토양을 뒤집어 본다면 습기의 일부는 빠져나올 수 있다. 그 후에 다시 한다면, 습기가 빠져나오지 않을 수 있다. 토양 속에 남아 있는 수분도 그러하다. 왜냐하면 토양 입자들과 물분자들 사이에 존재하는 장력이 그곳에서 물을 유지하는 데 충분하기 때문이다. 그러한 장력은 농업을 위한 토양의 가치에 영향을 미친다. 우리는 물을 보유할 수 있는 토양을 원하지만 식물이 습기를 빨아들일 수 없을 정도의 많은 장력은 원하지 않는다. 장력의 수준은 토성에 바탕을 두고 있다.

흡습수(吸濕水, hygroscopic water)[3], 중력수(gravitational water)[4], 모세관수(capillary water)[5]라는 용어를 사용해 토양 속에 있는 수분을 분류한다. 흡습수는 장력이 너무 커서 식물이 수분을 끌어 올릴 수 없을 때 사용되는 용어다. 그것은 존재하지만 식물이 도달할 수는 없다. 토양으로부터 이 수분을 뽑아내는 유일한 방법은 고온에서 토양을 구워서 증발시키는 것이다. 명백하게도 흡습수는 농업 목적을 위해서는 매우 유용하지 못하다. 흡습수의 반대는 중력수인데, 이것은 장력이 너무 작아서 수분이 실제로 토양을 관통하여 흐른다. 우리가 습기가 가득한 토양을 삽으로 갈아엎고 그 후 수분이 흘러나왔다

---

3. 상대 습도에 따라 토양에 흡착되는 수분. 식물에 이용되지는 못 한다.
4. 토양의 모관수에 포화 이상의 수분이 가해지면 중력에 의해서 아래로 모이는 물로서 지하수 혹은 자유수라고도 한다.
5. 표면장력에 의해 흡수 유지되는 물로서 흡습수 윗부분에 있다. 식물에 이용되는 유효수분이다.

면 그 수분은 중력수일 가능성이 있다. 중력수는 매번 강수가 이루어진 다음 단순히 흘러 내려가기 때문에 농업에서 제한적으로 사용할 수 있다. 흡습수와 중력수 사이에 모세관수가 있다. 이것은 토양에 있는 수분이 중력수보다 장력 수준에서 훨씬 더 크지만 흡습수보다는 덜한 것이다. 식물에게 중요한 것이 바로 이러한 수준의 장력이다.

포도나무 뿌리 시스템의 측면도는 토양층과 토양층이 물을 보유할 수 있는 능력의 중요성을 예시해 줄 것이다. 모래 비율이 높은 토양층은 많은 물을 보유할 수 없을 것이다. 모세관수는 이들 층을 통과하고 이 층들 밖에서 흐른다. 그 자체만으로 모래가 많은 토양층은 식물에게는 사실상 사막이다. 그 뿌리는 영양분과 수분을 찾아서 그러한 층을 통과하여 그저 성장할 것이다. 점토의 비율이 높은 토양층은 수분을 보유할 수 있지만, 그것은 흡습수이고, 식물이 그것을 이용할 수 없게 될 만큼 높은 수준의 장력을 보유하게 될 것이다. 매립 지에서처럼 점토층은 물을 통과시키지 않아서 실제로는 점토층 위에 수분을 가두어 둔다. 점토층에 갇힌 수분은 토양이 대부분의 식물들에게 좋지 못한 매개체가 될 정도로 위에 놓여 있는 토양을 흠뻑 적신다. 이는 제한된 양의 뿌리박기에서는 명백하다. 가장 좋은 토양의 조합은 점토, 모래 및 실트가 혼합되어 있는 것이다. 수분의 흐름을 늦추고 보유하기 위해서, 특별히 여름에 건조한 기후에서는 충분한 점토가 필요하다. 동시에 수분이 모세관수로 유지되는 것을 허용하고 흠뻑 젖는 것을 예방하기 위하여 충분한 실트와 모래가 필요하다.

모래에서부터 실트, 점토로 갈수록 토양에서 수분을 보유하는 장력의 수준은 증가한다. 이것은 명백하게 토양 속에 있는 수분에 접근하기 위한 식물의 능력에 영향을 미친다. 더욱이, 그것은 수분 속에 있는 영양소에 접근하기 위한 식물의 능력에 영향을 미친다. 이것을 고려한다면 다음번에 당신은 비료포대에 대면할 것이다. 비료에 살충제, 제초제, 살균제가 없다는 것을 가정한다면, 비료포대는 급수에 대한 지시사항을 포함하게 될 것이다. 어떤 비료는 심지어 액체 형태로 이용된다. 토양으로부터 식물이 빨아들이는 영양소의 상당수는 물에 녹을 수 있기 때문이다. 그것은 수분을 유지하는 토양의 능력을 대단히 중요하게 만든다.

토양을 식물 성장을 위한 토대로 본다면, 토양을 야채가게로 생각해야 한다. 토양은 식물에 의해 사용되는 온갖 종류의 화학적 요소를 포함하고 있고, 그것들 중 일부는 식물 생존에 필수적이다. 다른 것들은 보다 특별한 기능을 하는데, 가령, 식물 재생산, 뿌리의 성장, 과일의 발육을 지원한다. 우리는 모퉁이 가게에서 1갤런[6]의 우유를 구입한다. 식물은 주위의 토양으로부터 칼륨을 끌어 들인다.

기초적인 수준에서 식물 영양소는 두 가지 유형으로 나뉜다. 양이온은 정(正)으로 충전되는 입자들이며, 이것들은 칼륨, 칼슘, 마그네슘, 철을 포함하고, 음이온은 부(負)로 충전되는 입자들이며, 인과 황을 포함한다. 만약 당신의 차고에 비료포대가 있다면 그 비료성분 목록은 이 목록에 있는 수많은 영양소를 포함할 것이다. 영양소가 비료에서 오든 간에 혹은 직접적으로 토양에서 오든 간에, 포도나무는 식물 뿌리에서 흡수한 수분과 함께 영양소를 끌어들인다.

어떤 토양은 다른 토양보다 이러한 영양소들의 더 나은 원천이다. 점토와 부식질은 매우 높은 양이온치환용량(CECs: Cation Exchange Capacities)[7]이 있다. 다른 말로 하면, 그것은 식물 영양소의 매우 훌륭한 원천이다. 모래는

---

6. 액체의 부피단위이다. 야드 · 파운드계(系)의 기본단위로 영국의 단위명이나, 미국제(美國制)의 단위도 있다. 영국 갤런은 4.5459631ℓ, 미국 갤런은 231in³, 즉 3.785329ℓ의 부피를 말한다.
7. 토양물질에 있는 양으로 대전되는 이온을 끌어당기는 이용가능한 음전하량이다.

매우 낮은 양이온치환용량(CECs)을 갖는 경향이 있다. 실트는 중간 어딘가에 있다. 말하자면, 이것은 포도와 와인생산을 위한 토양에 대한 고려사항에 또 다른 사항을 더하는 것이다. 수분에 접근하기 위한 식물의 뿌리 내림 패턴을 살펴볼 필요가 있을 뿐만 아니라 영양소에 적용하는 것도 검토해야 한다. 뿌리는 수분뿐만 아니라 엽록소 생산과 잎을 번성시키는 데 이용하기 위한 양이온에 혹은 식물 발육을 위해 사용하기 위한 음이온에 접근하고 있다. 포도의 경우 단지 식물의 뿌리 시스템보다 더 많은 곳에서 토양의 영향을 볼 수 있다. 우리는 또한 그 결과로 생기는 와인에서 토양의 영향을 느낄 수 있다.

이러한 토론에도 불구하고 우리는 마침내 무엇이 좋은 토양을 만드는가에 관하여 말할 수 있는가? 그렇지 않다. 훌륭한 토양에 대한 단일한 정의가 존재하지 않기 때문이다. 어떤 용도를 위해서는 좋은 토양이 다른 용도를 위해서는 좋지 않을 수 있다. 그래서 훌륭한 토양을 정의하려면 토양이 어떻게 사용되는가를 구체화할 필요가 있다. 우리는 좋은 토양을 정의하는 데 몇 가지 일반적 원칙을 만들 수 있다. 일반 원칙의 가장 기본은 토양이 과도하게 무엇인가를 해서는 안 된다는 것이다. 이는 다음과 같은 것을 의미한다.

- 점토는 적당하다면 좋다. 점토는 영양소를 제공하고 수분이 토양을 통과하여 배수될 때 속도를 늦추는 데 도움이 되기 때문이다. 너무 많은 점토는 좋지 않다. 왜냐하면 그것은 뿌리가 관통하는 것을 제한하고 물을 가두고 결과적으로 홍수와 침수를 야기하기 때문이다. 점토는 또한 수분을 단단하게 보유하고 있기 때문에 식물이 토양으로부터 수분을 뽑아낼 수 없다.
- 모래는 비옥한 토양을 만들기 위해 실트, 점토와 함께 섞일 때 좋다. 과도한 모래는 어떠한 수분도 유지할 수 없는 토양을 만들어 내고 식물 성장에 불충분한 매개체이다.

와인의 지리학

- 토양의 수분은 식물 성장에 필수적이다. 과도한 수분과 대부분의 비습지 식물은 죽게 될 것이다. 너무 적은 수분과 식물은 시들거나 죽을 것이다.
- 식물 영양소는 건강한 식물 생육에 필수적이다. 그러한 영양소들 중 어느 하나라도 과도하면 정확히 반대효과를 나타낼 것이다.

일반적으로 농업에 좋은 토양은 깊고, 배수가 잘되며, 양토에서 양토질 사이에(loams to loamy)있는 토양이다. 양토는 대략 동일한 비율의 모래, 실트, 점토로 이루어진다. 그러한 토양은 유기물을 분해하였고, 최근에 비유기물이 풍화되었음에 틀림없다. 이상적인 조건보다 덜한 조건에서 잘 자랄 수 있는 유형의 식물들이 있다. 어떤 토양조건은 인간의 개입에 의해 도움을 받을 수도 있다.

포도밭과 토양

토양과 농업 사이의 연계는 떼르와라는 개념에서 쉽사리 볼 수 있다. 이론적으로, 떼르와는 토양, 지질, 날씨, 기후, 지형 그리고 문화에 대한 고려사항을 포함한다. 떼르와는 응용될 때에 크게 토양에 바탕을 두고 있다. '떼르와'라는 용어를 온라인에서 검색해 보면 작물, 음식 사진, 수많은 토양 그림을 발견할 것이다. 이것은 토양이 한 장소에 매우 특별하기 때문이다. 환경적 요소 중에 토양은 가장 변화무쌍하다. 토양은 또한 포도나무를 포함하여 식물의 건강과 생산성에 직접적 영향을 미친다. 토양의 질은 어떠한 작물이 자라게 될 것인가에 영향을 미칠 수 있다. 토양의 질은 그러한 작물들로부터 산출된 것에 더욱더 영향을 미칠 수 있다. 와인 애호가들은 문자 그대로 토양의 영향을 느낄 수 있다.

앞 장에서 살펴보았던 모젤강 계곡 사례를 생각해 보자. 우리가 그려 보았던 계곡의 모습은 가파른 남쪽에 면한 사면의 포도밭이다. 우리는 사면과 미기후에 대하여 논의를 했다. 그 토론에서 우리가 고려하지 못한 것은 토양요소였다. 사면의 포도밭은 암석이 많은 표토를 가지고 있다. 어떤 경우에 이것은 토양의 자연스러운 특징일 수 있다. 대부분의 경우 그것은 침식의 한 요소가 될 것이다. 그 암석들은 표면에 존재한다. 왜냐하면 보다 가벼운 입자들은 씻겨 내려가기 때문이다. 일반적으로 농부들은 특히 얕게 뿌리를 내리는 식물종을 취급하는 경우 침식을 제한하려고 시도한다. 농부들은 경사를 횡단하여 식재함으로써 토양 침식을 막으려고 한다. 그렇게 하는 과정에서 식물의 각 열(row)은 토양 침식을 방해하는 역할을 한다. 깊게 뿌리를 내린 포도나무는 이러한 걱정이 덜하다. 암석이 많은 표면으로 덮는 것은 침식의 일부를 제한할 수 있다. 보다 중요한 것은 그러한 암석들의 가열하는 특성이 서리가 문제인 서늘한 환경에서 실질적인 이점일 수 있다는 것이다.

우리가 발견하는 경사지의 어느 포도밭이든지 그 입지의 토양과 기반암의 지질을 고려할 필요가 있다. 지질이 전 입지에 걸쳐서 다양하다면 더욱 그렇다. 언덕 전체가 동일한 지질이라면 아래쪽 암석의 풍화는 전체 경사지에서 동일한 영양소의 혼합물을 만들어 낼 것이다. 한편, 경사지가 상이한 암석층이 교차한다면 풍화에 의해 생산된 영양소의 혼합물은 다양할 것이다. 침식은 사면 아래 토지의 비옥도에 영향을 미치면서 물질을 경사지의 아래쪽으로 운반할 것이다. 이것은 포도의 생산성에 중요한 영향을 미칠 수 있고 심지어 사면의 위쪽과 아래쪽에 상이한 포도 종을 이용하는 결과를 가져올 수도 있다.

충적토 위의 포도밭의 경우에 토양층의 성격이 변하기 쉽다는 것을 기억하는 것이 중요하다. 표토가 상당히 메말라 있을지라도 아래로 깊게 내려가면 매우 훌륭한 토양일 수 있다. 이것이 포도처럼 깊게 뿌리를 내리는 식물이 얕

와인의 지리학

게 뿌리를 내리는 작물에 대하여 가지고 있는 이점이다. 포도는 뿌리를 영양소 혹은 수분이 풍부한 토양층까지 아래로 밀어냄으로써 황폐한 토양층과 열악한 표층 토양을 보충할 수 있다. 이러한 이점은 다른 형태의 농업의 경우 비실용적이 될 수 있는 토양 환경에서 포도 재배가 가능하게 한다.

적절한 사례로, 당신이 다음번 온라인상에 있을 때 다음과 같이 시도해 보라. 당신이 선호하는 검색 엔진으로 가서 '란사로테(Lanzarote)'와 '와인(wine)'을 검색해 보라. 란사로테[8]는 아프리카 해안에서 떨어진 카나리아 제도의 일부다. 그 섬은 화산에서 기원했는데, 섬의 사진을 보면 쉽게 알 수 있다. 그곳의 포도밭은 다른 곳과 유사하지 않다. 대부분의 작물들은 란사로테에서 자라지 못할 것이다. 왜냐하면 화산재는 예외적으로 수분을 보유하는 것이 빈약하다. 그러나 포도는 토양이 수분을 더 잘 보유할 수 있는 곳까지 깊이 뿌리를 내릴 수 있는 능력이 있기 때문에 생존할 수 있다. 그 결과, 수천 개의 구덩이에 포도가 심어져 있는 기묘하게 보이는 검은 화산재의 경관이 형성된다. 그 구덩이들은 매우 제한된 양의 강수를 모으는 데 도움이 된다. 기업가 정신이 왕성한 포도 재배자들은 증발을 증가시킬 수 있는 바람으로부터 포도를 보호하기 위하여 작은 벽을 세웠다. 그 결과는 낮게 놓여 있고, 반원형의 화산암으로 이루어진 벽과 내부에 각각 구덩이와 포도를 갖춘 경관이다. 그 주위는 매우 공상적으로 보이는 모습[9]을 하고 있다.

토양, 포도, 와인과의 연계는 심오하다. 토양은 떼르와에서 제일 중요한 환경요소는 아니라도 중요한 요소 중의 하나다. 그 결과로 토양은 포도 재배자

---

8. 스페인 라스팔마스주에 속하는 섬. 면적은 795km², 인구는 10만 명(2000)이다. 북대서양에 있는 카나리아 제도 동단(東端)에 있으며, 아프리카 해안에서 112km, 이베리아 반도에서 약 1,000km 떨어져 있다. 섬의 길이는 약 60km, 너비는 약 20km로 카나리아 제도에서 네 번째로 큰 섬이다.
9. 가령, https://en.wikipedia.org/wiki/Lanzarote#/media/File:La_Geria_vines.jpg.

들에 의해 찬양되고 숭배된다. 란사로테와 같은 장소들은 토양과 와인과의 연계에 대한 극단적인 예를 제공한다. 우리는 멀리 떨어져서 모험을 감행할 필요가 없다. 토양이 포도와 와인에 미치는 영향을 보기 위해 단지 우리 지방의 포도원에 가면 된다.

보르도

세계에서 토양, 떼르와, 와인을 볼 수 있는 최상의 장소 중의 하나는 보르도 (Bordeaux)다. 보르도시와 지역은 와인과 와인문화에 대한 모든 것이다. 그 지역은 고급 레드와인, 일반적으로 카베르네 소비뇽(Cabernet Sauvignon) 그리고 인상적인 와인 샤또로 알려져 있다. 이러한 평판은 보르도가 단지 부유한 와인 샤또와 카베르네 소비뇽만이라는 잘못된 인상을 줄 수 있다. 진실은 바로 정반대다. 보르도는 대부분 그 지역의 토양 덕택에 다양한 와인 생산 지역이다. 그 자체로서 보르도는 토양과 와인에 미치는 토양의 영향을 볼 수 있는 훌륭한 장소다.

보르도의 토양 지도는 상당히 복잡할 것이고, 첫눈에 보아서는 이해하기가 어려울 수도 있다. 그러나 약간의 배경 정보를 가지고 있다면 지도를 이해하기 시작할 수 있다. 이미 충적토에 대하여 논의를 했다. 우리가 강, 빙하 그리고 토양에 미치는 토양의 영향에 관해 약간의 정보를 추가한다면, 보르도의 복잡한 토양 환경과 그것이 생산하는 와인을 이해하기 시작할 수 있다.

보르도 와인생산의 대부분은 지롱드(Gironde)강과 그 지류, 가론느(Ga-ronne)강 및 도르도뉴(Dordogne)강의 충적토에서 기인한다. 그 강들은 그 지역의 토양 발전에 중요한 역할을 했다. 오늘날 그 강들은 피레네산맥과 마시프 상트랄(Massif Central)**10**로부터 적당한 양의 물을 운반하면서, 보르도를 통과할 때 느리게 모래, 실트를 쌓으면서 광활한 범람원을 사행(蛇行)한다. 감사하게도 이것이 항상 그러한 것은 아니다. 우리가 시계를 마지막 빙하기로 돌린다면, 많은 상이한 상황을 발견할 것이다. 그 강들은 거대한 양의 빙하 퇴적물을 운반하면서 빠르게 흐르고 거칠다. 보르도의 가장 생산력이 높은 와인 떼르와의 바탕은 바로 강의 역사다.

마지막 빙하기 동안 피레네와 마시프 상트랄은 심하게 빙하로 덮여 있었다. 그러한 빙하들은 많은 양의 얼음과 눈뿐만 아니라 빙하가 이동했을 때 침식된 물질들을 포함하고 있다. 기온상승과 함께 고도의 차이 혹은 기후변화 때문에 빙하는 녹았고 거대한 양의 물을 방류했다. 그 물은 빙하에 의해 침식된 물질들과 진로에서 합류한 다른 물질들을 운반했다. 많은 양의 물이 빠르게 산에서부터 아래로 흘러 내려가기 때문에, 그 물은 많은 양의 물질을 운반할 힘이 있다.

특히 땅 위에서 끝나는 빙하의 그림들은 전형적으로 빙하의 기저부에서 감아 도는 작은 하천 형태를 묘사한다. 이 망상하천(braided streams)은 빙하가 운반한 물질의 퇴적된 산물이다. 빙하로부터 흐르는 물은 많은 물질을 쌓기 때문에 소하천의 유로는 끊임없이 물질들로 채워지고 그 유로를 변경한다. 빙하 근처에 이들 퇴적물은 암석과 자갈을 포함할 수 있다. 물이 빙하로부터 멀리 떨어져 흐를 때, 보다 가벼운 물질들이 퇴적된다. 그 물의 색깔은 빙하에 의해 가루가 된 엄청난 양의 암석 때문에 옅은 쥐색일 것이다. 보르도의 지질과 토양을 이해하기 위하여 망상하천을 그려 보라. 마지막 빙하기 동안 보르도는

---

10. 프랑스 중남부에 있는 고원 모양의 산악지대. 뜻은 '중앙산괴' 또는 '중앙산지'이다. 면적 약 8만 5,000km²로, 프랑스 전체의 약 1/6을 차지한다. 이는 북서의 르와르강 유역의 평야, 남서의 가론강 유역의 아키텐 분지, 동쪽의 론강 하곡 사이에 걸쳐 전개되어 있다.

가루처럼 분쇄된 암석과 혼합된 자갈과 모래의 퇴적물로 덮여 있었을 것이다. 보르도 떼르와의 가장 큰 것 중 일부의 바탕은 그러한 빙하퇴적물이다. 빙하퇴적물은 풍화함에 따라 토성과 영양소 방출 측면에서 토양의 질에 영향을 미치고, 보르도의 토양 지도와 떼르와를 이해하는 데 필수적이다.

하천에 의한 퇴적의 역사는 보르도의 다양한 토양 환경에 기여한다. 오늘날 느리게 흐르는 하천은 점토와 실트가 풍부한 퇴적물을 쌓는다. 이러한 퇴적물들은 포도가 자라는 데 이상적이지 않다. 포도밭이 위치한 더 나은 토양은 옛 하천의 퇴적물이 있는 곳이다. 옛 하천퇴적물들은 강과 평행하지만 (현재의) 강과 상당한 거리를 유지하고 있다. 앞에서 논의한 생테밀리옹 사례처럼 범람원 너머에 토양이 퇴적의 산물이 아니라 풍화의 산물인 지역이 있다.

토양의 다양성이 보르도의 떼르와에 미치는 유일한 영향은 아니다. 기후 또한 중요한 역할을 한다. (보르도는) 해안선에 가까워서 기후조건이 해양성이다. 대서양의 바닷물은 여름의 뜨거운 날씨 동안 냉각효과가 있다. 봄과 가을에 대서양의 바닷물은 늦은 봄과 이른 가을 서리를 만들어 낼 수 있는 기온의 일일 변동을 제한한다. 바다의 영향이 비록 긍정적일지라도 해안선 근처의 포도밭은 문제가 될 수 있다. 해안 가까이 매우 두꺼운 모래 퇴적물은 식물들이 깊은 뿌리 시스템을 가지고 있을지라도 물의 이용가능성을 극적으로 제한한다. 염수 분무와 지하수 공급으로의 염수 침투는 해안지역에서 또한 문제가 될 수 있다.

해안 근처의 기후조건은 빙하토를 카베르네 소비뇽의 생산에 이상적으로 만든다. 메도크(Médoc)[11], 생쥘리앵(Saint-Julien)[12], 포이야크(Pauillac)[13], 마고(Margaux)[14] 혹은 그라브(Graves)[15]의 레드와인은 그 지역의 토질과 기후 덕분에 생산된 카베르네. 약간의 메를로(merlot) 혹은 카베르네 프랑(cabernet franc)이 섞여 있지만, 카베르네 소비뇽이 주가 된다. 카베르네 소비농이 보르도의 와인생산에서 많은 부분을 차지하는 이유는 이 지역이 프랑스에서 포도에 이상적으로 적합한 소수의 장소 중 하나이기 때문이다. 카베르네 소비뇽은 긴 성숙기간을 필요로 하고 서리의 피해에 대단히 민감하다. 또한 그것은 뜨거운 날씨에서는 잘 생산되지 않는다. 그 자체로서 (기온을 조정하고 기온과 성장기간을 연장하는) 해양의 영향은 정확하게 식물들이 최상의 것을 생산하는 데 필요한 것을 제공해 준다. 프랑스 다른 곳에서 제한된 생육기간은 단지 알프스산맥과 마시프 상트랄의 남쪽의 지중해성 환경을 제외하고는 카베르네 소비뇽을 배제한다. 이것이 보르도에서 다른 포도가 생산되지 않는다는 것을 의미하는 것은 아니다. 다른 포도도 생산될 수 있다. 그러나 카베르네 소비뇽의 경제성 때문에 그것이 성장할 수만 있다면 재배할 정도이다.

심지어 보르도 내에서도 내륙의 (기후)조건은 카베르네 소비뇽에게는 지나치게 대륙적일 수 있다. 기술적으로 보르도에서 어떤 곳도 진정으로 대륙성인 곳은 없지만 조건은 보다 변화무쌍해질 수 있고 우리가 마시프 상트랄의 사면에 더 가까이 근접할수록 성장기간은 더욱 짧아진다. 이러한 변화들과 함께 메를로는 지방 양조업자들이 이용하기에 훨씬 더 나은 종이 될 수 있다. 그 결

11. 세계 최고 수준의 레드와인을 생산하는 프랑스 보르도 내의 와인산지이다. 메도크란 '중간의 땅'이란 뜻으로 드넓은 솔밭이 있어 서쪽에서 불어오는 바람을 막아 주고 대서양과 호수들이 열을 관리해 주는 천혜의 지역이다.

12. 프랑스 보르도 메도크 지역 중 라벨에 마을이름을 표기 할 수 있는 6개 마을 중 가운데 위치한 비교적 규모가 작은 마을의 와인이다.

13. 프랑스 보르도 최고의 레드 와인이 생산되는 곳이다. 배수가 잘되고 경사가 원만한 곳으로 토양은 자갈층으로 메도크에서 가장 깊다.

14. 프랑스 보르도 메도크 지역의 와인산지. 21개의 그랑 크뤼(Grand Cru)와인이 생산되고 와인의 여왕이라 불리는 샤또 마고(Château Margaux)의 생산지이다.

15. Graves는 '자갈'이란 뜻의 불어이다. Graves는 프랑스 보르도 안에 있는 지역으로, 이름에서 알수 있듯이 자갈이 많이 섞인 토양이다. 소비뇽 블랑과 세미용 품종이 매우 잘 자라서 이 품종으로 그라브 와인을 만든다.

과 우리는 보르도에서 해안을 따라 내부의 언덕으로 갈수록 카베르네 소비뇽에서 메를로로 전이되는 것을 볼 수 있다. 비록 그 생산은 비교적 제한적이긴 하지만 보르도에서 수많은 다른 포도 품종이 자랄 것이다.

보르도의 토양과 기후는 그 지역의 스토리가 정말로 두 가지 와인에 대한 이야기일 정도이다. 보르도가 유명하게 된 것은 바로 카베르네 소비뇽 때문이다. 카베르네 소비뇽은 그 이름이 와인 애호가들에게 친숙한 훌륭한 해안의 샤또에서 생산된다. 내가 오랫동안 응시했지만 우리 지방 와인숍에서 결코 구입할 여유가 없는 것은 그 와인이다. 그다음에 그곳에는 메를로가 있다. 메를로는 강과 바다의 영향이 덜 발현되는 작고, 덜 알려진 내륙의 샤또에서 생산된다. 메를로는 그들의 보다 유명한 이웃의 지명도나 가격을 가지지 못한다. 양자의 예에서 카베르네 소비뇽과 메를로는 토양, 기후와 보르도의 특징인 훌륭한 와인 사이의 연계를 반영한다.

와인의 지리학

Chapter 06

생물지리와 포도

Biogeography and the Grape

  대부분 와인을 생산하는 다양한 포도 때문에 와인의 세계에는 엄청난 다양성이 존재한다. 우리가 와인을 단순히 어떤 종류의 포도의 산물로서가 아니라 과정으로서 생각한다면, 포도조차 전혀 필요 없다. 동남부 매사추세츠(Massachusetts)주의 크랜베리(cranberry) 와인과 하와이의 파인애플 와인은 이것의 좋은 사례다. 와인이 어떠한 종류의 딸기류(berry)나 과일로부터 생산될 수 있다면 와인을 생산할 수 있는 가능성은 거의 무한정이다. 와인을 생산하는 곳에 관한 한, 사실 모든 과일과 딸기류가 동일한 것은 아니다. 심지어 포도속(葡萄屬, Vitis) 내에서조차도 와인병에서 확인된 포도의 품종과 포도주스 농축액의 캔 혹은 가게에 전시된 식용포도(table grape)에 표시된 품종은 같지 않다. 유추를 이용하여 노래하는 것을 생각해 보자. 거의 모든 사람들이 노래를 만들 수 있는 것처럼 거의 모든 과일 혹은 딸기도 와인을 생산하는 데 사용할 수 있다. 불행하게도 모든 사람이 조화로운 노래를 만들 수 있는 것은 아니다.

와인의 지리학

가장 일반적이고 아주 대표적인 와인 포도는 포도종(葡萄種, Vitis vinifera)의 변종들이다. 노래하기의 유추에 충실하자면, 포도종의 변종들은 훌륭한 오페라 가수와 같다. 각각 인지할 수 있고 독특하다. 각각 거대한 예술적 행위를 만들어 내고 우리는 그것들로부터 예술을 기대하게 된다. 그러나 포도종의 변종들은 조건이 완벽할 때만 정말로 기억할 만한 공연을 수행한다. 스리 테너(three tenors)[1]를 고등학교 체육관이나, 좋지 않은 날씨에 야외무대에 세우거나, 어린아이들의 비명소리가 가득한 방에 있게 한다면 당신이 원하는 공연에 도달하지 못할 것이다. 그것은 가까이 갈수는 있지만 완전하지 않을 것이다. 와인 포도에 대해서도 동일하게 말할 수 있다. 소비자로서, 우리는 와인 포도에 대해 매우 특별한 수요가 있다. 우리는 예술적 행위를 만들어 내는 무대와 상관없이 그것들로부터 훌륭한 예술적 행위를 원한다. 포도종 변종의 조건이 완벽하다면 정말로 기억할 만한 것을 만들어 낼 수 있다. 컨디션이 완벽하지 못하다면, 밀실에서 노래하고 있는 파바로티의 등가물과 같은 와인을 보고 있는 것일 수 있다. 그것은 파바로티일 수 있지만 경험은 어느 곳에서도 최적에 가깝지 않을 것이다.

와인 포도가 성장하기 위한 완벽한 조건은 무엇인가? 그 문제에 답하기 위하여 와인 포도가 어떤 조건하에서 진화해 왔는지 알 필요가 있다. 최상의 추측은 포도종이 코카서스산맥의 남쪽에서 기원했다는 것이다. 코카서스 지방은 흑해(Black Sea)[2]와 카스피해(Caspian Sea)[3] 사이에서 러시아의 남쪽 경

---

1. 이탈리아의 성악가 루치아노 파바로티와 스페인의 성악가 플라시도 도밍고, 호세 카레라스, 이렇게 3인을 지칭하는 말이다. 이들은 1990년 결성하여 로마 월드컵 결승전 전야제날 로마 오페라 극장에서 주빈 메타의 지휘 아래 첫 공연을 시작하였다.
2. 동서 길이 1,150km. 남북 최대 길이 610km. 면적 41만 3,000km². 최대수심 2,212m. 유럽 지중해(海)의 에게해와는 보스포루스 해협·마르마라해·다르다넬스 해협으로 이어져 있다. 남쪽은 터키, 서쪽은 유럽의 터키·불가리아·루마니아, 북쪽과 동쪽은 우크라이나·러시아 연방·조지아에 둘러싸여 있다.

계를 이룬다. 오늘날 그 지역은 정치적으로 뜨거운 지점(hot spot)이다. 체첸의 불안정과 조지아[4]의 정치적 불안, 아르메니아와 아제르바이잔 사이에 현존하는 긴장 때문에 소수의 사람들만이 여행하는 장소다. 정치적인 문제는 제쳐 둔다면 그곳은 따뜻하고 상대적으로 건조한 여름의 장소다. 겨울의 조건은 서늘하지만 산맥이 최악의 겨울바람을 차단하기 때문에 춥지는 않다. 흑해와 카스피해는 이 지역의 기온을 훨씬 더 온화하게 한다. 산맥의 삼림은 따뜻한 계곡들과 저지의 초지와 사막에서 물러선다. 이러한 면에서 이곳의 기후는 북캘리포니아와 남부유럽의 일부와 유사하다.

포도종 원산지의 이러한 면의 중요성은 바로 이러한 조건하에서 포도가 진화한다는 점이다. 명백하게도 인간은 원산지점과 기후적으로 상이한 지역에서도 포도가 번성할 수 있도록 시간이 경과함에 따라 포도종에 많은 '손질'을 했다. 또한 남부 코카서스보다 두드러지게 다른 조건에서 성장하는 콩코드(Concord) 포도[5]와 같이 와인용으로 사용되지 않는 변종이 존재한다. 포도 변종을 사용하여 와인을 생산하기 위하여 포도 변종은 남부 코카서스 지방의 기후와 유사한 기후를 필요로 한다. 두드러지게 다른 기후는 문제를 의미한다.

---

3. 러시아 남서부, 아제르바이잔, 투르크메니스탄, 카자흐스탄, 이란 북부로 둘러싸인 세계 최대의 내해(內海). 면적 약 37만 1,000㎢, 물 용량 7만 6,000㎢, 최심점 980m, 길이 약 1,200km, 평균너비 약 300km, 호안선 길이 약 7,000km이다.
4. 이 나라의 국호는 러시아어식 이름인 그루지야로 통용되었으나, 조지아 정부는 대한민국을 비롯한 주변 국가에 러시아어 그루지야 대신 영어 이름 조지아(Georgia)로 자국의 국명을 표기해 줄 것을 공식 요청하였으며, 대한민국 외교통상부는 2010년 이 요청을 적극 수용했다.
5. 미국의 대표적인 포도로 농축할 때 감미롭고 진한 향과 맛이 그대로 남아 있어 주스로 많이 이용된다.

와인의 지리학

광합성과 식물호흡

우리는 생물지리(biogeography)를 식물들이 진화해 왔던 조건과 연관시킬 수 있다. 식물들이 환경과 관련되는 방식을 이해하기 위하여 식물이 작동하는 방식을 관찰할 필요가 있다. 이것은 식물 생리학의 현대적인 지식을 요구하지만 누구든지 전전긍긍해야 한다는 정도는 아니다. 우리는 광합성과 식물의 호흡에 대하여 약간 알 필요가 있다. 또한 어떻게 식물의 물리적 형태가 그 환경에 적응될 수 있는가에 대하여 조금 이해하는 것도 나쁘지는 않다. 이것은 옥수수, 밀, 사과 혹은 다른 식물들이 식품의 원료로서 사용되는 것처럼 포도종에도 적용된다. 핵심 포인트는 식물이 광합성, 식물호흡, 식물 형태의 환경과 연계된다는 점이다. 심지어 초보적인 수준에서 이것을 이해할 때, 우리는 식물, 기후, 장소 사이에 관계를 만든다. 달리 말하면 우리는 생물지리를 이해할 수 있다.

광합성은 식물이 에너지를 흡수하고 그것을 식물영양소로 전환하는 프로세스이며 식물지리학을 이해하는 데 중요하다. 광합성은 이산화탄소, 물, 빛이 산소와 식물이 궁극적으로 사용하고 저장하기 위한 당을 생산할 때 발생한다. 엽록소(Chlorophyll)는 이 반응에서 이용하기 위해 잎을 빛의 수용체로 전환시키기 때문에 이 프로세스에서 중요하다. 잎이 녹색으로 착색되는 것은 엽록소의 산물이다. 저장된 당은 이산화탄소, 물, 에너지를 생산하기 위하여 산소와 결합하는 호흡과정에서 사용된다. 성숙한 과일의 생산 혹은 우리의 목적을 위한 포도의 생산은 광합성, 식물호흡의 프로세스와 결합되어 있다. 지리학자는 기후조건(빛, 습기, 기온)에 의존하기 때문에 이 프로세스는 그들에게 중요하다.

우리는 기후가 장소에 따라 엄청나게 다양할 수 있으며, 이러한 다양성은 광합성에 영향을 미칠 것이라는 것을 이미 잘 알고 있다. 이상적으로 식물의 잎은 최대용량 근처에서 에너지를 생산한다. 이상적인 조건보다 못한 곳에서는, 그러한 동일한 잎들이 결국에는 생산하는 것보다 더 많은 에너지를 사용한다. 매우 강한 빛과 고온의 조건하에서 잎은 이용 가능한 에너지와 보조를 맞추는 것이 불가능할 수도 있다. 정확하게 이 조건들이 무엇인지는 식물의 유형마다 다양하다. 밝은 태양이 비추는 날의 빛의 수준은 약 10~12,000피트 촉광(foot-candles)**6**에서 머무를 수도 있다(미터법 사용자들에게 양해를 구한다). 대부분의 식물들은 모든 빛을 사용할 수 없을 것이다. 대부분의 식물은 3~5,000피트 촉광 어디에선가 빛의 포화상태가 된다. 또한 대부분의 잎들은 기생하게 되고 150~200피트 촉광 어디에선가 그들이 생산하는 것보다 더 많은 에너지를 사용한다. 식물이 포화수준이거나 혹은 그 이상의 수준의 햇빛에 노출되는 시간이 많으면 많을수록 더 많은 광합성이 일어날 것이다. 낮은 빛의 수준에 규칙적으로 노출된 식물들은 광합성이 덜 일어날 것이다. 광합성은 또한 열에도 반응할 것이다. 80°F(약 26.7℃)에 가까우면 가까울수록 더 잘 일어날 것이다. 식물 유형에 따라 광합성을 위한 최적 온도는 70°F(약 21.1℃)대 후반에서 80°F대 초반 사이에 걸쳐있다. 이 범위보다 높거나 낮은 범위에서 광합성은 감소한다. 식물의 유형에 따라 광합성은 100°F(약 37.8℃) 이상과 50°F(10℃) 이하 어디에선가 멈춘다.

우리는 식물의 호흡을 포함함으로써 광합성과 기후 사이의 연계를 확장시킬 수 있다. 식물은 광합성을 통해 빛으로부터 당을 생산한다. 식물은 식물호흡을 통해 그러한 당을 써 버린다. 그 과정에서 식물들은 빛 에너지와 수분을

---

6. 야드-파운드법에서의 조명도 단위. 기호 fc. 1lm(루멘)의 광속(光束)으로 1ft²의 넓이를 똑같이 비출때의 조명도이다. 1fc＝1lm/ft²=10.764 lx(럭스)이다.

와인의 지리학

사용한다. 이것이 의미하는 것은 그 프로세스가 빛과 온도에 민감할 뿐만 아니라 온도와 습도 조건에 민감하다는 점이다. 우리가 광합성과 식물호흡의 기후 관련 조건을 결합하면, 이상적으로 성장하는 환경은 대략 80°F의 긴 일조 일수와 지속적인 습기의 공급이라고 결론을 내릴 수 있다. 즉, 광합성, 식물호흡 및 바이오매스(biomass)[7]의 생산 측면에서 이상적인 성장 환경은 열대우림이다. 그러나 이것은 열대우림이 모든 식물 종에 이상적이라는 것을 가리키는 것은 아니다. 특히 포도에는 이상적이지 않다.

환경적인 고려는 단순히 광합성과 식물호흡보다 더 많은 영향을 미친다. 또한 환경적인 고려는 식물의 형태 혹은 형상에 영향을 미친다. 열대우림 혹은 온실에서 우리는 식물에게 이상적인 기온, 빛, 습도 조건을 발견할 수 있다. 그러한 이상적인 조건에서 식물은 일 년 내내 식물에 붙어 있는 거대한 잎을 지탱할 수 있다. 이러한 식물은 활엽 상록수다. 세계의 대부분은 이상적인 성장 조건을 갖지 못한다. 이상적인 조건이 되기에는 기온이 너무 높거나 너무 차거나 너무 어둡거나 혹은 너무 건조한 장소들이 존재한다. 식물들은 이상적인 성장조건보다 못한 조건에 적응하기 위하여 시간이 지남에 따라 진화하였다. 흥미 있는 것은 수많은 적응들이 기후에 공통적이라는 점이다. 어떤 적응이 어떤 우림에 좋다면 그것은 다른 곳에도 좋을 것이다. 어떤 적응이 어떤 뜨거운 사막에 좋다면, 그것은 다른 곳에도 좋을 것이다. 이것은 수렴적인 진화다. 유사한 기후가 존재하는 어느 곳이든지, 가령 지중해성 기후에서, 우리는 식물종에서 유사한 적응이 존재한다는 것을 발견한다. 그 결과 기후지도와 식생지도는 공통점이 많다.

---

7. 에너지원으로 사용되는 식물이나 동물 같은 생물체. 생물체에서 얻어지는 에너지원으로 사용할 수 있는 메탄가스나 에탄올 등을 바이오매스 에너지라고 부른다. 이처럼 바이오매스 에너지의 에너지원으로 사용되는 것을 바이오매스라고 부른다.

식물의 환경에 대한 식물 적응의 범위는 경이적이다. 수렴적 진화 덕분에 지구상의 입지에서 반복되는 몇 가지 적응 사례를 볼 수 있다. 종과 입지는 다를 수 있지만, 적응은 동일하다. 이것은 다른 종에도 해당되는 것처럼 바로 포도에도 해당된다. 어떤 환경이 포도 유형의 종에 적소(niche)를 제공한다면 당신은 거기서 포도 유형의 종을 발견할 것이다. 포도들은 와인생산을 위해 사용될 때 상이한 품질을 가지고 있을 수 있지만, 여전히 포도같이 보이고 포도 맛이 날 것이다.

가장 기본적인 수준에서, 모든 포도들은 활엽 낙엽수(deciduous)이다. '낙엽수'라는 용어는 나무의 잎이 떨어지고 환경적 스트레스 기간 동안 잠복하는 것을 의미한다. 가뭄에 대응하여 잎이 떨어지는 다른 종이 있기는 하지만 포도의 경우에는 추위 때문에 잎이 떨어진다. 낙엽은 생존전략으로 잎이 식물에게 해가 되는 기간에 식물로 하여금 휴식을 취하도록 한다. 그 후 식물은 봄에 혹은 조건이 개선되었을 때 새잎을 자라게 할 수 있도록 한다. 이것은 계절적 변동이 있는 기후에서는 유리한 점이며 항상 따뜻한 기후 혹은 성장할 수 있는 계절이 식물에게 매년 잎들을 완전히 대신하기에 너무 짧은 곳에서는 불리한 점이다.

포도 또한 크고도 넓은 잎(활엽수)을 가지고 있다. 활엽의 이점은 커다란 잎의 면적을 제공한다는 것인데, 이는 광합성의 잠재력이 풍부하다는 것을 의미한다. 그것은 또한 키가 큰 활엽수가 아래에 놓여 있는 경쟁 식물을 가려 버릴 수도 있다는 것을 의미한다. 활엽을 가지고 있다는 것의 이점은 중요하다. 활엽의 이점은 왜 활엽식물이 대부분의 환경에서 침엽 상록수보다 더 잘 경쟁하는가에 대한 이유다. 그러나 활엽은 극단적으로 춥거나 혹은 극단적으로 건조한 기후에서는 좋지 않다.

동시에 잎이 넓고 떨어진다는 것은 포도가 열대기후, 극단적으로 건조한 환

와인의 지리학

경, 극단적으로 추운 환경에 이상적이지 않다는 것을 의미한다. 활엽 낙엽수는 열대, 대부분의 사막, 차가운 대륙지역 그리고 모든 극지기후를 배제한다.

포도는 또한 과일을 맺는 덩굴식물의 확대된 과(科)의 일부다. 포도는 계절적 형태를 가지고 있다(잎, 덩굴손, 꽃, 열매). 포도는 또한 계절마다 견뎌 내는 나무와 같은 특성이 있다(어린가지, 큰 가지, 줄기, 뿌리 시스템). 형태적으로 포도는 다른 덩굴 종과는 약간 다르다. 포도는 기어오름으로써 햇볕을 위해 경쟁한다. 포도는 토양으로 뿌리를 깊게 내려 습기와 영양소를 위해 경쟁한다. 이러한 적응은 모든 낙엽 활엽수 종의 전형적인 적응에 추가적인 것이다. 이것은 특정 기후에서도 포도가 생존하고 번성하도록 하는 '전략(game plan)'이다. 포도와 다른 덩굴 식물들의 주요한 차이는 우리가 그것을 이용하는 방식과 우리가 그것을 길러 왔던 변화다.

식물들의 뿌리 시스템은 광합성, 호흡, 재생산, 성장을 지원할 목적으로 영양소와 습기를 흡수하도록 설계되어 있다. 뿌리내림의 패턴, 습기와 영양소에 접근하는 식물들의 방법은 종과 환경을 기반으로 매우 다양하다. 포도속은 지표 아래의 습기와 영양소에 잘 접근할 수 있는 심층 뿌리 시스템이 놓이도록 계획되어 있다. 이것은 식물이 습기를 찾기 전까지 먼 깊이, 가령 6ft(약 1.8m) 혹은 그 이상의 깊이까지 뿌리 내려야 하는 특별히 건조한 환경에 대한 흔한 적응과정이다. 그러나 깊이 뿌리를 내리는 데는 많은 다양성이 존재한다. 대부분의 나무 식물종은 그것의 뿌리가 항상 흠뻑 젖어 있을 때는 심층 뿌리내림을 잘 하지 않기 때문에, 심층 뿌리내림은 토양의 물 수위가 높다면 덜 할 수 있다. 토양에서 매우 무거운 점토층 혹은 지표 가까이 기반암이 있는 얇은 토양은 뿌리가 관통하는 깊이를 제한할 수 있다. 모래성분이 아주 많거나 자갈을 많이 포함하는 굵은 토양에서 포도는 수분에 접근하기 위해 훨씬 더 깊게 뿌리를 내린다. 물론 뿌리내림은 또한 식물의 나이에도 달려 있다. 특히 깊고 잘 발달된 뿌리 시스템을 발전시키는 데는 시간, 에너지, 자원이 든다. 그 자체로 오래된 덩굴은 보다 더 깊은 뿌리 시스템을 갖는 경향이 있다. 이것의 이점은, 뿌리내림의 깊이가 이런 오래된 덩굴들이 가뭄에 더 오래 견뎌서 살아남을 것이며 표토 아래 깊이 영양소에 접근할 수 있을 것이라는 것을 의미한다는 것이다.

포도넝쿨에서 우리가 추구하는 것이 식물재생 과정의 단지 일부분이라는 것을 기억하는 것이 중요하다. 어떤 식물에 우리는 커다란 잎을 원할 수 있다. 다른 식물에서는 최대의 씨앗 생산을 원할 수도 있다. 우리는 포도에서 훌륭한 와인생산에 알맞은 속성을 가진 과일을 찾는다. 포도는 유성적으로 수분(受粉)작용을 통하여 번식하고 열매를 맺는다. 식물의 경우 열매의 목적은 초기 종자 발전을 위한 이상적인 환경을 제공하는 것이다. 인간이 가장 조정하고자 했던 것은 바로 이러한 식물의 생애주기의 일부다. 대부분의 다른 과일과 채소작물(밀, 옥수수, 콩, 사과 등)처럼 우리는 파종과정의 미세하거나 미세하지 않은 조정이 우리와 식물 모두에게 좋은 생산물을 가져온다는 것을 발견하였다. 우리는 우리 요구에 적합한 과일의 크기, 수, 다른 특징을 조절한다. 또한 식물들이 풍성해질 환경의 범위를 확대하고 질병이나 페스트를 퇴치할 수 있도록 시간이 지남에 따라 식물의 발달을 조정해 왔다. 이러한 노력들은 시간에 따라 식물을 변화시켰다. (그러나) 이러한 노력들이 포도의 지리를 극적으로 변화시키지는 않았다.

포도의 생애주기

식물과 그 환경 간의 연계는 단순히 식물들이 주어진 입지에서 생존하게 될 것인가 하는 문제가 아니다. 그것은 식물이 그 입지에서 재생산할 수 있게 되느냐의 문제다. 식물이 그 환경에서 생애주기 동안 살아남을 수 있는가? 식물이 발아하고, 잎, 꽃, 씨 등을 만드는 시기가 그 입지와 맞는가? 나는 단순히 내 마당에서 무엇이든 심을 수 있다. 이것이 마당에 심은 것들이 생존하고 번성할 것을 의미하지는 않는다.

포도속은 휴지기를 필요로 한다. 휴지기를 만들어 내기 위해 두세 달의 차가운 기온[적어도 40°F와 50°F(약 4.5℃와 10℃) 정도]이 요구된다. 그것들이 필요하지 않는 것은 극단적으로 추운 날씨 혹은 극단적으로 긴 휴지기이다. 서리가 포도의 잎, 싹 그리고 줄기에 상처를 입힐 수 있는 반면에, 0°F(약 −17.8℃)에 가까운 기온은 식물의 목질부에 상처를 입힐 수 있다. 극단적으로 낮은 기온에 의한 피해는 실제로 식물을 충분히 죽일 수 있을 만큼 광범위하다. 포도 재배업자들은 다양한 줄기가 자랄 수 있도록 함으로써, 발생할 수 있는 추위 피해에 적응한다. 하나의 가지가 추위 혹은 서리에 의해 심각하게 피해를 본다면, 다른 가지들이 생산을 유지할 수 있도록 그 가지는 제거될 수 있다. 휴지기인 달을 제외하고 광합성과 식물호흡은 그해의 나머지 기간 동안 약 80°F(약 26.7℃) 정도의 태양이 있는 날을 지배한다.

식물이 겨울철에 생존했다고 가정한다면 우리는 평균 낮 기온이 50°F(10℃)를 넘을 때 싹이 나고 뚫고 나오는 것을 보기 시작할 수 있을 것이다. 이상적으로, 광합성의 최고의 조건은 싹이 뚫고 나오는(bud break) 몇 주 내에 이루어질 것이다. 그때쯤 식물의 잎들은 완전히 열리고 일을 할 준비가 되어 있다. 날씨의 특성에 따라, 꽃이 피는 것은 새싹이 나온 후 약 한 달 반 혹은 두 달 만에 일어난다. 이 기간에 식물은 늦서리에 민감한데, 이것은 올라오고 있는 잎과 꽃에 피해를 줄 수 있다. 꽃이 피고 있는 동안 식물들은 또한 강한 비와 우박 피해에 민감하다. 심지어 강한 비와 우박 피해가 없을지라도 몇몇 꽃들이 열매를 맺지 못하고 식물로부터 부스러지고 떨어지는 것은 자연스러운 일이다. 부스러지는 것은 남아 있는 포도가 익어 가는 과정을 쉽게 하면서 각 송이에서 포도의 숫자를 줄인다. 치명적인 날씨는 포도송이의 크기가 현저하게 줄어드는 지점까지 부스러지는 꽃을 증가시킬 수 있다. 부스러지지 않은 꽃들은 열매를 생산한다. 그 결과로 나타나는 포도송이의 형태와 크기는 포도의 유형에 따라 다양하지만, 발달과정은 동일하다.

첫 번째 미숙한 장과(漿果)는 꽃이 부서진 후 약 일주일여 정도에 열매를 맺는다. 그 시점부터 향후 포도는 성숙할 것이고 천천히 녹색을 잃어 갈 것이다. 포도 속의 당은 증가하고 산의 수준은 감소할 것이다. 당의 증가는 궁극적으로 발효과정에서 그 역할을 하게 된다. 그때까지 당은 포도를 충해, 질병, 새의 목표물로 만들고 이러한 문제들에 대한 포도의 민감성은 성숙함에 따라 증가한다. 높은 습도는 특히 문제가 될 수 있다. 왜냐하면 높은 습도는 원숙하고 너무 무르익은 포도에서 균 문제의 원인이 되기 때문이다. 포도는 또한 성숙과정에서 늦게 부서져서 손해를 입을 수 있다. (기상)조건이 너무 뜨겁고 건조하다면 익어 가는 포도는 말라 버리고 건포도로 변한다.

연간 포도 생애주기의 다양한 단계들의 날짜에 관하여 이야기할 때 주의할 필요가 있다. 왜냐하면 그 날짜들은 포도의 품종에 따라 다양할 것이기 때문이다. 날씨의 선호도도 품종에 따라 다양할 것이다. 그것은 실제로 매우 좋은 것이다. 이는 왜 어떤 품종이 주어진 입지에서 다른 것보다 더 잘 작용하는가를 보여 주며, 포도 품종의 지리학에 대한 토대다.

포도의 생애주기는 지중해성 기후 및 서안해양성 기후 분류와 연계된다. 포도는 길고 따뜻한 성장기 후 휴지기가 필요하다. 성장기와 휴지기 모두 이 기후들과 일치한다. 이 식물은 초기에 잎과 포도 발달을 위해 봄과 초여름의 비가 필요하며 훌륭한 와인생산을 위한 품질을 발전시키는 긴 성숙기간을 필요로 한다. 이는 지중해성 기후와 서안해양성 기후와 일치한다. 추가적으로 이 기후 구분 내에서 차가운 겨울기온은 서리 피해나 식물 손실을 야기할 정도로 춥지는 않다. 이러한 점은 지중해성 기후와 서안해양성 기후를 와인제조에 있어 생산적이게 하며, 이러한 목적을 위해 다른 기후를 배제한다. 그것들은 앞서 제3장에서 했던 가정으로 우리를 다시 안내하고 현재 세계의 와인생산 지도를 제공한다.

그 지도를 가져와 보다 상세하게 와인생산을 살펴본다면 각 포도 품종에 대한 지리적 패턴이 존재한다는 것을 발견할 수 있을 것이다. 기후조건이 따뜻해질수록 피노 누아(pino noir)에서 메를로(merlot), 카베르네 소비뇽(cabernet sauvignon) 그리고 마지막으로 시라즈/시라(Shiraz/Syrah)로 붉은 포도 품종의 전이가 이루어진다는 것을 알 수 있다. 백포도 품종의 전이는 실바너(Sylvaner)에서 리슬링(Riesling), 샤르도네(chardonnay), 소비뇽 블랑(sauvignon blanc), 피노 그리지오(pinot grigio)로 이루어진다. 이러한 패턴은 절대적이지 않다. 환경이 정확하게 동일하더라도 특정한 유형의 포도를 선호하는 사회적 기호와 시장성의 이슈가 존재할 수 있다. 또한 특정한 와인 생산지역에서 매우 중요할 수도 있는 덜 알려진 품종도 존재한다. 이것은 와인 및 와인 지리학의 퍼즐의 일부다. 즐거움은 이 퍼즐을 푸는 데 있다.

르와르 계곡

떼르와(terroir)는 한 장소의 환경을 넘어선다. 떼르와는 농업제품 생산에서 지역적 변이와 뒤엉켜 있다. 두 개의 자연경관이 정확하게 동일하지 않기 때문에, 지방 농업의 제품에서 그리고 그 농업과 연관된 식품과 와인에서 항상 어떤 변이가 존재할 것이다. 시간이 경과함에 따라 이들 지방별 변이는 지역요리의 핵심이자 한 장소의 문화의 일부가 된다. 그래서 자연환경의 소소한 차이에서 출발했던 것이 한 사람의 문화적 정체성의 일부와 같은 큰 차이로 발전한다. 이렇게 커진 차이는 한 장소를 다른 장소와 구분하게 하고 프랑스 지역의 요리에 다양성을 제공한다. 이는 또한 그들이 누구인가에 대한 일부가 된다.

프랑스 북서부 르와르 계곡은 떼르와와 포도의 생물지리를 연구하기에 훌륭한 장소다. 그곳은 중요한 환경적 대비가 있는 지역이다. 강의 원류로서 르와르강과 그 지류는 마시프 상트랄(Massif Central)의 산기슭에 위치하고 있다. 이곳은 지중해성 기후지대의 북쪽 끝에 위치하고 있다. 우리가 하류를 여행할 때 계곡은 깊고, 풍부하고, 충적토를 가진 넓은 평야로 확대된다. 이 여행은 우리를 대서양과 서안해양성 기후지역으로 데려다준다. 그것은 또한 우리를 프랑스 농업의 중심지대로 데리고 간다. 계곡에서의 샤또 건설의 역사와 파리에 인접한 역사 덕분에, 하류 여행은 프랑스의 가장 유명한 관광목적지 중의 하나로 우리를 데리고 간다.

르와르 계곡만큼 크고 다양한 장소에서 떼르와에 관하여 기술하는 문제는 어떻게 논의를 한정하느냐이다. 바로 이 주제에 대해서 한 권의 책을 쓸 수도 있다. 그래서 르와르 계곡의 모든 떼르와를 다루기보다는 차라리 나의 시야를 세 가지로 정할 것이다. 우리는 투렌(Touraine)[8]과 낭트(Nantes)[9]의 하류로

---

8. 프랑스 중부에 있던 옛 주. 지금의 앵드르에르와르(Indre-et-Loire) 데파르트망(Department) 전체와 르와르에셰르(Loire-et-Cher) 데파르트망·앵드르(Indre) 데파르트망의 일부에 해당한다. 주도는 투르이다.
9. 프랑스 서부, 르와르-아틀랑티크 데파르트망의 수도. 파리 남서쪽 394km, 세브르낭테즈·에르도르 등의 지류가 르와르강에 합류하는 하구 지점에서 54km 떨어진 곳에 위치하여 외항선의 항행도 가능하며, 외항(外港) 생나제르와 함께 프랑스 굴지의 무역항을 이루고 있다.

와인의 지리학

이동하기 전 상류의 상세르(Sancerre)**10**에서 출발할 것이다. 나는 이 세 곳을 매우 개인적인 이유에서 선택하였다. 어떤 일이 있어도 상세르는 이 책 어디에선가 끝을 맺을 것이다. 나는 상세르를 좋아하고 더욱 중요한 것은 내가 그곳의 와인을 좋아한다는 점이다. 그래서 이는 쉬운 선택이었다. 투렌은 궁극적으로 자전거로 와인투어를 시도하고자 하는 사람들의 편의를 위해 포함시켰다. 이 지역은 훌륭한 와이너리와 다양한 역사적 유적을 갖추고 있다. 이곳은 또한 평탄하여 관광이 용이하다. 마지막으로 나는 낭트를 포함시켰다. 그곳은 향토 음식과 와인을 연계하는 장소이기 때문인데, 이는 우리 논의에서 훌륭한 선택이 될 것이다.

상세르는 르와르강의 원류에 가까운 산촌에 있다. 그곳은 야산 꼭대기 마을의 예쁜 시골이자 아름다운 풍경이다. 몇몇 와인 생산지역과는 달리 상세르는 포도 단일경작이 아니다. 그곳은 혼합농업의 생산적인 지역이다. 상세르의 풍경은 포도뿐만 아니라 동일하게 소, 양, 콩, 곡물을 포함한다. 포도원은 남쪽에 면한 사면에서 태양과 직면한다. 아래쪽 계곡에서 강은 포도를 제외하고 다른 어떤 작물에도 좋은 풍부한 충적토를 쌓아 둔다. 그러나 언덕에서 풍화된 석회암 기반암은 포도에 대한 실질적인 자원을 제공한다. 사면의 포도밭을 흐르는 빗물은 토양을 건조시키고 토양이 포도 생산에 더욱 적합하도록 돕는다. 상세르는 내륙과 하류지역보다 높은 고도에 위치하고 있기 때문에 서늘한 날씨와 하류의 입지보다 더 대륙적인 조건을 경험한다. 경관에서 이러한 다양성은 상세르를 생물지리와 식물, 미기후, 토양, 지형 사이의 연계를 살펴볼 수 있는 훌륭한 지점으로 만든다. 이것이 왜 내가 이곳을 좋아하는가에 대한 이

---

10. 상세르는 르와르강이 내려다보이는 중부 프랑스의 셰르(Cher) 데파르트망에 있는 언덕 마을이다. 르와르 계곡에서 유명한 와인 산지다.

유다.

　상세르 환경의 다양성은 많은 다양한 종류의 포도가 그곳에서 자랄 수 있다는 것을 의미한다. 피노 누아와 다른 포도는 상세르에서 생산될 수 있지만, 상세르의 환경에 이상적인 포도는 소비뇽 블랑11이다. 이 포도는 이 지역에서 기원하였고 그래서 이 지방의 기후와 토양조건에 잘 적응하였다. 상세르는 바로 르와르강과 센강을 연결하는 브리아르 운하(Briare Canal)의 상류에 있다. 이러한 연결된 상황에서 상세르 대부분의 와인은 전통적으로, 국지적으로 소비되어 왔다. 상세르는 와인을 수출하지만, 많은 양을 수출하지 않는다. 그 결과 당신이 살고 있는 곳의 와인상점은 상세르 지역의 와인을 갖추지 않을 수도 있다. 당신이 이 지역의 주력 와인 수출품인 소비뇽 블랑의 팬이라면, 노력과 추가 비용으로 그 와인에 지불하는 시도를 해 볼 만하다.

　상세르로부터 하류인 투렌에서 우리는 매우 상이한 포도 재배 환경을 발견할 수 있다. 르와르 계곡을 방문하는 대부분의 사람들은 투렌에서 끝내거나 혹은 투렌을 경유해서 지나간다. 이곳은 방문객들이 가장 많은 여러 개의 샤또가 위치하고 있기 때문이다. 생물지리에 대한 우리의 논의를 위해 포도원은 살펴볼 만한 가치가 있다. 왜냐하면 포도원은 강과 연계되어 있기 때문이다. 투렌은 포도밭이 언덕 가까이에 위치한 상세르와 매우 다르다. 투렌의 포도밭은 르와르강과 그 지류와 나란한 경사지에 입지하고 있다. 심층토는 강으로부터 떨어져 밀, 해바라기, 가축 및 야채농업에 이상적이다. 강의 범람원에서 실트와 점토가 풍부한 충적토는 포도 재배에 너무 습하다. 그러나 범람원을 내려다보는 경사지에서 침식에 의해 노출된 석회암층은 포도원의 토양을 기름

---

11. 화이트와인을 만드는 대표적인 포도 품종. 프랑스 르와르 계곡, 보르도, 남서부 등에서 재배한다. 포도송이는 원통 모양으로 작은 편이고 포도알은 촘촘히 달려 있다. 소비뇽이라고도 한다.

지게 한다. 투렌의 포도밭은 상세르의 포도밭보다 약 500ft(약 152.4m) 정도 낮고, 대서양으로부터 단지 약 70mile(약 113km) 정도 떨어져 있다. 지질학적 차이와 병행하여 이들 요소들은 투렌에 상세르의 떼르와와 구분되는 떼르와를 제공한다. 그 결과 투렌의 와인생산은 슈냉 블랑(chenin blanc)[12], 가메(gamay)[13], 카베르네 프랑(cabernet franc)[14]에 바탕을 두고 있다. 이에 대한 부분적인 이유는 기후와 토양이 소비뇽 블랑과는 대조적으로 이들 포도 종에 매우 적합하기 때문이다. 다른 이유는 문화적인 것이다. 이 포도 품종들은 전통적으로 그 지역에서 재배되어 왔다. 심지어 다른 포도들이 그 지역에서 생산될 수 있을지라도 와인생산의 전통은 변화시키기 매우 어렵다. 특히 와인생산의 전통이 한 지역의 문화와 정체성의 한 부분이 되었을 때 그러하다.

우리가 르와르강을 따라 하류로 여행할 때 강이 대서양에 도달하기 전에 마지막 기착점 중의 하나는 항구도시 낭트다. 낭트는 와인에 관한 흥미로운 역사를 가지고 있다. 와이너리에 중요한 접근성을 갖춘 가장 가까운 항구로서 낭트는 영국과 네덜란드로 수출하기 위한 시장이었다.

더욱 중요한 것은 프랑스의 다른 어딘가의 와인시장에 접근하려면 장거리의 상류로 와인을 운송해야 하는 것이다. 이것은 낭트의 와이너리의 경우 (프랑스 국내보다는) 해외에 와인판매가 훨씬 더 유망한 것으로 만들면서 가격을 높였다.

---

12. 프랑스의 르와르 계곡 지방에서 가장 많이 재배되는 화이트와인용 포도 품종으로 신선하고 매력적인 부드러움이 특징이며 껍질이 얇고 산도가 좋고 당도가 높은 편이다.
13. 보졸레 와인을 만드는 포도 품종. 주로 부르고뉴 보졸레 지방에서 재배된다. 밝은 색의 레드와인이 되며, 신선하고, 과일맛이 풍부하고, 적당한 산도를 가지고 있다. 특히 보졸레 누보로 유명하다. 프랑스 르와르 계곡, 캐나다, 미국 나파밸리에서도 잘 자란다.
14. 프랑스 보르도(Bordeaux) 지방, 쉬드 웨스트(Sud-Ouest: 남서) 지방과 르와르에서 재배되는 품종이다. 카베르네 프랑 포도주는 카베르네 소비뇽 포도주보다 색깔이 옅고 타닌(Tannin) 함량이 적다.

낭트가 대서양에 인접한다는 것은 명확한 해양성 기후라는 것을 의미한다. 낭트는 투렌과 상세르로부터 멀지 않지만, 포도를 재배하는 환경은 매우 상이하다. 지질학적으로 낭트 주변지역은 수많은 작은 하천에 의해 갈라지는 오래된 해안평야다. 사실상 대서양의 시계 내에서 와인을 생산하는 것은 낭트의 기후가 해양에 의해 지배를 받는다는 것을 의미한다. 해양은 기온을 온화하게 하고 성장기를 연장시킨다.

낭트의 자연환경이 남쪽의 보르도와 모두 다른 것은 아니다. 그래서 보르도처럼 낭트는 카베르네 소비뇽의 생산을 위한 주요한 입지가 된다고 가정할 수 있다. (하지만) 현실은 그렇지가 않다. 우리에게 사소한 차이처럼 보이는 것이 식물에게 매우 중요할 수도 있다.

기후적으로 그리고 지질학적으로 낭트는 그 이웃지역과 유사할 수 있지만, 명확하게 상이한 떼르와를 가진다는 점에서 차이가 난다. 낭트의 떼르와는 이 지역에서 대부분의 생산을 지배하고 포도맛이 강한 화이트와인인 뮈스카데(muscadet)[15]를 만드는 데 사용하는 믈롱 드 부르고뉴(Melon de Bourgogne)[16] 포도에 아주 적합하다. 낭트 주변의 와인 떼르와는 포도와 떼르와 사이의 연계를 제시해 주면서 단어 '뮈스카데'를 그 이름에서 종종 가지게 될 것이다.

낭트, 투렌, 상세르는 르와르강 계곡 내에서 와인을 생산하는 단지 소수의 지역이다. 마시프 상트랄의 원류에서부터 대서양의 하구까지 계곡 내의 기후, 지형, 토양의 다양성 덕택에 르와르는 떼르와와 그것이 생산하는 포도 사이의

---

15. 프랑스 뮈스카데 지방에서 생산되는 라이트, 드라이 화이트와인. 믈롱 드 부르고뉴라는 포도 품종으로 만든다.
16. 프랑스 르와르 지역의 뮈스카데를 만드는 청포도 품종. 추운 기후에서 잘 자라고 수확량이 많은 포도 품종이다.

연계를 볼 수 있는 훌륭한 곳이다. 우리는 르와르강 계곡의 와인에서 문자 그대로 이러한 연계를 느낄 수 있다.

Chapter 07

포도 재배, 농업, 자연재해

Viticulture, Agriculture, and Natural Hazards

포도 재배에 대하여 학습할 때 우리는 실제로 농업에 대하여 학습하는 것이고 역으로도 마찬가지다. 가령 잘 가꾸어진 포도밭을 걸으면서 콩을 키우는 것에 관하여 한두 가지 배운다는 것은 상상하기 어려울 수도 있지만 실제로 가능하다.

어떤 것도 기르지 못하는 사람들에게 인공 크리스마스 트리를 주문하는 것 이상은 중요하지 않다. 지리학 그리고 농업 및 포도 재배에 대한 지리학의 연계를 검토할 때, 당신이 어떤 것을 심을 것이라고 기대되지 않는다. 차라리 우리는 농업의 패턴을 이해하기 위해 기후, 토양, 경제, 문화적 실행, 선호뿐만 아니라 수많은 역사의 상호작용을 살펴본다. 이 모든 점이 누구든지 농부로 만드는 것은 아니다. 농업을 이해하는 것은 당신이 선호하는 와인이 왜 어떤 지역에서 왔는가를 설명하는 데 도움을 준다. 기후와 토양의 지식은 우리에게 부분적으로 답을 제공해 주고 농업은 나머지에 답을 준다.

와인의 지리학

농업지리학

지리학과 포도 재배 혹은 농업을 이해하기 위해서는 북부 독일에서 시작해야 한다. 그곳은 포도 재배로 알려진 곳이 아니기 때문에 이상해 보일 수도 있다. 그러나 1800년대 중반 근대적인 농업지리학 연구가 시작된 곳이 바로 북부 독일이다. 그 창시자는 요한 폰 튀넨(Johann von Thünen)[1]이었는데 그가 와인을 연구하지는 않았다. 차라리 폰 튀넨은 상이한 농업적 목적을 위해 동일한 물리적 품질의 토지가 사용된다는 사실을 풀려고 애를 쓰고 있었다. 그것은 단순한 출발이었지만 그의 연구는 오늘날까지 농업지리의 토대를 이룬다.

폰 튀넨이 그의 연구에서 발견한 것은 농업적 토지이용이 다양하다는 점이었다. 시장에서 가까운 곳의 농업은 집약적이다. 시장과의 근접성과 함께, 시장까지의 교통비는 제한적일 것이다. 그래서 가까운 곳의 토지는 매우 바람직하고 그러므로 비싸다. 늘어난 비용을 보충하기 위하여 농부들은 그들이 할 수 있는 한 에이커(acre)[2]당 고부가가치의 작물을 생산하고자 할 것이다. 그들은 매우 상하기 쉬운 양상추, 토마토, 피망과 같은 작물을 강조하면서 토지를 집약적으로 이용한다. 어떤 작물이 쉽게 상할 수 있다면, 우리는 시장으로부터 매우 멀리 떨어져 있기를 원하지 않는다.

시장으로부터 멀리 떨어져 있다면 토지는 덜 집약적으로 에이커당 소득이 낮은 작물 재배에 이용된다. 가령 밀, 보리, 귀리와 같이 장거리 운송이 쉬운

---

1. 폰 튀넨의 생애와 그의 농업입지론에 대하여는 다음을 참고하라. 임석회, 2000, "폰튀넨의 고립국 이론", 「국토연구」, 2000년 7월호(통권225호), 국토연구원.
2. 야드-파운드법의 면적의 단위. 기호는 ac 또는 acre. 1ac는 4,840yd^2(약 4,047m^2)이다. 이 값은 40.468 a(아르)에 해당한다. 에드워드 1세(1272~1307) 시대에 황소를 부려 하루에 갈 수 있는 땅의 면적을 기준으로 정해진 것이다.

작물들은 시장으로부터 먼 거리에 있는 농지에서 일반적이다. 보다 값비싼 작물들은 이들 지역에서 쉽게 발견되지 않는다. 왜냐하면 추가적인 교통비는 농장이 시장에 보다 더 가까운 곳에 있는 경쟁자의 작물보다 훨씬 더 비싸게 만들기 때문이다.

폰 튀넨 연구의 이면에 있는 근본적인 가정은 농업이 이윤을 만들어 내는 벤처라는 것이었다. 이는 사회과학에서 일반적인 '경제적인 인간 가정(economic man assumption)'이다. 그것은 사람들이 경제적으로 합리적인 방식으로 행동하고, 건전한 경제적 결정을 하기 위하여 필요한 모든 정보를 가지고 있다는 가정이다. 이러한 가정은 포도 재배에 적용될 수 있거나 혹은 아닐 수도 있다. 와인생산을 이윤을 창출하는 벤처로 보는 사람이 많다. 포도 재배를 '즐거운' 이윤을 창출하는 벤처로 보는 사람들도 있다. 또한 그것을 취미로 보는 사람이 있다. 만약 당신이 살고 있는 지방의 양조인이 충분한 재산이 없고 와인을 순수하게 취미로 생산하지 않는다면 일터에서 어떤 경제적 합리성이 존재할 것이다. 그래서 약간의 '즐거움'이 관여되어 있을지라도, 적용 가능한 폰 튀넨의 사회과학이 상당하게 존재할 것이다.

폰 튀넨의 연구 결과는 지리학과 농업 사이에 매우 강력한 관계가 있다는 해석이었다. 그러한 관계는 세 가지 요소를 가지고 있다. 첫째, 입지는 기후, 토양, 지형의 상이한 조건을 가지고 있다. 이것은 주어진 입지에서 무엇이 생산될 수 있는지에 영향을 미친다. 둘째, 지가, 교통비, 제품의 시장가치는 그 입지에서 무엇이 유리하게 생산될 수 있는지에 영향을 줄 것이다. 셋째, 문화와 역사는 사람들이 생산을 위해서 소유하는 지식과 시설들이 무엇인지를 결정할 것이다. 어떤 점에서 폰 튀넨은 제거의 과정을 표명한다. 존재하는 모든 단일 식품 아이템을 취해 보자. 그리고 주어진 입지에서 생산될 수 없는 것들을 제거하자. 그 후 그 입지에서 유리하게 생산될 수 없는 아이템을 제거하자.

그 후에 사람들이 생산하기 위한 지식이나 시설을 갖지 못한 식품 아이템을 제거하자. 우리가 남긴 것은 지방 농민들이 재배해야 하는 작물 생산의 범위다. 경제적으로 합리적인 세계에서 농부들은 가장 큰 이익을 만들어 내는 작물을 리스트에서 선택할 것이다.

폰 튀넨의 연구는 우리를 다음과 같은 문제로 안내한다. 환경에 기초하여 어디에서 와인 포도를 생산할 수 있을까? 토지와 운송비를 고려한다면 와인 생산은 이득이 될 것인가? 그리고 와인 포도는 가장 이윤이 많이 남는 잠재적인 작물인가? 농부들은 와인을 생산하기 위해 필요한 지식, 경험, 장비를 가지고 있는가? 우리는 와인지도에서 이 방면의 문제의 결과를 볼 수 있다. 지도에서 제시된 모든 와인 생산지역의 경우, 위의 문제에 대한 각각의 답은 예스다.

어떠한 식품이 생산되고 누가 그것을 생산하는가는 사회마다 다양하다. 식품 생산이 생계농업의 형태로 존재하는 사회들이 존재한다. 거의 모든 사람이 식품을 생산하는 데 고용되어 있고 자기 자신의 소비를 위해 식품을 생산한다. 성공한 농부들은 교역할 수 있는 잉여 식량을 만들어 낼 수 있다. 많은 유형의 작물들이 생계농업을 통해 생산된다. 그러나 당신 지방의 와인가게의 어떠한 와인도 그러한 방식으로 생산되지 않는다.

와인제조는 생계농업이 상업적 농업에 길을 내준 시점에서 이루어진다. 상업적 농업은 교환 혹은 판매를 위해 설계된 식량 생산이다. 상업적 농업에서 우리는 단일 작물 혹은 연관 작물을 생산한다. 우리는 그러한 작물들을 전문화하고, 생산을 위해 기계와 설비에 투자하며 작물을 개방 시장에 판매한다. 상업적 농업 내에서 일반적인 전문화는 단일경작으로 이어진다. 생계농업에서 사람들이 옥수수만을 먹지 않는다면 전적으로 옥수수를 재배하는 데 투입된 수백 제곱마일의 농지를 발견할 수 없을 것이다. 그러나 상업 농업에서 바로 그러한 것을 발견할 수 있다. 우리가 폰 튀넨의 작업에 관하여 이야기할 때 언급하는 것이 바로 상업적 농업이다.

폰 튀넨과 1800년대 중반의 농업지리에 경의를 표하는 반면, 고려해야 할 수많은 새로운 정보가 존재한다는 것을 알아차리는 것이 중요하다. 폰 튀넨의 생애 동안 한 농업지역에서 다른 농업지역까지 노동비는 다양하지 못했다. 인식 차원을 넘어 산업을 전환시킨 농업의 기계화는 단지 시작에 불과했다. 오늘날 우리는 폰 튀넨의 시대보다 훨씬 더 빠르고 훨씬 더 싸게 작물을 운송할 수 있다. 우리는 또한 더 많은 식량을 더 멀리 운송할 수 있고 운송에 더 잘 견딜 수 있도록 식량을 보존할 수 있다. 동시에 이것들은 농업을 변화시켰고 농업의 지리를 변경시켰다. 이는 폰 튀넨 시대 와인지역의 세계지도가 오늘날 우리가 보는 지도와 매우 다르게 보인다는 것을 의미한다. 이러한 진화는 상업적인 농업이 소규모 가족농장에서 완전히 성숙한 산업의 기업으로 성장하는 것을 보여 준다. 농장 노동은 더 이상 가족집단에 의해 주도되지 않는다. 연구개발 분야는 작물 결정에 관한 경영에 권고사항을 제시한다. 법률가들은 단지 기업 로고에 의해 인식할 수 있는 농업 대기업의 대변인들이다. 비록 이러한 변화는 세계의 부유한 국가들에서 가장 확연할지라도 개발도상국에서도 가시적인 경향이다.

생산의 보다 산업화된 형태의 이점은 전문화와 자원 이용에 있다. 가족농장은 전문화할 수 있지만, 대기업들은 대부분의 가족농장이 경쟁할 수 없는 정도까지 전문화할 수 있다. 기업들은 가장 발전된 농업 기계의 구입에 투입할 수 있는 훨씬 더 많은 재원을 가지고 있다. 그러한 재정자원은 그 업계에서 최상의 인물을 고용할 수 있게 한다. 많은 농장들 사이에 그러한 자원을 공유함으로써, 기업적 생산자들은 그러한 자원을 보다 효율적으로 이용할 수 있다. 이것은 개별 농부에 비해 두드러진 이점을 제공한다. 개별 농부들이 농업의 산업화와 경쟁하는 수단으로 협동조합에 참여할 수 있을지라도 그리고 이들

와인의 지리학

협동조합이 효율적인 경쟁전략일 수 있더라도 협동조합은 가족농장의 구세주가 될 수 있다고 입증되지 않았다.

새로운 상업농업의 경제적 토대는 제한된 노동력을 가지고 많은 양의 식량을 생산하는 것이다. 이는 산업화된 농업의 사회에는 소수의 농부만 존재한다는 것을 의미한다. 농사를 짓지 않는 사람들은 제조업 활동 혹은 정보 및 서비스 경제에 고용된다. 그러한 활동은 동일한 양의 인간 노동으로부터 더 많은 가치를 생산한다. 우리는 이것을 '부가가치'라고 부른다. 제조업에 의한 부가가치는 농업의 부가가치를 상회한다. 정보 및 서비스 활동에 의한 부가가치는 심지어 제조업의 부가가치를 넘어선다. 결과적으로 우리는 시간이 경과함에 따라 농업에서 제조업으로 다시 정보 및 서비스 경제로의 전이를 목도한다. 미국에서 이러한 전이는 매우 소수의 사람만이 식량 생산에 관여한다는 것을 의미한다. 경제적으로 이것은 유리하다. 산업화된 농업은 많은 노동력을 필요로 하지 않는다. 이는 또한 여전히 자신을 농부로 부르는 사람들이 상업화된 농업을 사업으로 취급한다는 것을 의미한다.

폰 튀넨이 아마도 마음속에 그릴 수 없었던 현대농업의 또 다른 변화는 정부가 농업에 개입하는 정도다. 국가적인 레벨에서, 정부는 이윤을 창출하는 벤처로서 농업과 농산업을 지원하는 것에 관심을 가진다. 정부는 또한 시민들을 위한 식량 생산의 안정화 수단으로 농업을 이용할 수 있다. 이것은 순수 식량 수입 국가에서 공통적인 경험이다. 그러나 식량 생산이 왜 정부가 포도 재배에 스스로 관여하는가에 대한 이유는 아니다. 정부는 지방경제를 보호하기 위하여 포도 재배에 개입한다. 포도 재배와 와인제조는 많은 사람들의 문화에 중요할 수 있기 때문에 정부의 규제와 감독은 국가적 유산과 주민 삶의 양식을 보호하는 수단으로 간주될 수 있다.

지방정부는 또한 농업에 대해 상당한 영향력을 발휘할 수도 있다. 많은 나라들이 지방정부에게 토지이용 규제와 재산세 과세를 배당한다. 이것은 지방자치단체에게 상당히 많은 권한을 부여한다. 또한 한 레벨에서의 정치적 의사결정이 다른 레벨의 의사결정에서는 반할 수도 있는 중첩적인 관할권의 상당히 복잡한 정치적 환경을 만들어 낸다. 그러한 각각의 결정은 어느 작물을 재배하는 것이 허용되었는가, 그 작물을 어떻게 재배하는가, 어느 작물이 가장 이윤이 많이 남는가에 상당한 영향력을 행사할 수 있다. 다른 말로 하면 정부는 폰 튀넨이 물었던 문제의 답변에 영향을 미칠 수 있다. 그 자체로서 정부의 개입은 농업지리학에서 매우 중요한 '와일드 카드'다.

포도 재배와 와인에 있어 정부 개입은 상당히 광범위할 수 있다. 사례연구를 위해 유럽연합(이하 EU)을 한번 살펴보자. EU에서 와인과 관련된 정치적 이슈는 어지러울 정도의 수준까지 도달했다. 어떻게 와인지역이 확인될 수 있는가와 같은 고려사항은 국제적으로 중요한 문제가 되었다. 와인에 대한 정치적 관심은 전형적으로 경제적 혹은 문화적 이슈의 부산물이다. 개별 국가는 통합된 유럽의 회원일 수 있지만, 각 국가는 여전히 마음속으로 자신의 개별적인 이익을 품고 있다. 농업 규제에 관심이 있다면 와인과 포도 재배에 대한 EU의 규제를 읽어 볼 것을 제안한다. 또한 매우 진한 한잔의 커피를 제안하고 싶다.

지리학의 기초와 지리학의 농업에 대한 연계를 이해한다면 우리는 지리학의 포도 재배에 대한 연계의 세밀한 부분까지 넘어갈 수 있다. 어떠한 종류의 농업이 포도 재배인가? 포도 재배는 기후와 날씨 조건에 매우 민감하고 빠르게 상하는 작물을 포함한다. 포도는 생산과 운송이 상당히 어렵다. 그래서 포도 재배는 역사적으로 제한된 지리적 분포를 보이는 농업형태다. 그것은 성장의 형태가 다른 유형의 농업에 적합하지 않은 지역에서 포도 재배가 실행되도록 한다. 이는 가공을 통해 더욱더 가치 있고 전문화로 이익을 얻는 고부가가

와인의 지리학

치 작물을 생산하는 상업농업의 한 유형이다. 포도 재배는 장기간 투자전략을 요구하는 매우 높은 고정비용이 든다. 포도밭에서뿐만 아니라 와인생산, 지원 활동에서 숙련된 장인과 함께 노동은 포도 재배에 중요하다. 대부분의 농업 유형처럼 포도 재배의 편익은 작물의 품질과 함께 계절마다 다양하다. 포도 재배와 환경 사이의 강력한 연계는 특정 장소, 문화와의 연관으로 이어진다. 이것은 포도 재배에서 다른 농업활동이 가지지 못한 지위를 부여한다. 문화의 한 요소로서 와인생산은 포도 재배에 대한 정부 차원의 보호가 이루어지도록 한다.

포도 재배의 이익이 존재하는 반면에 몇 가지 매우 중요한 불이익이 존재한다. 와인은 고부가가치 제품이어야 한다. 왜냐하면 생산비용이 상당하고, 부분적으로 고비용의 노동에서 기인하기 때문이다. 비록 노동비가 기계화를 통해 감소될 수 있을지라도, 기계화가 꼭 실용적이지는 않은 몇몇 장소와 생산 유형(모젤강 계곡의 포도밭으로 돌아가서 생각해 보라)이 존재한다. 심지어 기계화가 가능한 곳에서도 여전히 노동이 많이 개입된다. 포도 재배가 노동집약적이고 비용이 많이 든다는 사실은 피할 수 없으며, 상황은 더욱 악화되었다. 세계의 와인 생산국가들이 평균 노동비에 관한 리스트에서 상위에 위치하기 때문이다.

장소와 제품 사이에 인지된 연계는 포도 재배에서 또 다른 흥미 있는 이슈를 만들어 낸다. 나는 이러한 연계를 문제라고 칭하는 것이 망설여진다. 그것은 단지 일부 양조업자들에게만 문제이기 때문이다. 다른 양조업자들에게는 이점이다. 문화와의 연계는 커다란 쇼비니즘(맹목적 애국주의)을 만들어 낼 수 있다. 우리는 일반적으로 옥수수, 콩, 혹은 토마토가 어디에서 왔는지 주의를 기울이지 않는다. 정말로 중요한 것은 그것들이 신선하냐는 것이다. 포도와 와인에 있어서는 동일하게 말할 수 없다. 와인에 있어 장소는 정말로 중요하다. 이는 한계지역 혹은 덜 알려진 와인지역의 훌륭한 양조업자들이 불이익 속에서 일하고 있다는 것을 의미한다. 동시에 잘 알려진 와인지역의 주변부 양조업자들은 전적으로 이름의 인지도에 바탕을 둔 이점 속에서 일을 한다.

포도, 와인 그리고 농업에 대한 논의에서 우리는 와인이 포도에서 나오는 유일한 제품이 아니라는 것을 명심할 필요가 있다. 포도 재배는 손쉽게 식용 포도와 포도주스를 생산할 수 있다. 폰 튀넨의 정신으로 우리는 스스로에게 자문할 필요가 있다. 식용포도 혹은 주스를 판매하는 것이 훨씬 더 용이할 때 왜 와인을 생산하기 위하여 온갖 어려움을 겪는가?

이러한 측면에서 보면 포도 재배는 무엇을 재배하거나 혹은 기르는 것을 결정하는 것이 단지 과정의 일부라는 점에서 다른 형태의 농업과 유사하다. 우리가 우유, 버터, 치즈 혹은 고기 때문에 소를 기르는가? 우리가 식량 때문에 혹은 가축 사료 때문에 옥수수를 재배하는가? 우리가 와인과 주스를 위해 식용하기 위해 포도를 기르는가? 우리는 폰 튀넨까지 거슬러 올라감으로써 이 문제에 답을 할 수 있다. 첫째, 우리 환경에서 무엇을 생산할 수 있는가? 만약 그것이 답을 주지 않는다면, 그 질문은 어떠한 선택이 이윤을 낳느냐가 된다. 만약 그것이 답을 주지 않는다면 우리가 생산에 필요한 어떤 지식과 장비를 가지고 있는가? 결국, 훌륭한 우유 생산자인 소가 반드시 스테이크로서 좋은 것은 아니다. 낙농업은 방목장이나 사육장 운영과는 매우 상이한 장비를 요구한다. 관련된 노동도 상당히 다르다.

이제 답이 우리의 모든 대안에 동일하다면, 식용포도, 포도주스 혹은 와인을 생산할 것인가의 여부를 어떻게 결정하는가? 모든 것이 동일하다면 그 결정은 어떤 제품이 우리 투자에 대한 최선의 수익을 낳게 될 것인가로 내려진다. 세 가지 모두를 생산하는 것은 포도밭을 가동시키기 위해 동일한 양의 작업을 요구한다. 셋 중에서 와인은 수확 후 가장 높은 비용이 소요될 것이다. 그

와인의 지리학

렇다면 왜 와인을 생산하는가? 와인은 가장 높은 비용의 선택이 될 것이다. 그것은 또한 가장 높은 소득을 제공해 줄 것이다. 모든 요소를 고려할 때 와인은 최선의 투자가 될 것이다. 우리가 1갤런(약 4ℓ)의 와인생산에 필요한 주스와 1갤런의 포도주스 생산에 필요한 주스를 비교한다면 그것의 양은 비슷하다. 그러나 1갤런의 와인이 확실히 훨씬 더 많은 소득을 제공해 줄 것이다. 마찬가지로 우리가 포도송이의 판매가치와 포도에서 생산할 수 있는 와인의 판매가치를 비교해 보면 와인의 수익이 보다 높을 것이다.

아마도 더 나은 질문은 "왜 우리는 와인을 생산하지 않는가?"이다. 그에 대한 답의 일부는 경제학이다. 만약 돈이 있다면 그 너머의 누군가는 주스와 식용포도를 생산할 것이다. 또한 이 문제에 대한 지리적 답변이 존재한다. 식용포도와 포도주스는 와인제조에 사용되는 품종들과는 다른 종으로부터 생산될 수 있고 생산된다. 어떤 경우에 그러한 포도 품종은 와인 포도의 품종이 문제가 될 수 있는 지역에서 번성할 수 있다. 또한 왜 와인 대신에 주스 혹은 식용 포도를 생산하기를 선택했느냐에 문화적인 답변이 존재할 수 있다. 우리는 다음 장을 위해 그 답을 남겨 둘 것이다.

추가적으로 포도를 이용하는 것은 에탄올의 생산에서다. 에탄올을 위한 포도 생산은 확실히 결코 이상적인 것이 아니다. 어느 녹말 혹은 설탕도 에탄올을 생산하는 데 사용될 수 있는데 왜 좋은 포도를 낭비하는가? 또한 와인 혹은 주스나 식용포도를 생산하는 것이 이윤의 전망 측면에서 더 낫다. 여전히 만약에 우리가 포도를 그 어떤 것을 위해서도 판매할 수 없다면 에탄올은 선택권이 된다. 그러나 좋은 포도를 취해서 자동차를 위한 연료로 낮추는 것은 가장 낭만적이지 않은 선택이다.

어떻게 와인이 생산되는지의 이면에는 수많은 지리적인 것이 존재하는 것처럼 어떻게 와인을 위한 포도가 재배되고, 관리되고, 수확되는지의 이면에는 수많은 지리적인 내용이 존재한다. 포도밭에 대하여 매우 지식이 풍부한 사람에게 포도밭의 이미지는 그 입지에 대한 충분한 단서를 제공해 준다. 왜냐하면 식재 패턴, 포도의 재배 및 가지치기 방식, 사용하는 재료와 기계가 장소마다 다르기 때문이다. 사실, 몇몇 포도 재배의 경험에 의하면 포도 재배는 생산되는 와인만큼이나 강하게 장소와 연관되어 있다. 그래서 버팀목 혹은 나무 사이에 일렬로 높이 재배되는 포도의 그림은 포르투갈 포도밭으로 그 입지를 확인하기에 충분하다.

노동비가 높은 국가에서는 어느 곳이든지, 어느 때든지 가능한 한 기계화가 이용된다. 물론, 트랙터와 다른 장비들은 대단히 비쌀 수가 있다. 그러나 그 장비들이 대체하는 노동비와 노동량을 고려한다면 값이 비싼 것에 받는 충격(sticker shock)은 훨씬 덜 심각하다. 기계류의 이용은 가지치기, 격자울타리 두르기, 심기, 포도밭의 전체적인 외형을 좌우할 것이다. 기계화된 포도밭에서는 트랙터의 차축거리(wheelbase)를 염두에 두고 씨를 뿌린다. 우리는 기계를 염두에 두고 격자울타리 두르기를 하고 포도나무의 가지치기를 한다. 다른 것은 비생산적일 것이다.

기계화의 좋은 점은 비용을 낮게 유지하는 데 도움을 준다는 것이다. 나쁜 점은 기계화가 포도 재배의 그 지방의 몇 가지 풍미를 제거한다는 것이다. 제조업자들은 장비를 공통의 기준으로 만든다. 다른 어떤 것들은 제조업자들을 시장에서 불리한 위치에 놓이게 한다. 그러므로 기계를 사용하는 모든 양조업자들은 동일한 파종, 전지, 격자울타리치기의 요구조건과 함께 작업을 할것이다. 그 자체로서 기계화된 포도밭은 모두 동일하게 보일 수 있다. 사진을 보고 포도밭의 입지를 인식할 수 있는 유일한 방법은 배경이 되는 건물을 통해서다. 그러나 놀랄 만한 숫자의 와이너리가 결국은 어느 곳에 위치하느냐에 상관없이 프랑스의 샤또(châteaux) 혹은 스페인의 아시엔다(haciendas)[3]처럼 보이기 때문에 때때로 그것은 도움이 되지 않는다.

기계화가 모든 곳에서 작동하지는 않는다. 단순히 기계가 실용적이지 않은 가파른 사면에도 포도밭이 존재한다. 또한 기계화가 필요하지 않거나 이득이 되지 않을 정도로 노동비가 충분히 저렴한 곳이 존재한다. 지리학자로서 그리고 와인 애호가로서 그것은 좋은 일이다. 이들 지역에서 우리는 여전히 포도 재배의 경험에 끼치는 역사와 문화의 영향을 볼 수 있다. 많은 상이한 파종, 격자 만들기, 전지, 포도 관리 시스템이 품질 좋은 포도를 생산할 수 있는 것은 사실이다. 사람들이 결국 최종적으로 사용하는 것은 그들이 항상 사용해 왔던 동일한 시스템이다. 사람들은 그것을 어떻게 하는가를 안다. 사용해 왔던 시스템은 친숙하고 편리하다. 이 시스템이 작동한다면 왜 변화시켜야 하는가. 기계화가 없다면 와인경관은 서로 다르다. 지리학자는 와인경관의 차이를 사랑한다. 왜냐하면 이러한 차이는 우리가 그 차이를 이해하고 왜 그 차이는 그러한가에 대하여 설명하도록 도전의식을 북돋기 때문이다.

자연재해와 포도 재배

포도 재배는 단지 어떻게 작물을 기르느냐에 대한 것만이 아니다. 풀어야 하는 수많은 문제들이 개입되어 있다. 집 안 식물을 기르는 데 어려움이 있거나 어쩔 수 없이 플라스틱 식물 대체물을 구입해야 하는 사람들은 이미 그러한 사실을 잘 알고 있다. 포도 재배자들은 농부들이다. 다른 농부들처럼 그들은 생계와 관련된 날씨의 위협, 생물학적·경제적 위협에 직면한다. 그것은 고

---

3. (스페인어 사용 국가에서) 대농장이다.

된 산업이며, 모든 양조업자와 와이너리가 성공적인 것은 아니다. 우리는 와이너리와 포도밭을 찰스 다윈(Charles Darwin)과 연관시키지 못할 수도 있지만, 연관시켜야 한다. 선택과정(비록 자연적이 아닐지라도)과 적자생존에 관하여 이야기할 것이다. 양조업자들은 성공하고 생존하기 위해서, 생명이 그들에게 던지는 문제에 적응해야 한다.

종의 진화에서처럼, 환경의 변화는 생존자와 그렇지 않는 자에게 중요한 영향을 미친다. 자연적, 경제적 혹은 사회적이든 간에 환경의 변화는 어떤 사람에게는 재해를, 다른 사람들에게는 기회를 창출할 수 있다. 결국, 위기 안에 수많은 잠재적 이익이 존재한다. 한 사람의 재해는 다른 사람의 횡재다. 사실, 주기적 재난은 시간의 경과에 따라 와인경관의 새로운 발전 수단이 되어 왔다.

가령 극도로 차가운 날씨를 생각해 보자. 그러한 날씨는 수많은 포도의 손실과 장비 손상의 결과를 낳는다. 이 비용은 다시 심어진 포도가 생산될 때까지 이어지는 해와 계절에 중요할 것이다. 이것이 발생한 지역에서 피해비용은 주변부 양조업자들을 업계에서 강제로 몰아낼 수도 있다. 토지는 여전히 그곳에 존재한다. 포도나무도 여전히 그곳에 존재한다. 그곳에 존재하지 않을 수도 있는 것은 모든 부분을 함께 되돌려 놓을 돈이다. 경제적으로 여유 있는 생산자에게 경쟁의 상실은 그들 제품에 대한 보다 더 높은 가격을 의미한다. 단지 생산되는 포도가 적다는 것이 수요가 적다는 것을 의미하지 않는다. 그것은 단지 이용 가능한 포도에 대하여 더 많은 돈이 지불될 것이라는 것을 의미한다(석유수출국기구 OPEC는 그들이 석유 수출을 감축할 때마다 이러한 프로세스를 모의로 시험한다. 이는 보다 많은 재정자원을 가진 생산자들이 자신의 손실을 이겨 나가도록 한다). 충분한 자원을 소유하고 있다면, 어떤 생산자들은 피해로부터 이익을 얻을 수 있다. 그들은 겨울의 손실로 인해 파산한 포도밭을 매입함으로써 토지를 확장할 수 있다. 또한 식물의 자연적인 격감(die-off)은 생산자들에게 포도 생산의 양 또는 질을 개선하기 위한 새로운 변종을 재식할 기회 혹은 구실을 제공한다. 국지적으로 그 결과는 가장 강력한 생산자들 소유의 토지 증가시키는 것이다. 추위에 영향을 받는 지역의 외부에서, 경쟁의 제거와 보다 높은 가격 책정은 이익을 증가시킨다. 그러한 이득으로 생산을 새로운 지역으로 확대하고, 그 밭을 재식하거나 혹은 시설을 개선할 수 있다. 그 결과는 더 많은 생산지역과 생산 그리고 어쩌면 더 나은 생산이다.

어떤 재해는 우리가 재해가 발생할 것을 예상하여 대비계획을 세울 정도로 빈번하게 발생한다. 우리는 어느 지역이 대단히 홍수가 잘 일어날 것이라는 것을 알고 있다. 그러한 지역에서는 잔디 재배를 선택할 수 있다. 왜냐하면 풀은 이따금씩 일어나는 범람에 문제가 되지 않기 때문이다. 혹은 홍수 예방을 위한 시도 차원에서 제방을 쌓는다. 이른 서리가 양조업자에게 공통적인 문제가 되는 지역에서는 추위를 예방하기 위하여 노력하거나 (앞서 기후 관련 장에서 논의한 것처럼) 혹은 여전히 이익을 내면서 그 문제를 다룰 수 있는 창의적인 방법을 찾는다. 이른 서리를 예방할 수 없고 그 문제를 안고 지내려고 한다면 양조업자들에게 실행 가능한 선택은 아이스와인(iced wines, 독일어로 Eiswein)이 될 것이다. 이것은 '전화위복'[4]의 선택이다. 아이스와인은 겨울 내내 포도나무에 남아 있는 포도로 만들어진다. 부단한 동결과 해동은 당을 응축시키고 매우 달콤한 와인을 만들어 낸다. 이것은 제한된 양의 와인을 생산하는 노동집약적인 선택이다. 다른 고비용 형태의 농업처럼, 만약 시장이 기꺼이 지불할 의지가 있다면 추가적인 비용은 높은 가격에 의하여 상쇄될 수 있다. 이러한 점에서, 와인시장에서의 선호도 변화는 아이스와인에 해가 되었

---

4. "when life gives you lemons, make lemonade"

다. 스위트 와인시장은 예전 같지 않다. 이는 와인시장이 다양해지고 있다는 것을 말해 준다. 그리고 만약 와인이 의복과 같다면, 아무것도 너무 오랫동안 유행에 빠지지는 않을 것이다.

양조업자들이 직면한 모든 환경재해가 날씨와 관련이 있다고 할 수는 없다. 어떤 재해는 다른 원인과 관련이 있다. 동물이 큰 문제일 수도 있다. 동물도 우리가 좋아하듯이 포도에 대하여 동일한 것을 좋아하기 때문이다. 조류, 설치류, 사슴은 말 그대로 양조업자의 작물을 음식으로 먹는다. 그물 치기, 높은 울타리 혹은 약간의 고양이들이 종종 그러한 문제를 해결할 수 있다. 훨씬 타격이 크고 어려운 문제는 질병이다. 식물의 질병은 포도 수확을 망치거나 포도나무를 죽일 수 있다. 그 결과, 식물 질병과 포도에 대한 많은 문헌이 작성되었다. 우리의 목적을 위해 문헌 속으로 헤쳐 들어갈 필요가 없다. 사실, 우리는 보여지는 것 이상을 볼 필요는 없다. 식물 질병을 이해하는 데 관여되어 있는 지리적 개념은 우리에게 영향을 미치는 질병과 모두 다른 것은 아니기 때문이다.

액면 그대로 보면 국지적 양조업자의 작물에 영향을 미치는 질병과 수두(chicken pox)의 사례 간에 많은 연계가 있을 것 같지 않지만, 관련이 있다. 그것은 지리학자로서 어떻게 질병이 식물과 질병 사망률에 영향을 미치고 식물의 질병이 어떻게 치료될 수 있는가를 살피지 않기 때문이다. 차라리 우리는 그 질병의 지리를 검토한다. 질병이 어디에서 발생하고 어떻게 이동하는가를 살피는 것이다. 그 점에서 모든 유형의 질병들은 공통점이 많다. 어떤 질병은 강하게 특정 종류의 환경과 연계되어 있다. 이러한 질병은 그 장소들에 한정된 '풍토성(endemic)'을 지닌다. 그 밖에 다른 질병들은 보다 자유롭게 이동하고 메커니즘과 질병의 확산 경로를 가지고 있다. 이러한 질병은 '전염성(epidemic)'이다. 각각의 경우에 지리학자들이 관심이 있는 것은 결과적으로 나타나는 패턴과 경로다. 만약 당신이 감기에 걸렸다면 지리학자에게 가지는 않을 것이다. 그러나 AIDS의 확산이나 왜 어떤 종류의 암이 다른 지역보다 한 지역에서 더 자주 발생하는가에 대하여 이해하기를 원한다면 지리학자를 찾아갈 수도 있다.

풍토성 질병은 특정 유형의 환경을 가진 장소와 연계되어 있다. 이는 특정한 환경조건을 가진 장소에서 그 질병을 발견할 수 있다는 것을 의미한다. 심지어 유전병일지라도 독특한 패턴을 만들어 내는 환경적 영향이 있을 수 있다. 어떤 질병이 한 장소에서 나타나는 풍토병이냐의 여부는 그것이 '매개체'를 통하느냐에 달려 있다. 매개체를 통한 질병은 병을 옮기기 위한 매개체 혹은 운반자를 요구한다. 말라리아가 좋은 예다. 말라리아는 특정 열대 입지에서 발견되는데, 열대지역이 말라리아 매개체가 발견되는 곳이기 때문이다. 매개체를 통하지 않는 질병은 운반자를 요구하지 않는다. 이러한 질병은 개인에서 개인으로 전달될 수 있고, 거의 어느 곳에서나 발견될 수 있다. 독감이 좋은 예이다.

포도나무와 질병의 문제는 모든 와인 생산지역이 환경적으로 상당히 유사하다는 것이다. 환경에서 국지적 다양성이 있을 수 있지만, 대부분의 와인지역은 굉장히 공통점이 많다. 그 결과 어떤 와인지역에서 생존할 수 있는 질병의 매개체는 다른 와인지역에서도 생존할 수 있다. 그러므로 한 와인 생산지역에 특유한 질병은 결국 모든 와인 생산지역에서 풍토병이 될 수 있다.

포도 재생산 과정 또한 질병 확산에 관계한다. 다른 작물과는 달리 일반적으로 포도는 씨앗 형태로 식재되지 않는다. 그렇게 할 수도 있지만 대게 무성 증식을 통해 재생산된다. 포도 묘목으로부터 얻은 꺾꽂이 순은 기존의 바탕나무(root stock)에 접목된다. 이것은 재생산과정을 가속화하고, 양조업자에게 많은 유연성을 제공하며, 씨가 포도 안에 있어 분쇄과정에서 잃어 버릴 수 있다는 점을 보완한다. 질병의 관점에서 문제는 우리가 주의하지 않는다면 꺾꽂이 순과 바탕나무가 질병을 운반할 수 있다는 점이다. 그것들을 운반한다면, 결국 우리가 질병의 매개체가 되는 것이다. 공항에서 당국자가 농산물을 버리도록 할 때 혹은 여행 중에 농장을 방문했는지 물을 때 예방하려고 하는 것은 바로 이러한 이유 때문이다.

균류는 질병이 아닐 수 있지만, 질병과 유사하기 때문에 질병과 잘 들어맞는다. 균류는 많은 작물들의 골칫거리다. 내가 특별히 주목하는 것은 흰가루병(powdery mildew)이다. 수년 동안 흰가루병은 내 채소밭의 큰 적이었다. 이름이 암시하는 것처럼 그것은 식물의 잎과 줄기 위에서 형성되는 미세한, 흰가루 모양의 곰팡이다. 설탕가루처럼 덮고 있듯이 보이지만 그 영향은 재해 수준이다. 당신이 그것을 보게 됐을 때는 포기하는 것이 낫다. 당신 정원은 가망이 없다.

흰가루병은 질병의 지리학의 흥미 있는 예이다. 그것이 기술적으로 질병은 아닐지라도 질병처럼 작용한다. 흰가루병은 매개자에 의한 것이 아니다. 직접적으로 전달된다. 1800년대 초반 이 균류는 전 세계적으로 수많은 포도밭을 통해 전염병처럼 확산되었다. 지리학자로서, 흰가루병은 흥미롭다. 왜냐하면 흰가루병은 어떻게 한 와인지역에서 다른 와인지역으로 전해지고 그것이 어디에서 오는가에 대해 이해하도록 요구하기 때문이다. 흰가루병은 사람들의 과실이 있을 수 있는 사례 중 하나다. 흰가루병과 다른 식물 해충이 포도접목의 확산과 함께 빠르게 퍼진다는 사실은 우리가 감염된 접목의 매개체였으며 흰가루병 확대의 궁극적 원인이었다는 것을 강하게 암시한다.

흰가루병과 같은 균류가 어디에서 오는지를 이해하고자 한다면, 찰스 다윈까지 거슬러 올라가는 것이 도움이 될 것이다. 다윈은 식물과 동물이 환경의 위협에 적응한다는 것을 말해 준다. 적응하지 못하는 동식물은 생존할 수 없다. 이것은 흰가루병과 같은 재해가 어디에서 오느냐에 대한 단서를 제공해 줄 수 있다. 흰가루병은 유럽에서 오는 비니페라(vinifera) 포도종에 극적인 영향을 미치는 경향이 있으며, 북미에서 자생하는 고유 품종의 포도에는 영향을 덜 미친다. 다윈이 옳았다고 가정하면, 이는 흰가루병이 북미에서 기원한다는 것을 시사한다.

우리가 여기서 응용할 수 있는 인간 질병으로부터의 한 가지 중요한 교훈은 모든 질병이 나쁜 것은 아니라는 점이다. 그것들 중 어떤 것은 우리의 편익을 위해 사용될 수 있다. 가령, 한 질병은 다른 질병에 대한 예방접종 과정의 일부로서 그리고 다양한 약품을 생산하는 데 이용될 수 있다. 그러한 유추는 포도나무와 와인에 대한 우리의 논의로 확대될 수 있다. 흰가루병의 먼 친척 격인 잿빛곰팡이병(fungus botrytis)을 생각해 보자. 흰가루병과는 달리 잿빛곰팡이는 숙주를 죽이지 않는다. 그것은 단지 과일에만 영향을 미친다. 잿빛곰팡이가 그렇게 영향을 미치는 특수한 방식을 고려할 때까지는 이것이 큰 문제인 것처럼 보인다. 만약 잿빛곰팡이가 억제되지 않고 남아 있다면 궁극적으로 한 포도나무의 모든 포도들을 시들게 하고 먼지투성이로 만들어 버린다. 그러나 이것은 균들이 완전히 진행되도록 내버려 둘 때만 일어난다. 어떤 지점까지 잿빛곰팡이는 과일의 화학적 성질을 변화시키고 약간의 습기를 제거한다. 그러한 변화들은 와인의 맛과 외형에 긍정적 영향을 미친다.

잿빛곰팡이를 이용하기 위하여 대부분의 현대적 포도밭에서는 보다 다른 전략이 필요하다. 양조업자들은 노동비를 절감하기 위하여 최신 농기계를 이용할 수 없고 적정한 가격대의 와인을 다량으로 생산할 수도 없다. 소테른

(Sauterne)**5**보다 이를 더 잘 예증하는 곳은 없다. 소테른은 잿빛곰팡이의 영향을 받은 와인의 생산과 동의어가 된 보르도의 작은 지역이다. 소테른의 양조업자들이 와인생산을 위해 잿빛곰팡이를 적응시킬 때까지, 그 지역의 규칙적인 안개는 잿빛곰팡이의 성장을 위한 이상적인 미기후를 만들어 냈다. 양조업자들은 잿빛곰팡이의 영향을 받았지만 너무 많은 영향을 받지 않은 포도를 채취하기 위하여 손으로 여러 차례 수확을 한다. 이것은 비용을 증가시킨다. 포도의 건조는 토지 1ac당 와인생산량을 낮춘다. 샤또 디켐(Château D'Yqem)**6**과 같은 거대한 소테른의 와이너리는 사람들이 프리미엄을 지불하게 될 훌륭한 와인을 생산함으로써 이를 극복한다. 그래서 잿빛곰팡이는 모든 사람들을 위한 것이 아닐 수 있지만, 특정 형태의 와인생산에는 이익이 될 수 있는 사례가 있다.

아마도 양조업자에게 영향을 미치는 가장 최악의 생물학적 위협은 필록세라(phylloxera)다. 필록세라와 포도나무의 관계는 페스트와 17세기 유럽인에의 관계와 같다. 이 해충은 재난이다. 그것은 포도나무의 뿌리를 공격하고 궁극적으로 나무를 죽이는 극소의 벌레다. 그것은 토양 속에 살기 때문에 토양 속의 조건에 민감하다. 이 벌레는 어떤 토양은 좋아하지 않는다. 토양의 범람은 또한 필록세라를 재난의 원인으로 만든다. 1800년대까지 고립은 필록세라의 확산을 막았다. 운송의 발달은 필록세라를 선적에서 살아남게 하고 포도의 바탕나무로 확대하도록 하는 불운한 부작용을 낳았다. 그 결과는 1800년대 중반과 후반에 와인생산을 유린하고 오늘날까지도 와인산업에 영향을 미치는 전 세계적인 병이다.

---

5. 프랑스 보르도(Bordeaux) 지방의 지역으로 세계적으로 유명한 스위트 화이트와인을 생산하는 산지. 귀부병(貴腐病)에 걸린 포도로 스위트 화이트와인을 생산한다.
6. 보다 자세한 정보는 샤또 디켐의 홈페이지를 참고하라. http://www.yquem.fr/.

오늘날 우리는 필록세라와 같은 생물학적 위험을 다루는 과학과 기술을 가지고 있다. 100년 전의 상황은 훨씬 달랐다. 심지어 필록세라는 현미경 없이 볼 수조차 없었다. 다른 문제는 감염된 포도가 즉각 죽지 않았다는 점이다. 만약 감염된 포도들이 죽었다면 그 문제가 진행되고 있는 방향에 관해 몇 가지 단서를 제공했을 것이다. 양조업자들은 볼 수 없는 적과 싸우고 있다는 것을 깨달았다. 그들이 마침내 그 증상을 이해했을 때는 늦었다. 더 나은 기술이 우리들로 하여금 필록세라와 싸울 수 있도록 돕는다. 필록세라를 격퇴시키기 위하여 사용되었던 초기의 해결책은 큰 단점이 있다는 것이 입증되었다. 필록세라를 절멸시키기 위하여 포도밭을 침수시키는 것은 제한적으로 적용 가능했다. 초기의 화학적 해결책은 필록세라에 응용한 것 만큼이나 위험한 것으로 입증되었다. 효과가 있어 보였던 한 가지 해결책은 미국 바탕나무를 사용하여 접목하는 것이었다. 이것은 필록세라의 기원을 암시하며 또한 문제의 일부였다. 필록세라와 싸우는 것을 의미했던 바탕나무가 필록세라 확산의 도구였을지도 모른다.

앞에서 언급한 날씨 위험의 가설적 사례와 함께 필록세라의 경제적 영향은 중요하다. 필록세라가 야기한 피해와 해결 비용은 강제로 영세 생산자를 퇴출시키고 방기를 통해 포도밭을 축소하거나 양조업자들이 다른 작물로 전환하게 만들었다. 바로 앞에서 언급한 것 이상으로 와인산업에서 고용 손실은 와인 생산지역으로부터의 이주의 파도를 야기했다. 그 당시 필록세라는 진정한 인간 비극이었다. 속담에도 있듯이 시간이 모든 상처를 치료해 준다. 더 나은 삶을 찾아서 떠난 많은 사람들은 세계의 타 지역에서 더 나은 삶을 발견하였고 그렇게 함으로써 이민자들은 그들의 기술을 가져왔으며 그들이 할 수 있는 최선의 것, 즉 와인을 생산했다. 이것은 와인과 포도 재배 확산의 역사의 일부분이다. 이는 당신의 지방 양조업자들이 그들의 족보에서 필록세라로 인해 뜻

밖에 좋은 기회를 가진 것을 의미한다(미안해요 – 저도 어쩔 수 없었어요).

캘리포니아

캘리포니아는 와인과 동의어다. 첫 번째 스페인 선교단 시기 이래 캘리포니아에서는 와인이 생산되어 왔다. 오늘날 와인은 캘리포니아주 제1의 환금작물이다. 캘리포니아에서 와인의 성공의 일부는 그곳의 환경 덕분이다. 각각의 계곡은 양조업자들에게 기후, 지형 그리고 토양의 상이한 조합을 제공해 주는 듯하다. 그러한 다양성 때문에 온갖 종류의 와인 포도 품종에 대한 적합한 떼르와를 발견할 수 있다. 그토록 많은 상이한 와인 떼르와가 상대적으로 샌프란시스코만의 짧은 노정 내에 존재한다는 사실은 연구와 매주 수천 명이 그 지역에 몰려드는 와인관광객을 편리하게 한다.

'캘리포니아'에 연관된 단어 게임을 한다면, 어떤 사람들은 따뜻한 날씨, 야자나무, 태평양의 일몰, 지진, 서핑에 대하여 무엇인가 말하고 싶은 유혹에 빠질 수 있다. 그들은 아마도 와인 애호가들이 아닐 것이다. 남부 캘리포니아와 그곳 문화의 전형은 로스앤젤레스 유역과 샌디에이고에 바탕을 두고 있다. 북부 캘리포니아와 친숙한 일부 사람들은 출처가 마크 트웨인이라고 여겨지는 "내가 보낸 가장 추운 겨울은 샌프란시스코에서 보낸 여름이었다"라는 말을 더 인용할 것이다.

캘리포니아의 날씨와 기후는 태평양과 캘리포니아 해류에 의해서 강하게 영향을 받는다. 해류의 냉수는 캐나다에서 멕시코로 서해안을 따라 흐른다. 그렇게 함으로써 냉수는 용승(湧昇)과 바다 생물을 위한 풍부한 환경을 생산하면서 해안으로부터 떨어진 해양수와 섞인다. 해류는 또한 그 위를 통과하

와인의 지리학

는 대기를 식힌다. 그 결과, 해안은 훨씬 멀리 떨어진 내륙보다 시원하다. 심지어 중앙 캘리포니아 해안선을 따라가면 태평양의 냉수는 산타크루스(Santa Cruz), 몬테레이(Monterey), 샌타이네스(Santa Ynez)와 같은 장소에서 보다 낮은 기온을 야기한다. 기온이 상승할 때 대기의 상대습도가 떨어지기 때문에 캘리포니아는 해안으로부터 멀어질수록 보다 건조해진다. 북쪽 해안을 따라 두드러진 안개는 부분적으로 캘리포니아 해류의 산물이다. 해류의 냉수 위를 통과하는 따뜻한 공기는 수증기가 안개를 만들어 내기 위하여 응결되는 지점까지 습기를 증가시키면서 차가워진다. 그 결과로 발생하는 안개는 그 지역에서 운송을 위해 상당히 실제적이고 중요한 문제일 수 있다.

양조업자들에게 해안의 안개는 좋은 일이고, 그 지역에서 와인생산에 두 가지 긍정적인 영향을 준다. 첫째, 안개는 여름 동안 열기를 줄여 준다. 안개는 낮 동안의 바람이 안개를 흩어 없어지게 하거나 낮 동안의 상승하는 열이 안개를 증발시킬 때까지 포도밭 위의 대기를 시원하게 한다. 순수한 영향은 캘리포니아의 여름에 고유한 살갗을 태우는 듯한 기온에 덜 노출되는 것이다. 이것은 장기간 성장기를 그러나 타는 듯한 날씨가 아닌 것을 필요로 하는 서늘한 기후의 포도 식재를 가능하게 한다. 안개의 다른 긍정적인 효과는 식물에 대한 습기를 제공하는 것이 있다. 추운 밤 지표의 기온은 바다에서 불어오는 습기 차고, 안개 낀 공기보다 확실히 기온이 낮을 수 있다. 안개는 차가운 지표와 접촉하기 때문에 수분은 이슬의 형태로 지표에 응결될 수 있다. 습윤한 기후에서는 식물을 위한 중요한 수분의 원천으로서 이슬을 고려하지 않을 수 있다. 보다 건조한 기후에서 그러한 습기는 식물의 생존에 매우 중요할 수 있다. 사실, 안개가 끼기 쉬운 지역에 자생하는 식물들은 그러한 수분의 원천을 이용할 수 있도록 시간이 경과함에 따라 진화한다.

캘리포니아 해안선의 노정을 따르는 거주자의 관심은 지진이다. 해안 캘리포니아는 북미판과 태평양판의 경계다. 판의 이동은 와이너리와 그 지역 전체에 심각한 위험이 되는 지진활동의 근본적인 원인이다. 우리가 수백만 년 이상 판의 이동을 살펴본다면 초점이 지진에서 지형으로 변화한다. 지질학적 시대의 스케일을 넘어서 판 이동은 전체 북미 서해안을 따라 지표가 새롭게 형성했기 때문이다. 북부와 중앙 캘리포니아에서 그 결과는 서로 연결된 충적기의 계곡과 대체적으로 해안과 나란하게 달리는 긴 능선으로 이루어진 경관이다. 이 지질은 그 지역에서 포도 재배에 대단히 적합하다. 그 능선은 바로 앞 태평양에서 오는 대기의 방향을 돌리고 막는다. 능선으로부터 오는 지표수는 침식된 토양과 영양분을 계곡으로 운반한다. 기후와 연안해류 영향의 조합은 캘리포니아 양조업자들이 번성할 수 있는 환경적 다양성을 만들어 낸다.

와인이 성장하는 환경의 다양성은 샌프란시스코 북쪽 지역에서 가장 두드러진다. 태평양, 샌프란시스코만의 합류, 긴 계곡, 고도차, 안개와 바람의 노출은 각각의 계곡이 두드러지게 차이가 나는 떼르와를 가지게 될 수단을 창출한다. 나파(Napa)는 단지 소노마(Sonoma)의 동쪽에 있는 하나의 계곡이다. 칼리스토가(Calistoga)는 같은 계곡에 있지만 근처의 세인트헬레나(St. Helena)보다 고도 면에서 약간 높은 곳에 있다. 러시안강(Russian River) 계곡의 포도 재배 지역은 초크 힐(Chalk Hill)로부터 바로 계곡을 가로질러 위치하고 있다. 사례로서 이용할 수 있는 다른 인지할 만한 북부 캘리포니아 와인지역이 많이 있다. 교통이 너무 나쁘지 않다고 가정한다면 이 지역들 모두 서로 간에 자동차로 30분 이내 거리에 있다.

캘리포니아에는 와인이 생산되는 또 다른 지역이 있는데, 센트럴 계곡 동쪽의 시에라네바다산맥의 산기슭 그리고 내륙으로 흐르는 몬테레이의 살리나스강 계곡(Salinas River Valley)이다. 이들 지역의 포도밭은 광범위하지 못하다. 왜냐하면 고급 와인생산에 적합한 조건을 가진 위치가 제한되어 있기 때문이다. 몇몇 사례를 보면, 조건들이 건포도 혹은 식용 포도 생산에 사용되는 포도종에 더욱더 적합하다.

캘리포니아에서 조건은 단순히 포도만을 재배하지 않는다. 조건들은 또한 사람도 육성한다. 포도 재배와 포도주 양조학이 학문적으로 양성되는 곳이 존재한다면 바로 캘리포니아이다. 가령, 캘리포니아 대학교 데이비스 캠퍼스, 소노마 주립대학교, 캘리포니아 주립대학교 프레즈노 캠퍼스와 같은 대학에서 과학자들은 학생들이 와인의 '실제 세계'로 들어가게 하는 혁신을 만들어 낸다. 이 대학들이 포도 재배와 양조학 프로그램을 포함한다는 사실은 캘리포니아 와인지역에 인접한 것에 바탕을 둔다. 이 대학들은 주립대학이고 와인생산이 캘리포니아 경제에 주요하기 때문에 연구를 현장으로 옮기는 데 확고한 관심이 있다. 대학의 광범위한 활동과 대학생들은 캘리포니아의 와인에 대한 인적자원을 풍부하게 만든다. 관광버스가 우리를 포도밭에 내려놓을 때 그러한 자원을 볼 수 없다. 사실 우리는 와인제조의 신과학을 비방할 수도 있다. 우리의 와인에 대한 낭만적 관념이 보통 실험실의 가운을 입은 전문가, 스테인리스 양철통, 정유공장과 유사한 양조장의 이미지를 포함하고 있지 않기 때문이다. 그러나 우리는 이러한 것들이 캘리포니아 와인에 미치는 영향을 경험하게 될 것이다.

Chapter 08

와인과 지리정보 시스템

Wine and Geographic Information Systems

내가 아득히 '석기시대'로 거슬러 올라가 대학원 과정을 처음 시작했을 때, 첨단기술의 지도화 응용과 공간분석 시스템의 이용이 막 지리학에서 유행하기 시작하였다. 그것들은 잠시 동안 계속되었다. 그러나 개인 컴퓨터가 급속하게 확산되고서야 비로소 유행하기 시작하였다. 저가의 개인용 컴퓨터는 지리학과에서 맞춤형 컴퓨터 실험실을 갖출 여유가 생겼음을 의미한다. 이들 실험실은 곧 컴퓨터와 함께 성장한 새로운 차세대 학생들의 영역이 되었다. 그 결과는 내가 대학에서 맥줏값을 벌려고 펜과 잉크로 그린 지도 제작의 종언이었다. 심지어 오늘날 제도 책상마저 남아 있지 않다.

내가 이것을 거론하는 것은 그때로 거슬러 올라가면, 컴퓨터 지도학과 지리정보 시스템(GIS: Geographic Information System, 이하 GIS)이 와인과 와인의 지리학의 세계로부터 완전히 분리되어 있었기 때문이다. 동시에 나는 존 돔(John Dome)의 와인강좌를 돕기 위하여 바쁘게 보냈고, 대학원생들 중에 '컴퓨터 괴짜'들은 컴퓨터 실험실로 향했다. 그들이 내가 컴퓨터 과제를 하는

와인의 지리학

것을 도울 수 있도록 수업 후 나는 실험실로 갔다. 우리는 과제를 했고 야간 와 인수업 후 남은 것들을 처리했다. 우리가 마신 와인과 내 과제를 제외하고 둘을 연결하는 것은 거의 없었다.

오늘날 세계의 모든 지리학과는 GIS 작업을 하면서 인상적인 월급을 받는 학생들을 쏟아 낸다. 학생 중 일부는 심지어 GIS, GPS(Global Positioning System, 이하 GPS)와 원격탐사 기술을 활용해 와인의 세계와 연계하고 있다. 이러한 지리적 기술의 주입은 와인산업을 위해 좋은 것이다. 그것은 어디에 새로운 포도밭을 정하고 그 안에 무엇을 심어야 할지 결정할 때 특히 귀중하다. 유일한 불운한 부작용은 이러한 기술이 나와 같은 사람들이 옛날로 돌아가 아주 오래전에 기꺼이 포기했던 기술 사용을 학습하도록 하는 것이다.

무엇이 GIS인가?

지리학은 양조업자들을 위한 중요한 문제에 답하도록 도울 수 있다. 어디에 새로운 포도밭을 개발해야 하는가? 주어진 입지에서 어떤 포도가 가장 적합한가? 어디에서 와인을 판매해야 하는가? 우리는 시행착오를 거쳐 이 문제에 답할 수 있다. 그러나 시행착오는 시간과 금전의 비용이 든다. 신기술은 품질 정보를 산출하는데, 이것은 우리가 분석을 하고 더 나은 결정을 하는 데 활용된다. 우리는 여전히 실수를 할 수 있지만 다행스럽게 훨씬 더 드물게 한다.

GIS는 지난 20년간 지리학에서 가장 중요한 도구의 하나가 될 정도로 발전하였다. 그것은 지리연구를 수행하는 데 결정적이며 한 세대의 지리학자들에게 밥줄이다. 또한 빠르게 주류로 들어가는 기술이며 지리학자들에게 풍부한 고용기회를 제공했다.

GIS의 사례를 보기 위하여 당신이 선호하는 인터넷 검색엔진에 로그온하고 단순한 위치지도를 만들기 위한 지도 작성 링크를 사용해 보자. 그 지도가 만들어 낸 것은 하나의 GIS다. 쉽게 말해, GIS는 정보를 취하고 위치를 할당하기 위하여 컴퓨터 처리된 지도화 및 데이터베이스를 이용한다. 우리가 컴퓨터에 주소를 말할 때 컴퓨터는 지도상에 주소를 입지시킨다. 그러한 동일한 GIS는 지도상에서 레스토랑, 호텔 혹은 주유소를 찾는 데 사용될 수 있다. 이것이 가능한 이유는 이들 사업체의 주소들이 데이터베이스의 어느 곳에선가 나타나기 때문이다. 그러한 주소들은 도로를 가지고 있는 다른 데이터베이스에 그 데이터를 연결하기 위해 사용된다. 사업체 주소와 도로를 포함하고 있는 데이터 베이스를 함께 놓고 보시오! 우리는 무엇이든지 GIS에 프로그래밍되기를 원하는 것을 포함하는 지도를 가지고 있다.

GIS는 온라인으로 이용할 수 있고 심지어 자동차 판매의 포인트가 되었다. 지도와 입지정보를 갖춘 대시보드 스크린을 가진 차량은 하나의 GIS를 가지고 있다. 대시보드에 부착하는 GIS와 온라인 GIS의 유일한 차이는 차량의 GIS 시스템이 주소를 가지고 있지 않다는 점이다. 차량은 이동하기 때문에 그 차가 어디에 위치하고 있는지 GIS에 말해 줄 다른 작은 기술이 필요하다. 이 정보는 GPS 센서를 통해 차량에 도달한다. GPS는 우리의 위치와 고도를 삼각측량하기 위하여 여러 개의 위성을 사용한다. GIS는 지도화된 데이터를 제공하는 반면에 GPS는 우리가 지도상에서 어디에 있는지 컴퓨터에 알려 준다. 그 결과가 우리가 어디에 있고 어디로 가고 있는지 알려 줄 수 있는 GIS/GPS 시스템이다.

우리는 좋은 차를 타고 와인지역을 관광하면서 모든 포도밭과 양조장뿐만 아니라 우편번호부에 나오는 모든 호텔, 레스토랑, 주유소, 여행사 등의 위치를 표시하는 부착형 GIS/GPS를 사용할 수 있다. 통신 회사가 주소를 가지고

와인의 지리학

있다면, GIS 데이터베이스 어딘가에 나타날 것이다. 그 시스템은 심지어 우리가 여행하게 될 상이한 도로의 유형에 대한 거리와 속도제한을 계산하여 목적지로 가는 가장 빠른 경로를 말해 줄 수도 있다. 상당히 새로운 비행기를 타고 여행을 간다면, 우리는 GIS/GPS의 작동을 지켜볼 수 있었다. 비행기의 위치, 고도정보, 대기속도의 지도를 통해 반복적으로 이루어지는 기내에 내장한 디스플레이는 GIS/GPS가 작동하는 또 하나의 예다.

와인산업 내에서 GIS의 활용은 단순히 관광객들에게 지방의 양조장에 도착하는 길을 안내하는 것 그 이상이다. 양조업자들에게 보다 심오하고 이득이 되는 GIS 활용은 입지 선택에 있다. 입지 선택은 두 가지 근본적인 지리학적인 문제를 요구한다. 제시된 토지구획에는 어떤 용도가 최적인가? 아니면 어떤 토지 구획이 제시된 용도에 가장 적합한가? 입지 선택은 지리학자로서 우리가 능숙한 경향이 있는 영역이다. 왜냐하면 그것은 훌륭한 지리적 결정을 내리는 것에 관한 모든 것이기 때문이다. GIS의 활용은 그저 그러한 결정을 보다 용이하고 더 잘하게 만든다.

레스토랑, 주유소 그리고 호텔에 대한 정보뿐만 아니라 믿을 수 없을 만큼 상세한 토양유형, 기온, 강우, 지형, 태양에 노출에 대한 정보를 가지고 프로그램화한 GIS를 생각해 보자. 그리고 포도의 변종, 그것들의 이상적인 성장조건, 포도로 생산하는 와인의 양, 그 와인의 가치에 대한 자료를 추가한다. 자료세트를 함께 놓고 우리의 포도밭에서 성장하는 최고의 포도와 우리 포도밭의 지역을 연결시킬 수 있다. 기존의 토지이용과 지가, 토지이용 규제를 포함하는 데이터베이스를 확대함으로써, 우리는 새로운 포도밭을 시작하기 위해 적합하고 이용 가능한 토지를 확인하기 위해 GIS를 활용할 수 있다.

보다 오래된 와인 생산지역에서 입지선정을 위한 GIS의 사용은 일반적이지 않다. 그것은 수백 년간의 와인생산이 무엇을 재배하고 어디에서 그것을 재배해야 하는가에 대한 모든 답을 제공해 주기 때문이다. 기술이 발명되기 이전에 포도원은 그 장소에 존재하였다. GIS를 활용한 입지선정은 단순히 포도원 확장을 위한 이용 가능한 토지가 존재하지 않는 지역에서는 일반적이지 않다. GIS 응용은 그러한 지역에서 활용되지만 입지선정이 아닌 다른 것을 위해 사용된다. GIS 응용은 기존 포도원에 대한 정보를 추적하는 데 사용될 수 있다. 사실, 기술 활용을 좋아하는 양조업자들은 GIS로 하여금 모든 포도, 유형, 식재날짜, 생산성을 추적하게 할 수 있다. 대부분의 양조업자들은 그러한 극단적인 것까지 가지는 않을 것이다. 차라리 그들은 각각의 밭 혹은 그 밭에 늘어서 있는 포도나무에 대한 정보를 추적하기 위해 GIS를 이용한다.

GIS가 최대한으로 활용되는 것을 보기 위해서는 새로 생겨 성장하고 있는 와인지역으로 가야 한다. 거기서 GIS는 자료 저장과 검색 수단 그 이상이다. 토지의 이용가능성과 와인생산의 제한된 역사는 GIS가 제공하는 정보를 이용할 기회를 제공한다. 그 정보는 토지매입과 포도원 확장을 위한 안내뿐만 아니라 식재 결정에 영향력을 행사하는 데 사용될 수 있다. GIS의 이용은 와인의 품질과 다가올 연도의 포도밭의 수익성에 영향을 미치게 될 결정을 내리는 데 도움을 줄 수 있다.

GIS 이용에서 가장 큰 관심 중의 하나는 거기에 들어가는 정보의 품질이다. GIS는 그 자료만큼만 좋다(즉 GIS는 자료에 달려 있다). 쓰레기를 넣으면 쓰레기를 낳는다. 운이 좋게도 거기에는 훌륭한 데이터 소스가 존재한다. 정부의 대리기관과 민간공급자들은 지도화가 가능한 풍부한 자료를 생산한다. 그 정보의 일부는 데이터베이스 형태로 수집되고 정돈된다. 추가적으로 토양, 식생 등 일부 유형의 환경정보는 항공사진 혹은 위성 이미지 형태로 존재한다.

우리는 느슨하게 항공사진과 위성 이미지를 '원격탐사' 자료라고 언급한다. 이 자료는 우리가 직접적으로 접촉하지 않고 획득하는 데이터이다. 원격탐사

와인의 지리학

는 군사제품으로 출발하여 태양계에서 지구뿐만 아니라 다른 행성의 환경의 창으로 성장하였다.

제1차 세계대전 때의 최초의 항공정찰 임무 이전에도 사람들은 사물 조감도의 가치를 인식했다. 단순히 관점을 변경함으로써 수많은 추가적인 정보가 드러날 수 있다. 수년간 원격탐사는 단순한 항공사진에서 디지털카메라의 선구자 격인 위성에 디지털 이미지 시스템을 배치하는 것으로 성장하였다. 디지털로 진행하면서 원격탐사는 우리의 유리한 점을 변화시켰을 뿐만 아니라 육안으로 보이지 않는 정보를 수집함으로써 우리가 볼 수 있는 것을 확장시켰다.

원격탐사가 디지털 이미지 시스템의 활용을 선도하기 시작했을 때, 그것은 우리가 볼 수 있는 것을 넘어섰다. 우리의 눈은 어떠한 종류의 전자기 에너지를 검색하기 위한 생물학적 시스템이다. 그러나 우리의 눈이 검색할 수 있는 것은 매우 제한적이다. 전자기 스펙트럼은 파장에 기초하여 상이한, 믿을 수 없을 만큼 광범위한 범위의 에너지 유형을 포함한다. 스펙트럼의 가시적인 부분은 모든 전자기 복사에너지의 단지 작은 부분이다. 나머지는 기술의 도움 없이는 볼 수 없다.

디지털카메라는 우리가 볼 수 있는 동일한 파장을 검색하는 전자기 센서를 사용한다. 다른 말로 하면, 디지털 카메라는 우리 눈이 보는 것과 동일한 정보를 포착한다. 우리가 다른 파장을 볼 수 있도록 해 주는 영상 시스템들이 존재한다. 이러한 영상 시스템은 우리가 볼 수 없는 몇 가지 파장이 농부나 양조업자가 상당히 유용하다고 생각할 정보를 제공해 주기 때문에 꽤 유용하다. 어떤 파장에서는 토양 습기의 미세한 차이가 상당히 뚜렷해지거나, 혹은 건강한 잎과 막 질병의 영향이 나타나기 시작한 잎이 아마도 그 질병에 관하여 관찰자가 초기에 무엇인가를 할 수 있을 만큼 충분히 구분될 수 있다. 적합한 종류의 이미지 시스템은 열과 찬 공기의 배출을 감지할 수 있고 그래서 우리가 경관의 미기후학적인 변동을 측정할 수 있도록 해 준다. 원격탐사와 다른 유형의 데이터를 조합함으로써, GIS는 입지선정에 보다 더 유용하게 만들어질 수 있다.

우리는 훌륭한 GIS를 만들 때 다양한 소스로부터 정보를 포함시킬 수 있다. GIS의 기후부분을 만들기 위하여 인근 기상관측소의 정보를 포함할 수 있다. 운이 좋아, 총열량에 대한 정보를 쉽게 이용할 수 있다면 그것을 포함할 수도 있다. 그 후 우리는 포도종의 기후적 선호 혹은 총열량의 선호에 대한 정보를 GIS에 연동시킬 수 있다. 국지적인 떼르와를 이해하는 것의 일부로서 GIS에 토양정보와 지형을 포함할 수 있다. 고맙게도 정부기관이 토양을 모니터하고 지형도를 제작하는 대부분의 선진국가에서 이러한 정보를 쉽게 이용할 수 있다. 그러한 기관들은 농부와 그 정보로부터 이득을 얻을 수 있는 다른 개인들을 돕기 위한 서비스로 일반 대중에게 정보를 보급한다. 미국에서 그러한 기관은 자연자원보호청(NRCS: Natural Resources Conservation Service, 이하 NRCS)과 미국지질조사국(USGS: United States Geological survey, 이하 USGS)이다. 과거에 토양보호청이라고 불리던 NRCS는 로키산맥과 알래스카의 소수의 고립된 곳을 제외하고 미국의 거의 모든 곳에 대한 토양조사를 했다. 그러한 조사는 매우 상세한 토양정보를 제공한다. 대개 이것들은 책 형태로 되어 있다. 그러나 최근의 조사와 수정된 조사는 온라인에 입력한다. 그런 방식으로 브로드밴드를 가지고 있고 시간이 많은 사람들은 거기에 접속할 수 있다(파일이 엄청 크다). USGS는 또한 미국의 거의 모든 지역에 대한 다양한 축척의 지형도를 가지고 있다. 제공된 정보의 일부는 즉각적인 활용을 위하여 내려받을 수 있는 지도 형태로 나온다. NRCS처럼, 그러한 정보의 일부는 GIS의 어플리케이션으로 통합될 수 있도록 하는 디지털 형태로 제공된다.

기후, 토양, 지형에 대한 이용 가능한 데이터 소스가 있더라도, 여전히 전문가의 조언을 얻는 것은 매우 도움이 된다. 거대 와인회사들은 그러한 개인(전문가)들을 고용한다. 나머지 사람들을 위해 농업진흥을 위한 조언이 있는데, 이것은 많은 대학의 임무 중 일부다. 근처 대학에 농업 관련 학과가 있다면 일반적으로 농부들이 더 나은 농부가 될 수 있도록 돕는 전문가와 교원을 고용하는 사회교육 프로그램이 있을 것이다. 양조업자에게 농업진흥관은 환경적 이슈, 농업적 관심, 생산 증대에 대한 정보의 원천이다. 대학에서 교원과 연구자들은 포도의 변종 테스트를 행하고, 포도의 병충해를 처리하거나 혹은 새로운 포도의 혼혈종을 개발하기 위한 시도 때문에 바쁠 수 있다. 이러한 작업은 승진과 정년보장 과정의 자연스러운 부산물이다. 그 작업의 영향은 모든 양조업자들이 이용할 수 있는 지식의 토대를 제공한다. 또한 영세 양조업자들 스스로 투자할 수 없는 연구에 접근하게 함으로써 공평한 경쟁의 장을 만든다.

진흥사무소의 작업을 통해 대학 캠퍼스 내의 연구는 그 분야에서 활동하는 전문가들의 관심을 끌게 할 수 있다. 이러한 방식으로 진흥사무소는 강의실과 실험실에서 '실세계'로 나아가는 교량 기능을 할 수 있다. 컴퓨터 기술과 지리정보 시스템이 와인의 세계로 들어가게 된 것은 바로 이러한 교량을 통해서다. 심지어 오늘날에도 여전히 혁신적인 GIS 응용은 지방 진흥사무소의 작업을 통해 강의실에서 현장에서의 응용으로 이어지고 있다.

오리건주와 워싱턴주

경력을 전환하기를 원하고 포도밭 농사를 시작할 수 있는 재원을 가지고 있다면 우리는 어디로 갈 것인가? 와인생산을 위한 훌륭한 환경으로 입증된 장소들이 있다. 나파(Napa) 혹은 소노마(Sonoma)와 같은 어딘가에서 시작하면 마케팅에 유리하다. 문제는 이러한 지역의 평판과 포도 재배의 역사가, 모든 훌륭한 토지는 이미 생산에 쓰이고 있다는 것을 의미한다는 점이다. 우리는 기존의 포도밭을 사고는 한다.

양조업자가 되는 꿈을 꾸면서 살기를 원하지만 맨 처음부터 시작하기를 원한다면, 오리건 혹은 워싱턴으로 조금 해안을 따라 이동하기를 원할 수 있다. 기후는 다를 것이다. 지중해성 조건에 적응한 포도를 재배하지 못할 수도 있지만, 그곳에서 잘 자랄 서안해양성 기후의 많은 품종이 존재한다. 더욱더 중요한 것은 오리건과 워싱턴은 이용 가능한 토지가 훨씬 더 많다는 것이다. 우리는 기존의 농지를 포도밭으로 전환시킬 수 있고, 출발부터 모든 것을 관리할 수 있다.

우리가 수표책과 꿈을 가지고 북서부 태평양 연안으로 달려가기 전에 포도 재배가 그 주의 모든 곳에서 잘 이루어지지 않을 것이라는 것을 이해할 필요가 있다. 우리는 그 주의 지형, 강수그늘효과(rain shadow effect)가 와인생산에 의미하는 바를 평가해야 한다. 태평양연안 북서부의 상세한 기후지도는 서쪽에서 동쪽으로 오리건과 워싱턴을 가로질러 이동할 때 기후조건이 다양하다는 사실을 예증해 줄 것이다. 이러한 다양성은 강수그늘효과에서 기인한다.

캘리포니아에서처럼 오리건과 워싱턴의 해안선은 태평양과 캘리포니아 해류에 강하게 영향을 받는다. 태평양으로부터 불어오는 편서풍은 연중 차고 습하다. 이것은 해안 입지가 와인 포도의 생산에 이상적이지 못하다는 것을 의미한다.

이곳에서는 강수그늘효과가 작용한다. 코스트산맥(Coast Range)과 올림픽산맥(Olympic mountains)이 해안선과 나란하게 달린다. 태평양 쪽으로부터 오는 차가운 습기를 담은 공기는 산 위로 밀어 올려지면서 변화한다. 기온은 떨어지고 상대습도는 증가하는데, 그 결과 산의 바람이 불어오는 쪽에 상당한

와인의 지리학

강수량이 나타난다. 어떤 입지는 온화한 우림뿐만 아니라 북미 전체에서 가장 높은 평균 강수량을 보일 정도로 강수량이 많다. 공기가 바람이 불어가는 쪽으로 통과함에 따라 일부는 습기를 잃고 상당히 더워진다. 결과적으로 윌래밋 계곡(Willamette Valley)과 퓨젯 사운드 저지(Puget Sound Lowland)는 몇 마일 떨어진 해안과는 다른 기후를 보인다.

강수그늘효과는 공기가 상승함에 따라 공기가 차가워지는 비율에서의 차이 때문에 발생한다. 공기가 상승함에 따라 1,000ft(약 304.8m)의 고도의 변화마다 약 6°F(약 3.3℃)의 비율로 차가워지고, 강수가 발생할 때까지 차가워진다. 그 후 변화율은 1,000ft 당 약 3°F(약 1.7℃)로 하락한다. 산의 바람이 불어가는 쪽의 내리막길에서 공기는 1,000ft당 6°F가 올라가고 그 과정에서 강수는 멈춘다. 그래서 만약 산을 지나가는 중에 비가 온다면, 공기가 산의 다른 면의 계곡 바닥에 도착할 때는 더워지고 건조해질 것이다. 이것은 왜 세계의 많은 사막들이 거대한 산맥의 바람이 불어가는 쪽에서 발견되는가에 대한 이유다.

강수그늘효과는 윌래밋 계곡과 퓨젯 사운드 저지가 보다 더 건조해지고 해안보다 약간 따뜻해질 것이라는 것을 의미한다. 공기가 보다 더 안쪽 내륙의 훨씬 더 높은 캐스케이드산맥(Cascade Range)의 산들을 통과할 때 동일한 일이 현저한 방식으로 발생한다. 그 결과, 서쪽에서 동쪽으로 오리건과 워싱턴을 가로질러 통과할 때 해안 저지대의 차고 습한 조건에서 시작하여 콜럼비아 고원의 사막에 가까운 조건으로 끝난다.

강수그늘효과는 오리건과 워싱턴에 포도밭을 세우기 위한 가능성의 범위를 제공한다. 첫 번째 가능성은 코스트산맥과 올림픽산맥의 바로 안쪽의 계곡에서다. 이들 중 윌래밋 계곡은 특히 와인산업으로 탁월하다. 늘어나는 포도밭의 수는 전통적으로 그곳에 존재하였던 사료작물과 낙농업을 천천히 대체했다. 폰 튀넨을 회상해 보면 우리가 현재 보는 것은 이윤에 따라 움직이는 결정이다. 오늘날 윌래밋 계곡에서 포도밭은 낙농업 혹은 소규모 가족 영농보다 더 나은 이윤 잠재력을 가지고 있다. 또한 단순한 이윤을 넘어서는 와인산업의 요소가 존재하고 이러한 동기는 윌래밋 계곡에서 작동하고 있다. 와인문화와 와인에 대한 미학적 매력은 새로운 와이너리의 발전에서 분명하게 드러난다. 와이너리는 그 건축에서 계곡의 농업문화를 기념한다. 새로운 와이너리를 위해 오래된 헛간을 재이용하는 것은 경제적 결정일 수 있지만 오래된 헛간처럼 보이는 새로운 와이너리의 건설은 계곡의 농업 유산에 경의를 표하는 것이다.

윌래밋 계곡과 퓨젓 사운드 저지의 먼 북쪽의 불리한 면은 이 지역들이 이미 개발되었고 앞으로도 가격이 더 높아지게 될 것이라는 점이다. 계곡에서 도시화는 또한 문제다. 감사하게도, 오리건과 워싱턴은 도시지역의 성장을 규제하는 데 있어 미국에서 가장 진보적인 두 개의 주다. 이 두 주들은 근처에 나파 혹은 소노마처럼 발전하거나 비싼 곳이 어디에도 없다. 그러나 어떤 와인 제조업자도 전에 간 적이 없는 곳으로 가고자 한다면, 윌래밋 계곡은 여전히 아주 적합하지는 않을 것이다.

양조업자가 되고자 하는 꿈을 실현시켜 줄 완벽한 지점을 탐색하는 데 있어 익숙한 길로부터 벗어나는 모험을 감행하기 위하여, 우리는 컬럼비아고원을 시도해 보기를 원할 수 있다. 오리건에서 대부분의 고원은 높은 고도 때문에 와인 포도를 생산하기에는 다소 쌀쌀하다. 워싱턴에서 고원의 고도는 더 낮고 그래서 조건은 오리건에서보다 더 따뜻하다. 기후조건들은 캘리포니아 표준으로는 따뜻하지 않지만 피노 누아(Pinot noir)와 리슬링(Riesling)과 같은 보다 서늘한 날씨의 변종을 생산할 수 있다. 넓은 공지와 상대적인 개발의 부족 덕분에 애키모(Yakima), 컬럼비아(Columbia)강 계곡, 월라월라(Walla Walla) 계곡에서 포도원 개발을 하는 신진 와인 기업가들에게는 기회가 있다.

포도밭을 소유하는 우리의 꿈이 예산에 부속되어 있기 때문에, 동부 워싱턴은 우리가 찾고 있는 바로 그 장소가 될 수 있다.

　양조업자가 되고자 하는 결심을 한 개인들에게 그곳에 기회가 존재한다. 그것 이상으로, 어디에서 시작하고 무엇을 재배할 것인가에 관한 훌륭한 지리적 결정을 하는 신진 양조업자들을 돕는 자원과 기술이 존재한다. 그것이 원격탐사와 GIS 혹은 농업진흥사무소를 통하여 시행된 과학적 연구와 조언이든 간에, 포도를 재배하고 와인을 만드는 사업에 진입하는 사람들에게 더 나은 시기 혹은 환경은 드물게 존재해 왔다.

Chapter 09

와인제조와 지리학

Winemaking and Geography

내가 존 돔(John Dome)의 와인코스의 대학원생 조수였을 때, 그는 매 학기 디저트 와인이라는 주제에 헌신하는 밤을 가졌다. 나는 그날 저녁을 꽤 잘 기억하지만 강의 자료 때문은 아니다. 존의 대학원생 조수로서 내 일의 일부는 수업이 끝난 후 남아 있는 와인을 처분하는 것이었다. 개봉된 와인은 남아 있는 와인을 따라 내고 병을 재활용해야 했다. 디저트 와인의 밤에 책상에 앉아서 개봉하지 않은 모든 와인병을 가지고 무엇을 할 것인가 이리저리 생각했던 것을 기억한다. 나는 포트, 셰리 소테른 병을 아파트로 되가져 가기 위하여 여분의 책가방을 빌려 왔다. 또한 와인병으로 가득 찬 두 개의 책가방을 짊어지고 걸어서 집으로 가는 길에 캠퍼스 경찰서를 지나면서 눈에 띄지 않도록 최선을 다하려고 시도했던 것이 기억난다.

이것이 와인의 지리학과 어떤 관련이 있는가? 만약 있다면 그것은 어떻게 미각의 선호가 시간에 따라 변할 수 있고 어떻게 그것들이 하나의 문화와 한 장소에 특수할 수 있는가에 대하여 입증하는 것이다. 단맛은 와인에서 존중되

와인의 지리학

고는 한다. 어떤 문화는 여전히 그 방식을 느낄 수 있다. 그것은 또한 와인제조가 과정의 미묘한 변화와 함께 어떻게 매우 상이한 결과를 낳을 수 있는가에 대한 입증이다.

맛에 대한 인간의 감각은 와인산업에서 믿을 수 없을 만큼 중요하다. 그러나 맛에 대한 감각은 지리학적이지 않다. 비록 맛의 역학이 일정하더라도 맛이 입지마다 다양한 것을 어떻게 해석할 수 있는가? 맛의 감각은 거의 모든 사람들에게 공통된 심리적인 프로세스다. 공통되지 않는 것은 어떤 맛을 사람들이 좋아하느냐 싫어하느냐이다. 맛의 선호는 단순한 신체적 반응이 아니라 학습된 반응이다. 맛의 선호는 한 문화 혹은 장소에 특별할 수 있다. 우리가 사람과 장소에 관하여 이야기하기 시작할 때, 지리학자들은 그 문제에 관하여 할 말이 많다.

맛은 부분적으로 학습된 반응이며 우리가 정기적으로 먹는 것에 영향을 받을 것이다. 시계를 백여 년 정도 뒤로 돌렸다면 우리가 먹었던 것은 어디에 살았느냐에 따라 매우 특수하다. 심지어 오늘날에도 고립된 사회는 세계의 다른 지역의 식품 아이템과 맛에 대한 노출이 제한된다.

음식과 장소 사이의 연계는 떼르와 개념의 이면에 있는 맥락의 일부다. 우리가 음식을 특수한 환경과 연관시킬 수 있다면 맛에 대해서도 동일하게 할 수 있다. 그것은 우리가 어떤 음식에 익숙하느냐, 어떻게 음식의 맛을 지각하느냐에 영향을 미친다. 심지어 우리가 음식이라고 명명한 것에도 영향을 미친다.

지역적 와인제조의 다양성

미각은 보편적이다. 입지에 상관없이 어느 정도 와인 만들기도 그러하다. 생산에서 공통성이 부여되었다면 장비 또한 상당히 공통적이라는 것은 놀라운 일이 아닐 것이다. 와인제조 장비의 글로벌 시장은 이제 고도의 표준화가 이루어졌다. 어떤 경우에 전통적 와인제조기술과 장비는 존속한다. 특히 와인제조가 지방 문화의 필수적인 부분인 곳에서 그렇다. 심지어 그러한 지역에서조차 전통적 기술은 때때로 생산, 특별한 이벤트, 의식을 보여 주기 위해 추방된다.

그러나 어떤 형태의 와인제조는 전통적으로 다르다. 시간이 경과함에 따라 와인제조를 위한 독특하고도 지역에 특수한 과정은 그 과정이 장소와 한데 엮이게 되는 지점까지 지속되어 왔다. 앞 장에서 우리는 소테른(Sauterne) 와인과 소테른 장소의 논의에서 이 예를 보았다. 그 연계는 우리 사고에 너무 깊이 스며들어서 그 제품이 다른 어딘가에서 만들어졌을 때 이상하다고 생각한다. 기본적인 와인제조 과정의 다양성이 제도화된 와인과 와인지역이 존재하기 때문이다. 샹파뉴(Champagne), 헤레스(Jerez)[1], 포르투(Oporto), 마데이라(Madeira), 마르살라(Marsala)[2]는 와인제조 과정의 기준이 다른 곳이다. 그것들은 또한 어떻게 와인제조를 위한 기술이 그 원산지와 연관이 되어 지명이 와인명이 되는가를 보여 주는 훌륭한 사례다. 법률 시스템은 이제 특정 와인

---

1. 스페인 남서부 안달루시아 자치지방(autonomous community)의 상업도시. 정식 명칭은 헤레스 데 라 프론테라(Jerez de la Frontera)이다. 카디스에 버금가는 이 지역 제2의 도시이다. 세계적 명성을 가진 셰리주(酒)의 생산지로, 주변 일대는 포도밭으로 둘러싸여 있고 대규모의 포도주 양조장이 있다.
2. 이탈리아 시칠리아주에 있는 도시. 기원은 카르타고인에 의하여 개척된 릴리바에움으로, 포에니 전쟁 때에는 카르타고의 기지로서 중요한 역할을 하였다.

와인의 지리학

과 장소 사이의 연계를 보호한다. 이에 대해 냉소적으로 접근하고 그것을 시장보호주의라고 칭할 수도 있다. 우리는 또한 그러한 조치를 장소와 제품 사이에 독자적인 연관을 보호하는 수단으로 볼 수도 있다. 그러한 의미에서 법률은 와인제조의 지리적 우연성을 보호하고 있다.

마데이라는 와인지리학과 한 장소가 어떻게 생산하는 와인과 동의어가 되었는가에 대한 훌륭한 스토리이다. 마데이라섬은 포르투갈의 일부다. 그 섬은 스페인, 포르투갈, 모로코의 서부해안으로부터 떨어진 많은 작은 화산섬 중의 하나다. 오늘날 이 섬은 유럽연합에서 최남단에 위치한 곳 중의 하나이며, 섬의 온화한 날씨와 원시적인 해변, 나무가 우거진 산을 즐기기 위하여 찾는 관광객들의 목적지다. 범선시대에 탁월풍은 마데이라를 무역선이 대서양 횡단을 하기 전에 들리는 마지막 기착지로 만들었다. 고기압과 북풍의 부족으로 범선들은 아조레스(Azores)해를 잘 선택하지 않았고, 남쪽의 케이프 베르데(Cape Verde)섬은 너무 덥고 건조해서 훌륭한 급수 기착지는 아니었기 때문에, 마데이라가 물 공급을 위해 찾아오는 선박들을 위한 규칙적인 기착지가 되었다. 그러한 선박들이 기존 시장에 섬의 와인을 공급했다. 영국과 포르투갈 사이의 무역협정은 대서양 횡단 무역에서 마데이라의 중요성을 굳건히 하는 데 일조했다.

마데이라 와인에는 브랜디 혹은 케인 스피릿(cane spirit)[3]이 첨가된다. 사탕수수와의 연계는 규칙적인 강수와 마데이라에서 사탕수수 생산을 가능하게 하는 따뜻한 기온에 바탕을 둔다. 우연으로 혹은 고의로 마데이라 와인의 알코올성분이 강화되어, 대서양 횡단에서도 마데이라 와인은 견딜 수 있었다. 횡단이 열대를 경유하여 이루어지기 때문에 열기는 보통 와인을 쉽게 상하게

---

3. 사탕수수에서 증류한 알코올

만드는 원인이 되었다. 알코올 강화를 통해 제공된 추가적인 알코올 함유량은 마데이라가 장기간의 열대지방의 열기에도 살아남을 수 있도록 했다. 유럽에서 마데이라를 판매하는 것은 타 와인 생산지역으로부터의 경쟁 때문에 제한되었고, 탁월풍을 거슬러 마데이라 와인을 운송하는 것 또한 상당히 어려웠다. 그러나 유럽에서 와인 판매의 제한은 마데이라를 식민지에서 매우 유명한 음료로 만들었다. 마데이라 와인은 신세계 식민주의자들이 여전히 마시기에 적합할 것이라고 하는 포트와인을 제외하면 유일한 와인이었다. 200년이 넘는 기간 동안 대서양 횡단 무역의 성격은 변했지만 마데이라와 마데이라에서 번성한 와인제조기술 간의 연계는 변하지 않았다.

산업으로서 와인제조

와인제조는 가공의 한 형태다. 비록 우리가 그것을 생각만 해도 몸서리쳐진다 할지라도 이것은 와인제조를 산업활동으로 만든다. 제조과정에서 우리는 보다 유용하고 값어치 있도록 원료를 이용하고 그 형태를 변화시킨다. 와인을 제조할 때 우리가 하는 것이 본질적으로 이것이다. 우리는 포도를 이용해서 우리에게 보다 유용하고 값어치 있는 것으로 형태를 변화시킨다. 제조과정으로서 와인제조는 와이너리가 통조림공장 혹은 제재소와 많은 공통점이 있다는 것을 의미한다.

와이너리, 통조림공장, 제재소를 비교하는 것이 상당히 우스울 수도 있지만 지리적 관점에서 이것들은 어떤 특징들을 공유한다. 세 가지 모두 자연으로부터 산물을 취하고 그것의 형태를 변형시킨다. 그렇게 함으로써 제품은 많은 양의 무게를 잃는다. 와인제조 과정에서 우리는 포도의 단단한 부분을 처리할

와인의 지리학

수 있다. 통조림 공장에서는 판매할 수 없는 생선 혹은 게의 부분을 제거한다. 제재소에서는 나무껍질과 조각 목재들을 처분한다. 그러한 가공활동에서 무게는 상실된다. 무게 상실은 그것들에 공통의 지리를 제공한다.

가공처리 및 무게 상실 제품의 지리학은 운송 문제에 굉장히 초점이 맞추어져 있다. 왜 우리는 버려질 물질을 운반하기 위하여 지불해야 하는가? 와인의 경우 많지 않을 수도 있지만, 광산 운영의 경우를 생각해 보자. 극소량의 값어치 있는 금속을 위해 거대한 양의 무가치한 폐암석이 존재할 것이다. 왜 폐기물을 운반하겠는가? 비용과 편익 때문에 자원 근처에서 가공하게 된다. 우리는 삼림 가까이에 제재소를, 어항(漁港)에 통조림공장을, 포도밭 근처에 와이너리를 세운다.

가공과 운송을 이해하는 데 중요한 다른 이슈는 손상이다. 손상은 재목산업 혹은 광산업에서 주요한 관심이 아닐 수 있지만 통조림공장을 생각해 보자. 내가 냄비 속 끓는 물에 게를 떨어뜨릴 때까지 살아 있고 건강한 게를 얻을 수 있다면 이상적이다. 그러나 이미 가공된 게를 사야 한다면 통조림공장에서 요리되는 순간까지 살아 있고 건강한 게를 원한다. 메마른 환경으로 게가 도착하는 데 시간이 더 오래 걸리면 걸릴수록 게살의 상태와 안전성은 이슈가 된다. 위험하다면 나는 차라리 모험을 하지 않겠다.

우리는 소비자로서 (게)살과 관련된 손상 문제에 많은 관심을 기울이는 경향이 있다. 운송 도중에 부패한 (게)살이 매우 심각한 건강상의 위험에 빠지게 하기 때문이다. 운송 중인 포도에서 퀴퀴한 냄새가 날 때는 소비자 건강 문제가 두드러지지 않는다. 포도가 상하는 원인은 일반적으로 너무 이른 발효작용 때문이다. 우리가 이미 앞에서 논의한 것처럼 발효는 와인제조 과정의 일부이지만, 우리는 그 작업을 하는 효모를 통제할 수 있기를 원한다. 포도밭 주위를 부유하고 있을지도 모를 어떠한 미생물에서 품질 좋은 와인이 생산되기를 기대하는 것은 비현실적이다. 포도는 야생효모를 절멸시키는 아황산으로 치료될 수 있다. 그 후 와인제조에 특별히 적합한 효모가 사용될 수 있다.

우리는 포도밭 근처에 위치한 와이너리를 볼 것을 기대한다. 역사적으로, 운송 도중에 발생하는 손상 때문에 포도 재배자들은 생산물을 그 지방의 와이너리에 팔았다. 이것은 그들 자신의 와인을 생산하는 양조업자들에게 인센티브를 제공했다. 와인생산은 완성된 제품에 대한 통제를 양조업자들이 할 수 있게 했다. 와인생산은 또한 양조업자들에게 와인생산의 재정적 이익 그리고 불행하게도 채무를 부여했다. 생산의 통제와 이윤은 포도밭과 와이너리의 결합된 소유권에 대한 토대였다. 냉장은 이러한 패턴을 변화시켰고 포도의 장거리 운송을 가능하게 했다. 그 결과 비록 포도밭과 와이너리를 함께 소유하는 것이 여전히 재정적, 창조적 인센티브가 존재하지만 와이너리와 포도밭은 물리적으로 분리될 수 있다. 우리는 지리적 관점에서 와이너리와 포도밭이 분리된 것의 진가를 평가한다. 왜냐하면 와이너리와 포도밭의 분리가 와인에 국지적 연계를 제공하기 때문이다. 와이너리와 포도밭이 분리되지 않았다면 떼르와와 장소는 와인에 있어서 훨씬 덜 중요할 것이다.

운송은 와인산업에서 중요한 이슈다. 운송은 생산자로부터 배급업자 그리고 소비자에게로 가능한 한 빠르고, 안전하게 그리고 경제적으로 와인병을 담은 상자를 옮긴다. 교통비는 와인제조와 생산에 관한 훌륭한 지리적 결정을 내리는 데 핵심적인 변수다. 그 중요성에도 불구하고 교통은 우리가 일반적으로 거의 생각하지 않는 와인산업의 일부다. 그것은 이면에서 계속된다. 와인과 와인이 어디에서 생산되었는가에 관하여 가능한 한 많은 정보를 수집하기 위해 와인라벨을 자세히 들여다볼지라도, 와인 운송의 책임을 지는 회사에 관하여 정보가 있더라도 우리는 이를 무시한다. 문제가 없다면 그 과정은 우리의 주의를 벗어난다.

와인의 지리학

시간이 경과함에 따라 교통은 와인의 지리학에서 믿을 수 없을 만큼 중요한 요소가 되었다. 와인은 액체로서 그 형태와 무게 때문에 운송이 중요한 문제였다. 와인은 이동시키기가 어려웠다. 발효는 한층 더 복잡한 문제였다. 포도가 빠르게 발효되면서 운송가능성은 제한되었다. 밀폐된 컨테이너가 출현하기 전에는 운송과정 동안 와인이 계속 발효될 수도 있었다. 병입은 운송 도중 발효를 제한하는 데 도움을 줄 수 있지만, 다른 복잡한 문제를 만들어 냈다. 초기의 와인병은 깨지기 쉬웠고 그 자체로 운송 도중에 발생하는 파손은 중요한 경제적 관건이었다. 당시 최상의 도로들에는 자갈이 깔려 있었기 때문에 특히 그랬다.

제품이 상하기 쉬운 상황이라면 시장 가까운 곳에서 와인을 생산하는 것은 중요한 이점이 있었다. 이 책의 뒤에서 보게 되겠지만 운송 문제는 와인지역이 지역 차원에서 와인 판매 시장과 협력하여 발전했다는 것을 의미한다. 와인을 보다 먼 시장에 판매하기 위하여 운송 도중 상하지 않도록 안정시킬 수 있는 방법이 고안되어야 했다. 마데이라 와인처럼 와인의 알코올 함량을 증가시킴으로써 달성될 수 있었다. 충분히 높은 수준의 알코올 함량은 발효과정을 중단시킨다. 와이너리에 가깝거나 혹은 매우 접근성이 좋은 바이어들은 훌륭한 저알코올 와인을 얻을 수 있다. 훨씬 먼 거리의 바이어들은 어쩔 수 없이 높은 알코올 와인과 리큐어(liquors)에 의존해야 했다. 훨씬 원거리 혹은 훌륭한 무역으로의 접근이 어려운 지역에서는 바이어들이 국지적으로 성장한 제품을 다른 유형의 알코올로 바꿨다.

무거운 제품의 선적, 특히 손상되기 쉬운 제품의 선적은 전통적으로 어려웠다. 초기의 열악한 도로 시스템은 단지 문제를 악화시켰다. 그래서 물을 기반으로 하는 운송은 와인선적의 최상의 수단이 되었고, 19세기 후반까지 그렇게 남아 있었다. 물을 기반으로 하는 운송은 여전히 자동차와 같이 부피가 크고 무게가 많이 나가는 제품 운송의 가장 효율적인 수단이다. 물을 기반으로 하는 운송의 중요성은 운하 건설을 경제적으로 실행가능하도록 만든 요인이었다. 운하는 커다란 부피와 무게의 제품이 안전하고도 유연하게 선적될 수 있도록 했다. 시간이 경과하면서 철도는 농업과 공업을 위한 운송의 옵션으로 운하를 대체했다. 운하가 여전히 운영되는 곳에서 운하의 이용은 여가화되었다. 실제로, 유람선 여행은 느린 항로에서 여행을 경험하기를 원하는 관광객들에게 꽤 유행이었다.

운하와 원양항행 운송은 여전히 일부 무역의 유형에서 적합하다. 와인의 측면에서, 그 적합성의 일부는 시간이 경과함에 따라 사라졌다. 철도, 고속도로, 항공 화물은 생산자에서 소비자에게로 와인이 전달되는 데 있어 물에 기반한 운송을 압도했다. 어떤 사례들에서는, 보다 빠른 형태의 운송수단을 통한 이동이 흥미 있는 결과를 낳았다. 적절한 예로는 보졸레 누보(Beaujolais nouveau)의 유통이 있다. 보졸레는 부르고뉴 와인지역의 먼 남쪽 끝에 위치하고 있다. 비록 기술적으로 부르고뉴의 일부이지만 보졸레는 조금 더 북쪽에 위치한 이웃지역들과는 다른 기후를 가지고 있다. 그 기후로 인해 보졸레에서는 가메(gamay) 포도가 번성한다. 가메 포도종은 보졸레 누보의 바탕이 되는 포도다. 운송과 와인제조의 관점에서 보졸레 누보를 흥미롭게 만드는 것은 이 와인이 오래되지 않았다는 점이다. 이 와인은 발효되고 가능한 한 빠르게 시장으로 운송된다. 시간이 지나면서 와인의 출하는 11월 3번째 목요일로 표준화되었다. 와인이 출하될 때 주문이 쇄도하는 와인은 해외로 가는 첫 번째 이용 가능한 비행기를 위한 항공화물 터미널까지 급히 와인을 운반하는 트럭에 넘겨진다. 출하 후 몇 시간 이내에 말 그대로 소비자는 와인을 따라 마실 수 있다. 등분을 바탕으로 매겨진 항공화물의 비용은 다른 운송형태의 비용을 훨씬 넘어선다. 그 자체로서 항공화물은 높은 가치가 있지만 부피와 무게가 적은

　　　　　　　　　　　　　　　　　　　　　　와인의 지리학

제품에 한정된다. 사람들이 그해 최초의 보졸레 누보를 위해 기꺼이 지불하려는 가격은 그 운송의 비용 증가를 상쇄한다.

비록 다른 형태의 운송에 의해 압도되었을지라도 현대의 와인 지리학은 선적에 의해 형성되었다. 우리가 본 것처럼 낭트, 보르도와 같은 도시들의 중요성은 운송에 기반을 두고 있다. 와인을 포함하여 내륙으로부터 온 상품은 해외시장으로 수출되기 위해 하류 쪽의 항구로 운송된다. 그 항구들은 중요한 시장이 되었고 해외투자의 핵심이 되었다. 와인의 세계에서 두 개의 고전적인 예는 포르투와 카디스이다.

포르투와 카디스

포르투[4]와 카디스(Cardiz)는 포르투갈과 스페인 이외의 사람들에게는 많은 것을 의미하지 않을 수 있다. 이 두 지역은 대서양 해안에서 적정한 규모의 항구도시이며, 한때 신세계의 포르투갈과 스페인 식민지와의 무역 거래에서 파생된 상당한 부를 가진 중요한 무역센터였다. 그러한 과거의 부는 두 도시의 건축 유산에 반영되어 있다. 그렇긴 하지만 그 지역 외부에 있는 사람들에게 이 도시는 잘 알려져 있지 않다. 와인 애호가들에게 더 잘 알려진 것은 그 도시들로부터 나오는 수출품이다. 왜냐하면 이 도시들은 전 세계 와인 소비자들에게 포트와인과 셰리를 수출했던 곳이기 때문이다.

포트와인(port)과 셰리(sherry)는 와인과 와인이 생산되는 장소 그리고 물

---

4. 영어로는 오포르투로, 포르투갈 서북부에 위치한 도루강 어귀 부근의 항구 도시이다. 여기서는 영어식 표기 대신 포르투갈어 표기로 사용한다.

에 기반한 운송 사이에 구축된 연계의 훌륭한 사례다. 포트와인과 셰리는 표준적인 레드와인 혹은 화이트와인을 생산하기 위해 사용되었던 기술과는 다른 기술을 통해 생산된다. 포트와 셰리는 첨가물과 함께 알코올 성분이 강화된 와인들이다. 그것들은 지리학적 연구의 상당히 흥미 있는 주제를 형성한다. 왜냐하면 알코올 성분의 강화는 이 와인들이 발전한 장소와 동의어가 되었기 때문이다.

'포트(port)'라는 용어는 그것이 수출되는 포르투갈의 도시 이름인 포르투(Pôrto)에서 파생되었다. 포르투는 도루(Douro)강[5] 계곡의 하구 근처에 있다. 도루강은 포트와인 생산에 중요하다. 그 강은 포르투갈 북부 와인 생산지역의 중심에 있기 때문이다. 많은 장소에서, 하천까지 이어지는 남쪽에 면한 경사지는 포도밭이 계단식으로 되어 있다. 그 강 자체는 포르투의 로지(오두막)로 향하는 와인운송의 핵심이었다. 실제로, 어떤 포트와인의 라벨에는 로지로 포도를 운송하기 위해 사용되었던 바닥이 편평한 작은 항해선(barcos rabelas)의 이미지가 여전히 있다. 홍수 조절 사업과 도정을 따라 위치한 수문 덕택에 도루강은 소하천 크루즈선을 지원할 수 있을 만큼 유순하다. 그 하천을 정기적으로 왕복하는 선박회사는 도루강이 유럽에서 가장 아름다운 강이라고 광고한다. 유럽의 모든 크루즈 노선은 똑같이 그들이 순항하는 강에 관하여 동일하게 말하기 때문에 이것은 논쟁의 여지가 있다. 논쟁의 여지가 없는 것은 크루즈가 관광객들에게 하천과 타운을 볼 수 있고 그 지역과 그 와인을 경험할 기회를 제공해 준다는 것이다.

포르투와 포트와인 무역 사이의 연계는 우연한 것이 아니다. 포르투는 지리

---

5. 도루(Douro)강 혹은 두에로(스페인어로 Duero)강은 이베리아 반도의 가장 주요한 강 중 하나다. 스페인과 포르투갈의 국경을 가르는 역할을 하기도 하며 총 길이는 897km이다. 그중 112km가 양국의 국경선에 포함된다.

학자들이 '적환점(break of bulk point)'이라고 언급하는 좋은 사례다. 도르강을 왔다 갔다하는 데 사용되는 소형배(barcos)는 그 강에 아주 잘 적응하였다. 이 배들의 디자인은 공해의 큰 파도에 결코 이상적이지 못하다. 현대의 홍수 조절 시스템 이전에 원양항행의 선박은 강의 상류로 몇 마일 이상 운항할 수 없었다. 이러한 이유로 포르투는 상품을 해안으로 가져오고, 창고에 보관·위탁하고 상품의 다음 행선지 구간을 위해 다시 적재되는 지점이 되었다. 포르투와 같은 활발한 적환점은 무역 공동체로 발전하였고 어떤 경우에는 대도시로 발전하였다.

포르투는 단지 무역의 한 거점 그 이상이다. 포트와인 '로지'가 입지한 곳이 바로 포르투이다. 우리가 그 도시의 사진에서 볼 수 있는 흥미로운 만곡의 모습을 띠는 곳이 바로 로지이다. 우리가 인터넷에서 포르투의 이미지를 찾는다면, 외관상 순전히 포루투갈적인 도시의 모습을 발견할 것이다. 이러한 모습에 대한 예외는 포트와인 로지의 도처의 벽, 지붕, 간판에 붙어 있는 영어처럼 들리는 회사의 이름이다. 영어 이름은 포르투갈이 영국으로 와인을 수출했던 흥미로운 역사를 반영한다. 이 도시 역사의 어느 시기에 포르투는 영국에서 제일 중요한 와인 공급자였다. 그러한 무역은 영국의 투자와 투자자들을 포르투로 데려왔다. 알코올 강화 과정에서 유래하는 고알콜 함량은 포트와인이 영국으로 운송하는 데 견디도록 도움을 주었다. 영국 투자자들은 포트와인 로지에 그들의 이름을 남겨 두었을 뿐만 아니라 와인 그 자체의 발전에도 영향을 미쳤다.

지리학적으로, 역사적으로 영국인들이 포트와인 무역에 적극적이었던 것에는 좋은 이유가 있다. 영국과 프랑스가 역사에서 수차례 전쟁을 했던 것처럼 그들이 다투는 동안 낭트 및 보르도의 프랑스 와인항구는 출입금지였다. 훨씬 남쪽으로 이동하여 상당한 양의 와인에 접근할 수 있었던, 다음으로 중요한 항구는 포르투였다. 역시 영국과 종종 갈등관계에 있었던 북부 스페인의 항구와는 달리 포르투는 도루강을 가지고 있었다. 이 강은 내륙의 와인지역에 접근할 수 있게 해 주었고 포르투의 와인에 대한 접근과 다른 몇 가지 매우 이득이 되는 무역을 위한 토대를 제공했다.

셰리의 역사와 지리는 포트와인과 많은 것을 공유하고 있다. '셰리'는 헤레스의 품질을 떨어뜨린 것인데, 헤레스는 헤레스 데 라 프론테라(Jerez de la Frontera)의 약칭으로, 셰리 산업이 기반을 두고 있는 카디스 항구로부터 바로 내륙 쪽에 있는 마을이다. 셰리는 포트와인보다 나중에 와인무역의 일부가 되었다. 실제로, 셰리의 증가하면서 포트와인과 경쟁하게 되었다. 포트와인은 브랜디로 알코올을 강화해서 만든다. 그렇게 함으로써 발효과정은 중단된다. 포도 수확에서 매년 변동이 있고 알코올 강화과정을 표준화하는 데 어려움이 있기 때문에 포트와인은 해마다 다를 수 있다. 때때로 그 과정은 우수한 제품의 결과를 낳는다. 몇몇 떨어지는 생산자들에게 그것은 운에 맡기는 경험을 낳는다. 셰리는 솔레라(solera) 시스템을 사용하여 생산된다. 이 시스템은 숙성과정의 일부로 새로운 와인을 더 오래된 와인과 혼합하는 것이다. 블렌딩은 더 높은 알코올 수준을 생산하면서 발효를 늦춘다. 솔레라 시스템을 통해 여러 해에 걸쳐 생산된 블렌딩 와인은 또한 와인 마케팅에서 중요한 요소인 맛의 일관성을 제공한다.

셰리는 나폴레옹 붕괴 후 와인무역에서 중요해졌다. 나폴레옹 군대를 워털루에서 패배시킨 웰링턴경 치하의 영국 군대는 포르투갈과 스페인에서 군사활동을 했다. 나중에 트라팔가르 전투(해전) 이름이 된 트라팔가르곶(Cape Trafalgar)은 카디스의 바로 남쪽이다. 그 지역에서 영국 군대와 함께 셰리가 영국 와인시장의 관심을 끌게 된 것은 당연하다. 카디스는 와인수출의 잠재력을 가진 가장 가깝고 중요한 스페인의 항구이기 때문에, 스페인과 영국 사이

와인의 지리학

의 평화는 헤레스와 셰리를 포르투와 포트와인에 대항해 경제적으로 성장할 수 있는 경쟁 상대로 만들었다. 이와 같이 이곳은 영국 투자와 투자가에게 기회가 무르익은 지역이었다.

영국의 영향은 셰리와 포트와인을 함께 끌어당긴다. 그러나 지리적으로 그러한 와인을 생산하는 장소들은 매우 다르다. 헤레스가 위치한 스페인 지역 안달루시아(Andalusia)는 무어(Moors)인들이 소유한 이베리아반도의 마지막 부분이었다. 무어인들의 영향은 그 지역의 건축, 특히 지역의 수도 세비야(Sevilla)에 반영되었다. 그러한 문화적 영향이 포르투에서는 덜 가시적이다. 또한 카디스는 신세계로 향하는 스페인 선박이 마지막에 방문하는 항구 중 하나였다.

두 개의 지역은 또한 자연지리에서 상이하다. 포르투는 기후적으로 캘리포니아 북부지역과 유사한 기복이 있는 언덕지역에 위치하고 있다. 겨울에 강수를 제공하고 여름에 적당한 수준의 기온을 유지하게 하는 대서양의 영향은 날씨를 완화하는 것을 돕는다. 헤레스의 경관은 상대적으로 평평하고, 어떤 지역에서는 거의 하얀색인 석회석이 풍부한 토양으로 이루어진 불모지다. 비와 서늘한 기온을 가져오는 대서양은 헤레스의 겨울 기온에 영향을 미친다. 그러나 겨울은 짧다. 헤레스가 북아프리카와 사하라 사막에 근접한 것은 헤레스의 여름이 포르투보다 상당히 무덥고 건조하다는 것을 의미한다. 봄에 바람이 바뀔 때 헤레스는 곧바로 차갑고 습한 날씨에서 오븐과 같이 더운 날씨로 변한다.

포트와인과 셰리는 영국의 영향과 무역의 공통의 역사를 공유한다. 그것들은 또한 종종 알코올이 강화된 와인의 표제하에 함께 그룹화된다. 그렇다고는 해도 두 와인지역은 그들이 생산하는 와인만큼이나 다양하다. 당신이 선호하는 레스토랑의 와인목록에서 이 두 와인지역을 함께 볼 수 있을지라도 각각의 이면에는 흥미 있고 독특한 와인지리학의 스토리가 담겨 있다.

Chapter 10

와인의 확산, 식민주의
그리고 정치지리

Wine Diffusion, Colonialism, and Political Geography

처음에 비티스 비니페라(Vitis vinifera)의 조상이 있었다. 대부분의 포도처럼 이 포도종은 훌륭했다. 그것은 몇 천 년 전 코카서스산맥 어느 곳에 있었다. 그렇다면 도대체 어떻게 이 포도종이 전 지구상으로 퍼졌는가? 지리학자들이 바로 사랑하는 것은 이러한 종류의 문제다. 왜? 그것이 우리가 최선을 다하도록 하기 때문이다. 우리는 무언가가 어디에서 시작되었고 어디에서 마쳤으며, 그것이 취하는 경로, 그것이 도중에 어떻게 바뀌었고, 출발에서부터 최종까지의 메커니즘 등을 살펴본다. 이는 하나의 지리학적 추리소설이다. 어떤 지리학자들은 음악과 함께 이렇게 하기를 좋아한다. 어떤 지리학자들은 스포츠와 함께한다. 다른 지리학자들은 보다 학술적으로 고상한 주제, 몇 개를 명명해보면 언어와 종교와 함께 출발에서부터 최종까지의 메커니즘을 살펴보는 것을 좋아한다. 우리는 그것을 와인과 함께한다.

이러한 추리소설에 접근하는 데 있어 몇 개의 중요한 기초적인 규칙을 명심할 필요가 있다. 첫째, 우리는 포도의 이동, 어떻게 그것을 재배했는가에 대한

와인의 지리학

지식, 어떻게 그것으로부터 와인을 만들었는가에 대한 지식과 그러한 지식을 가진 사람들의 이동을 구분해야 한다. 우리는 사람·사물·아이디어의 전파를 검토할 것이다. 각각의 요소는 시간과 장소를 통해 포도와 와인의 여행을 이해하는 데 중요하다.

와인의 기원

초기의 와인생산은 포도 수확의 자연스러운 부산물이었다. 왜냐하면 포도가 자라는 기후에서 여름과 초가을 기온은 발효가 일어날 만큼 기온이 충분히 높기 때문이다. 밀폐된 컨테이너, 냉장 혹은 포도 주위에서 자연스럽게 발견되는 효모를 죽이는 수단이 없다면, 자발적 발효가 시작되는 것을 예방하는 것은 거의 불가능하다. 일정 기간 동안 포도 혹은 포도주스를 저장하는 것은 당신이 원하든 원하지 않든 간에 결국에는 미숙한 와인을 얻게 된다는 것을 의미한다.

와인의 운송은 역사적으로 중요한 이슈였다. 액체로서 그 무게와 방수 컨테이너에 대한 필요는 유통을 어렵게 하고 비용이 많이 들게 했다. 이러한 요소들은 와인이 선적되는 방식과 와인무역의 지리적 범위에 영향을 미쳤다. 이동 및 교역의 느린 속도는 와인 컨테이너가 장기간 원소들에 노출될 수 있다는 것을 의미한다. 이것은 지속적인 발효와 결합하여 목적지에 도착한 와인이 원래 선적되었던 와인과 상당히 다를 수 있다는 것을 의미한다. 와인은 귀중한 상품이었지만, 적당한 양의, 구입 가능한 가격으로 혹은 적절한 품질의 와인을 구입하는 것이 항상 용이하지는 않았다. 이를테면 와인을 가지는 것은 종종 포도와 그것을 국지적으로 재배할 수 있는 능력을 필요로 했다.

다양한 종교의 예배와 의식에서 와인이 사용되면서 초기 와인무역과 포도의 전파는 중요한 영향을 받았다. 종교 예배는 와인을 필요로 했다. 이는 와인의 기존 소비자 시장을 보완했다. 와인과 포도 묘목은 무역로를 따라 그리고 종교계의 선교사와 함께 이동했다. 우리가 오늘날 보는 것처럼 와인의 일반적인 세계시장은 존재하지 않았다. 매우 제한된 범위 내에서 와인의 교역이 이루어졌다. 기후·포도·와인제조과정·맛의 국지적 다양성은 와인의 품질이 장소마다 그리고 무역로마다 상당히 다양하다는 것을 의미했다.

종교가 와인을 확산시키는 역할을 하기는 했지만, 주역이 아닐 수도 있다. 무역과 식민주의를 통한 와인생산의 확산이 아마 훨씬 더 중요했을 것이다. 이것이 어떻게 진화하는가를 보기 위하여 우리는 고대 지중해, 특히 그리스의 무역문화를 주시하는 것으로 시작할 수 있다. 그리스인뿐만 아니라 페니키아인 그리고 지중해 유역의 무역에 종사하는 다른 사람들은 와인과 와인무역의 지리학을 변화시켰다. 그들은 지중해를 가로질러 와인과 포도를 교역했다. 그렇게 하는 과정에서 그들은 와인무역의 전환과 와인의 정치지리에 대한 연계를 시작하였다. 이것은 모든 서구문화가 그리스인과 함께 시작되었다는 관념이 어느 정도 타당성이 있다는 걸 보여 주는 사례다.

고전적인 그리스 세계의 상업문화는 와인무역과 함께 시작되지 않았다. 그러나 그들의 정치적 진화는 와인무역에 상당하게 영향을 미쳤다. 작은 도시국가에서 상업제국으로의 전이는 와인교역과 포도나무의 전파를 위한 기회를 창출했다. 그 개념이 친숙하지 않은 사람들에게, 도시국가(싱가포르는 오늘날의 한 예이다)는 하나의 도시와 그와 인접한 주변부로 이루어진 극단적으로 작은 나라다. 도시국가는 자원을 뽑아낼 매우 제한된 영토를 가지고 있다. 오늘날 모나코, 안도라 등과 같은 도시국가들은 세계의 나머지 국가까지는 아니더라도 이웃 국가로부터 자원을 얻는다. 고전 세계는 훨씬 달랐다. 한 나라의

와인의 지리학

부는 대부분 그 땅의 자원과 연계되었다. 나라가 작으면 작을수록 그 나라의 잠재적 자원은 훨씬 더 제한적이었다.

대국에서 무역은 종종 대내적이다. 소국의 무역은 필요에 의해 대외적이고, 대외무역은 정치를 수반한다. 고전적인 그리스 세계에서 도시국가는 종종 충돌한다. 그 규모 때문에 자원이 이미 제한적이었던 국가들은 어쩔 수 없이 방어 목적 때문에 그들이 가지고 있던 한정된 자원을 다 사용해 버렸다. 요새화와 대규모 군대는 소비자의 지출을 희생하고 이루어졌다. 이것은 무역을 지원하는 데 이용 가능한 금전을 제한시켰을 것이고 국지적 와인생산을 중요하게 만들었을 것이다.

도시국가가 성장하고 강화되었기 때문에 이전에 이웃 국가로부터 보호하기 위해 소비되었던 자원들은 다른 용도로 전환될 수 있었다. 지중해, 에게해, 아드리아해 그리고 흑해는 상업제국 확대를 위한 무역로가 되었다. 그러한 바다 주위의 무역 식민지들은 그리스인들에게 제품을 교역하고 문화를 전파할 수 있는 능력을 부여하였다. 와인과 포도는 그리스인 문화의 일부이고 이윤을 가져오는 상품이었기 때문에 그리스 무역업자들과 함께 이동했다. 그리스 무역업자들은 와인의 확산과 오늘날까지도 존재하는 기정의 상업 패턴에 영향을 미쳤다.

그 역사에도 불구하고 대부분의 소비자들은 그리스 와인과 친숙하지 않다. 당신 근처의 와인가게는 심지어 그리스 와인을 팔지 않았을 수도 있다. 그리스 와인과 친숙하지 않은 것은 지난 수천 년간의 산물이며, 결코 와인지리학에서 고전적 그리스의 중요성에 대한 반영이라고 봐서는 안 된다. 이는 로마인에 의해 가려진 그리스인의 결과이며 대분열과 십자군의 한 산물이다. 또한 비잔티움 제국의 붕괴와 오스만 튀르크의 정복 때문이기도 하다. 비잔티움 제국의 붕괴와 오스만 튀르크의 정복은 성장하는 글로벌 와인시장으로부터 동쪽의 지중해를 고립시키는 역할을 했다. 그리스의 와인제조는 내부화되었고 와인생산은 국지적 소비자들을 겨냥했다. 이러했던 것이 그리스 양조업자들이 세계시장까지 뻗치면서 변화하고 있다. 어떤 양조업자들은 보다 일반적인 품종으로 전환하고 있다. 라벨도 외국인 소비자들이 키릴 알파벳을 이해하지 않고도 읽을 수 있도록 수정되고 있다. 보다 모험심이 있는 와인 소비자들은 전통적인 그리스 와인을 시도하고 있다. 그렇더라도 그리스 와인의 한정된 노출은 누군가에게 그리스의 와인이 와인과 지리학에 공헌한 것에 대하여 의문이 들게 할 수 있다. 그래서는 안 된다.

로마의 와인전파

그리스인은 오늘날 우리가 알고 있는 와인산업의 토대를 놓았다. 로마인은 그리스인이 떠난 곳을 입수하여 경제의 필수적인 부분으로 만들었다. 그리스인이 지중해를 가로질러 무역할 때 와인을 가져온 것처럼 로마인들은 당시 구세계의 대부분을 정복했을 때 그렇게 했다.

이탈리아반도는 광범위한 군사와 경제제국의 정치적, 경제적 핵심이었다. 그곳은 또한 와인생산의 중심이자 제국의 타 지역에서 생산된 와인의 주 소비자였다. 로마인 이전에 그리스인이 그러했던 것처럼 로마인들은 지중해 유역 주위에서 와인을 거래하였다. 지중해는 와인과 다른 제품 운송을 위한 고속도로였으며, 이탈리아반도는 그 고속도로의 중심에 있었다.

로마제국의 지리적 중요성은 무역이 번성할 수 있는 환경을 만들었다는 점이다. 갈등 지역은 제국의 가장자리였다. 갈등 지역에서 멀리 떨어진 곳에서 제국은 안전하고 잘 조정되었다. 군대에 대한 지출은 여전히 높았지만, 제국

와인의 지리학

의 자원은 다른 일을 위한 중요한 공공지출을 가능하게 했다. 세수입은 더 많은 부를 창출하는 것을 도우면서 무역을 용이하게 해 주는 광범위한 도로망과 항구개발을 위해 지출되었다. 더 많은 부는 와인을 포함한 소비재에 쓸 수 있는 더 많은 돈을 의미했다. 더욱이 와인은 과세 대상이었고 그래서 로마 경제의 활력을 위해 중요했다. 그 결과 우리는 로마인에게서 오늘날 농업 조절의 선구자 격인 작물을 통제하고 규제하는 몇 가지 최초의 정부의 노력을 볼 수 있다.

제국의 힘은 로마문화의 확산을 의미했다. 이것은 와인에 중요했다. 와인은 로마인에게 다른 소비재 그 이상이었다. 와인은 로마인 문화의 일부였다. 재정적 그리고 문화적 이유에서 와인은 로마군단의 흔적을 따랐다.

로마인의 정복의 지리는 와인의 진보에 중요한 영향을 미쳤다. 제국이 성장하면서 로마인은 지중해 유역 바깥 지역과 이탈리아반도와 전혀 다른 기후를 가진 지역으로 가게 되었다. 이것은 이탈리아반도의 조건에 적응한 포도 품종을 사용하는 양조업자에게는 문제였다. 와인을 소중히 하는 문화에서 그 문제는 해결될 필요가 있었다. 그것은 비알코올로 해결할 수 있거나 혹은 제국의 다른 지역 어디에선가 와인을 수입함으로써 해결할 수 있었다. 기후 문제에 대한 해법은 그 지방 고유의 포도를 가지고 작업을 하고 보다 적대적인 조건에서 살아남은 원산지의 포도를 가지고 작업함으로써 해결될 수 있었다. 이것은 현대적인 선택적 육성 프로그램과는 한참 격차가 있지만 우리는 이러한 활동을 우리가 알고 있는 수많은 와인 포도의 품종 개발을 향한 첫걸음으로 본다.

로마제국의 붕괴는 와인확산과 와인무역에 중요한 영향을 미쳤다. 중세와 봉건주의는 무역을 제한하였고 많은 와인 생산지역을 고립시켰다. 우리가 보게 되겠지만 유럽의 도시화는 궁극적으로 와인무역의 지리를 변화시켰다. 그러나 와인은 르네상스와 탐험의 시대가 되어서야 비로소 유럽 경계를 넘어서 확산되었다. 이러한 확산은 봉건주의의 종말, 제국의 재탄생 그리고 대양을 가로지르는 제국들의 힘과 연계되었다.

와인과 정치지리

그리스인과 로마인을 함께 살펴본 것처럼 와인의 지리학은 정치지리, 식민화와 많이 관련되어 있다. 값어치 있는 상품시장을 조정할 수 있는 제한된 수의 생산자들이 존재할 때마다 거기에는 몇 가지 흥미로운 무역관계에 대한 잠재력이 존재한다. 이것은 와인의 경우에도 명확하게 적용된다. 주요 와인 소비자들은 통상적으로 그들이 신뢰할 수 없는 정치적 동맹 혹은 심지어 정적(政敵)으로부터 와인을 구입하는 불안한 무역관계에 처해 있다는 것을 알았다. 매우 수요가 높고 생산자가 제한되어 있는 곳의 수입관계에서처럼 수출업자들은 어떠한 조건이든지 적당하다고 여기는 가격을 지배할 자유가 있다. 이것을 현대적으로 유추하면, 석유수출국기구(OPEC)와 세계의 주요 석유 수입업자 간의 관계다. 그것이 과거 와인무역이든 오늘날 석유든 간에 열강들은 무역금지, 바가지 가격 혹은 무역파트너의 정치적 변덕에 대한 위험을 중요하게 생각하지 않는다.

OPEC의 예를 이용하면 석유의 경제적 영향이 OPEC 국가를 조금 다르게 취급하도록 한다고 논쟁할 수 있다. 누군가 필사적으로 원하는 자원을 당신이 가지고 있다면 당신에게 어느 정도의 힘이 부여된다. 일반적으로 정치적인 역사는 와인에 의해 지배되지 않았지만 동맹의 변화와 군사적 갈등은 와인무역에 영향을 미쳤다. 새로운 동맹은 와인의 새로운 소스를 의미했다. 정치적 갈

와인의 지리학

등은 와인 수출금지, 보다 더 높은 와인관세 그리고 바가지 가격이라는 결과를 낳았다. 무력외교가 오늘날과 구별되는 것은 그것이 식민주의를 포함하고 있다는 점이다. 식민주의는 어느 한 국가와 그 민족에 의해 다른 한 국가와 거기에 사는 민족들이 정치적, 군사적, 경제적으로 종속되는 것을 의미한다. 그것은 식민 세력의 경제적·군사적·정치적 이해(利害)에 의해 작동한다. 400년 동안 주요 유럽의 세력들은 가능한 한 많은 영토를 삼켰다. 그렇게 함으로써 그들은 이웃과 경쟁하였고 새로운 토지가 주는 모든 자원의 기회를 자본화하려고 시도하였다.

와인은 어떤 경우에 말 그대로 국제 세력관계의 십자포화를 맞았다. 비록 와인이 결코 식민주의의 직접적인 원인이 아니었을지라도 와인에 미친 식민주의의 영향은 대단하였다. 식민주의는 전 지구적으로 와인생산을 확대하였다. 비록 와인의 확산이 단순히 식민주의의 부산물이었을지라도 와인생산의 현대 지도는 500년 이상의 식민주의의 직접적 결과다.

식민주의와 와인산업에 미친 식민주의 영향의 사례를 주시하기 전에 훌륭한 이해의 토대를 쌓아 두는 것이 중요하다. 식민주의적 팽창과 정복의 세세한 내용은 상당히 복잡할 수 있지만, 그것들이 와인과 관련된 곳에서는 상당히 단순하고 식민지배 세력이 와인 생산자였는지의 여부에 달려 있다.

식민 인구는 항상 부속물을 가져가고 와인 생산자였던 식민 세력들은 포도재배와 와인을 식민 영토로 운반했다. 일상생활의 주요소로서 와인은 그들 정체성의 중요한 부분이었고 와인과 포도를 소유하는 것은 식민주의자들로 하여금 새로운 환경에서 고향에 있는 것과 같이 느낄 수 있도록 도와줬다. 식민주의자들은 그들의 언어, 음식, 건축 그리고 고향을 생각나게 하는 유형의 물건을 가져왔다. 오늘날, 이 많은 식민생활의 부속물들은 아직도 상당히 뚜렷하다. 우리는 이러한 것들을 장소, 건축, 언어 그리고 사람들의 문화에서 볼 수 있다.

와인 생산국가의 식민지에서, 본국으로부터 와인을 구득하는 것이 항상 용이하거나 경제적으로 적합한 것은 아니었다. 결과적으로, 필요에 의해 혹은 단순히 본국으로부터 와인을 수입하는 데 드는 높은 비용 때문에 식민지에서 와인생산이 추진되었다. 와인에 대한 국지적 수요를 만족시키는 것은 또한 식민지의 개인에게, 적어도 포도를 재배하고 와인을 제조하는 경험을 가진 사람에게 잠재적으로 수지가 맞는 환금작물을 제공했다. 여하튼 그곳에서 포도를 생산하는 것이 가능하다면, 식민주의자들이 그것을 발견할 것이라는 것을 확신할 수 있다.

이것은 물론 식민주의자들이 포도 재배를 허용한다는 것을 가정한다. 결국 한 식민지의 목적의 일부는 본국에 있는 사람들을 위해 돈을 벌어들이는 것이다. 자급하는 식민지는 비생산적이었다. 왜냐하면 그것은 이윤을 줄이기 때문이다. 포도를 재배하고 그들 자신을 위해 와인을 만드는 식민주의자들은 모국으로부터 고가의 와인을 사지 않는다. 더욱 심하게는, 식민주의자들이 포도를 재배하고 와인을 생산하는 데 너무 능숙해서 그들이 모국에 와인을 팔기를 원한다는 것이 입증될 수도 있다. 이것이 일반적인 사례는 아니었지만, 만약 환경이 좋다면 가능성이 있었다.

포도 재배는 이윤이 남는 것으로 여겨졌다. 식민 세력 스스로가 와인 생산자는 아니었지만 식민주의는 포도 재배에 적합한 생육조건을 가진 토지에 접근할 수 있는 수단이었다. 단지 기후의 한계만이 영국인이 많은 와인을 소비하는 이유와 네덜란드인이 스스로 와인생산을 하지 않은 이유를 설명할 수 있다. 중요한 와인 소비자였지만 무시해도 좋을 와인 생산자라는 점은 그들을 당시의 가장 큰 와인 수입업자로 만들었다. 그 결과 영국인과 네덜란드인은 다시 모국에까지 와인을 수출할 능력이 있는 식민지를 세우는 데 관심이 있었다. 두 국가의 노력이 성공적이진 못했지만, 확실히 시도는 했다.

식민주의의 결과, 포도 재배와 와인생산은 전 지구적으로 확산되었다. 그것은 어떤 점에서 대단한 지리적 실험이었다. 와인 생산국가 출신의 식민주의자들은 그들이 가는 어느 곳에서나 와인을 만들려고 시도했다. 동시에 비(非)와인 생산국가 출신의 기업가들은 와인무역에서 크게 한몫을 볼 수 있는 장소를 찾아내기 위하여 식민지를 두루 돌아다녔다. 그 길을 따라 몇몇의 엄청난 성공 스토리가 있었고 그 증거는 여전히 오늘날 와인상점에서 두드러지며, 역사책에서 사라진 나락의 실패 사례도 몇몇 있다.

식민 세력과 와인

대영제국에서 결코 태양이 지지 않았다는 격언은 식민주의에서 영국의 성공에 대한 입증이었다. 대영제국이 절정을 이루었을 때 그들의 식민지 소유는 너무나 방대해서 제국 어딘가는 항상 대낮이었다. 영국인은 지표의 거대한 부분을 통치했지만 수입와인에 대한 의존성을 없애는 것은 결코 달성하지 못했다. 오늘날의 와인지도와 그것이 어떻게 과거 영국 식민주의와 관련이 있는지를 고려해 보자. 남아프리카공화국, 오스트레일리아, 뉴질랜드는 주요 와인 생산자이지만 이들 국가에서 와인생산은 단지 최근에서야 세계시장에서 경쟁력이 있게 되었다. 이 국가들은 기후적으로 거대한 양의 와인을 생산할 수 있는 유일하고 중요한 영국 식민지였다. 그러나 이 국가들은 본국에 와인수요를 공급하기 위해 경제적으로 발전할 수 있는 원천은 아니었다. 이 국가들이 빅토리아 시기의 영국의 와인수요를 만족시킬 만큼 충분히 와인을 생산할 능력이 있어도 와인을 시장에 운송하는 비용이 과도했다. 하나의 지도는 즉각적으로 유럽의 와인 생산국들이 엄청나게 가깝다는 것을 보여 준다. 영국이 유럽 국가들과 전쟁을 하지 않았다고 가정하면 멀리 떨어진 식민지보다 유럽에서 와인을 구입하는 것이 훨씬 더 저렴할 것이다.

고향보다 가까운 곳에서 와인공급을 추구하는 것의 편익과 책임은 영국과 포르투갈 사이의 현재 관계에 의해 가장 잘 예시된다. 스페인은 1580년에 포르투갈을 합병했다. 그 당시 영국과 스페인은 사이가 좋지 않았다. 그래서 두 국가 간의 무역은 방치되었다. 영국 기업가들은 포르투갈에서 애써 노력하기 시작하였고 와인무역은 확대되었다. 그 후 포르투갈인은 영국 내전에서 찰스 1세 편을 드는 그릇된 판단을 했다. 찰스는 몰락하였고 참수되었으며 포르투갈 와인무역은 큰 타격을 입었다. 영국은 1678년에 프랑스와 전쟁에 들어갔다. 그때까지는 영국이 포르투갈인을 용서한 상태였고, 그래서 와인수출은 증가하였다. 포르투갈인은 1703년 영국과 네덜란드와 연합했을 때 훨씬 더 많은 이익을 얻었다. 나폴레옹 전쟁과 프랑스의 점령으로 포르투갈이 영국에 의해 점령될 때까지 일시적으로 영국으로의 와인수출이 차단되었다. 1850년대까지 영국은 포트와인의 높은 가격과 스페인과의 관계 개선 때문에 포트와인에서 셰리로 방향 전환을 하고 있었다. 거의 400년 동안의 영국과 포르투갈 역사의 상세한 상황은 몹시 제한적이지만, 이는 어떻게 유럽 역사의 복잡한 상황이 와인과 같은 상품의 무역 패턴에 영향을 미칠 수 있는가를 강조한다.

남아프리카공화국과 칠레

18세기와 19세기 유럽의 초강대국에게 남아프리카공화국은 핵심적인 전략적 입지였다. 남아프리카공화국은 천연항구, 특히 케이프타운(Cape Town)

와인의 지리학

을 소유하고 있었다. 해군은 이곳에서부터 희망봉 주위를 순회하면서 인도양으로의 무역을 통제할 수 있었다. 이것은 네덜란드로 하여금 케이프타운을 식민화하도록 했고, 네덜란드령 케이프타운 식민지 설치로 이어졌다. 영국이 곧바로 네덜란드 뒤를 이었고 영국은 해안가로부터 자원이 풍부한 내륙으로 식민지를 확대하였다.

케이프타운 근처의 토양과 기후조건은 대략 남프랑스와 비슷했다. 대서양의 적당한 영향, 내륙으로부터 불어오는 건조한 바람으로부터의 보호와 결합된 따뜻한 날씨는 그곳을 와인생산을 시도하기 위한 명확한 장소로 만들었다. 오늘날, 그 지역은 유럽의 포도 품종 중 고품질 품종의 본고장이다. 그러나 네덜란드와 후기 영국 식민주의자는 와인을 생산하는 데 정통하지 못했다. 그래서 남아프리카공화국의 와인생산의 역사는 흥미로운 지리연구에 기여했다. 마데이라(Madeira)와 매우 유사하게 초기의 케이프 식민지 와인 생산자들은 몇 가지 입지상의 이점을 가지고 있었다. 케이프 주위를 항해하는 유럽 상선들은 이미 오랫동안 항해 중이었다. 그래서 케이프 항구들은 물과 와인을 포함한 기타 보급을 위해 이에 타당한 기항지로 만들어졌다. 와인 생산자들에게는 통과하는 선박들에게 거의 무엇이든지 판매할 수 있는 이점이 있었다. 와인 생산자들이 달리 어디로 갈 것인가? 그들 와인이 아무리 비슷하다 할지라도 아마도 누군가는 그것을 구입할 것이다. 의심스러운 품질의 와인 판매는 네덜란드인 그리고 후에 영국인이 결코 고려했던 것은 아니었다. 그들은 와인무역에서 돈을 벌기를 희망했고 프랑스로부터의 수입을 대체하기를 원했다.

문화지리가 식민주의의 토론과 관련 있는 곳이 바로 이곳이다. 우리는 지리학에서 이민에 관하여 말할 때 사람들의 이동에 관하여 말한다. 또한 이민자들이 그들과 함께 가져오는 것에 대해서도 말한다. 네덜란드인과 영국인이 오늘날의 남아프리카공화국에 도착했을 때 그들은 그들의 문화, 언어, 경제 시스템 그리고 기술지식을 가지고 왔다. 가져오지 않은 것은 와인에 관한 많은 전문 기술이었다. 네덜란드인과 영국인이 와인전문 기술에 흥미가 없기 때문은 아니었다. 반대로 잠재적 돈벌이가 되는 것으로 그것에 매우 관심이 많았다. 그러나 케이프 식민지의 기후는 물이 무한한 자원으로 간주되는 서안해양성 기후를 가진 국가인 영국 혹은 네덜란드의 기후와는 달랐다. 케이프 식민지의 건조한 기후와 낯선 작물은 실질적인 도전이었다. 오늘날, 이 두 국가는 이러한 도전을 극복하였지만, 오랜 시간이 걸렸다.

영국이 해양을 지배하기 한 세기쯤 전에 세계의 거대한 식민 세력은 스페인이었다. 스페인 신세계의 식민지들은 부의 거대한 원천이었다. 부를 보장하고 그들의 식민지 보유를 조직하는 수단으로서, 스페인 사람들은 *Laws of the Indes*(인데스의 법)라는 책의 문자 그대로 일을 했다. 스페인 본토 사람들은 신세계 부 중 자신들의 몫을 갖는 것을 보장하기를 원했고, 무어인에 대항한 전쟁 세대로부터 막 빠져나왔기 때문에 돈이 필요했다. 그들은 또한 이 새로운 땅을 정복하기 위하여 파송한 야심찬 사람들에 대한 엄한 통치를 유지할 필요가 있었다. 일단 땅과 사람이 정복되면, 발전할 수 있는 식민지들은 보장되어야 했고, 지방은 기독교로 개종되어야 할 필요가 있었다. 스페인사람들은 식민화에 대한 접근에서 매우 질서정연했다.

서반구 많은 곳의 스페인 식민지화에 의해서 와인생산이 신세계로 이전되었다. 스페인은 와인 생산자였으며, 와인은 스페인식 식사의 일부였다. 그들은 가톨릭을 믿었으며, 와인은 종교활동의 일부였다. 문제는 식민지들이 스페인의 와인원천으로부터 매우 먼 거리에 있었다는 점이다. 스페인에 오고가는 시간과 운송비용은 식민지의 와인 생산자들에게 인센티브를 제공했다. 불행하게도 많은 스페인의 새로운 영토는 와인생산에 덜 이상적인 기후에 있었다.

열대기후의 대다수 스페인 식민지는 와인생산을 지원할 수 있는 지역을 위한 수익성이 좋은 시장을 창출했어야 했다. 기후는 식민지들 간에 무역 네트워크를 창출했어야 했다. 스페인이 무역을 규제했던 방식 때문에 이는 이루어지지 않았다. 스페인 시스템에서 무역은 본국에 집중되었다. 그래서 그 지역 내에서 와인무역은 제한적이었다. 심지어 독립 후에도 와인 생산지역들은 주로 현지 시장에 기여했다. 이것의 중요성은 국제 와인시장에 스페인의 과거 식민지들이 상당히 느리게 출현하는 것에서 알 수 있다.

서반구에는 와인생산에 상당히 잠재력이 있는 기후를 띤 과거의 스페인 식민지(주로 칠레와 아르헨티나)가 많이 있다. 또한 와인생산에 적합한 기후를 가진 안데스 국가 및 멕시코의 지역들이 있다. 와인생산은 아르헨티나에서 성장하고 있지만, 그곳과 다른 과거 스페인 식민지들은 여전히 대개 국지적 소비를 위해 와인을 생산한다.

이들 식민지 중 단지 칠레만이 세계시장을 위한 중요한 와인 생산지이다. 지리학자로서 우리는 장소 간에 존재하는 연계뿐만 아니라 고립된 지역에서 발생하는 것에도 매우 관심이 있다. 한 지역 혹은 한 나라가 고립될 수 있는 데는 많은 이유가 존재한다. 그리고 우리는 고립의 이유뿐만 아니라 효과에도 관심이 있다. 칠레는 오랫동안 세계 와인시장에서 지리적으로, 정치적으로 고립되어 있었기 때문에, 와인의 식민지 전파의 산물로서 그리고 고립된 와인 생산지로서 특별히 흥미로운 연구 대상이다.

남미의 남서해안을 따라 뻗어 있는 칠레는 스페인 식민주의자들에게 선택할 수 있는 다양한 기후조건을 제시했다. 훨씬 북쪽에서 안데스를 지나가는 편동풍은 강한 강수그늘효과를 낳는다. 지구상에서 가장 건조한 환경 중 하나인 아타카마 사막(Atacama desert)이 있는 곳이 바로 이 지역이다. 칠레의 남쪽 끝인 파타고니아(Patagonia)는 남미 어디서나 나타나는 것처럼 차갑고 황량한 기후를 자랑한다. 그 나라의 대략적인 중심은 칠레의 수도 산티아고다.

산티아고 남·북의 계곡에서, 차가운 연안 해류, 편서풍, 해안산맥 그리고 내륙 계곡은 북부 캘리포니아와 유사한 조건을 만들어 낸다. 그리고 캘리포니아에서처럼, 산티아고 주위의 계곡뿐만 아니라 아르헨티나 멘도사(Mendoza)주의 안데스산맥 동쪽 계곡들은 중요한 와인 생산지가 되었다.

와인생산은 국지적으로 식민화하는 스페인에게 중요했다. 왜냐하면 칠레는 사람들이 스페인의 와인 공급원과 유럽의 다른 와인시장으로부터 (와인을) 구하는 것이 더 나을 만큼 고립되어 있었기 때문이다. 산티아고의 항구도시인 발파라이소(Valparaiso)에서부터 부에노스아이레스(Buenos Aires)에 도착하기까지 거의 2,000mile(약 3,218km)의 항해를 필요로 한다. 더욱이 대륙 남쪽 끝의 케이프 혼(Cape Hron)의 위험한 바다를 통과해 항해해야만 한다. 스페인으로부터의 와인운송에 관여된 거리, 높은 비용, 제한된 이용가능성은 지방 와인과 와인생산방식에 대한 지식을 장려하였다.

물리적 거리와 유럽과 북미의 와인지역으로부터의 고립은 칠레의 와인 생산자들에게 한 가지 이점을 가져다주었다. 유럽과 북미의 와이너리를 훼손했던 생물학적 위협으로부터 고립시키는 데 도움이 되었다. 필록세라(phyllox-era)는 결코 칠레에 도달하지 않았다. 흰가루병(powdery mildew)도 도달하지 않았다. 불행하게도 이 재해로부터 칠레를 면하게 해 준 물리적 고립은 칠레 와인 생산자가 이 재해를 자본화하는 것도 막았다. 비록 칠레가 1810년 스페인 통치로부터 독립했을지라도 그곳의 와인 생산자들은 여전히 지리적 고립으로 인한 경제적 현실에 직면해야 했다. 주요한 시장으로부터 고립된 칠레의 와인생산은 지방의 필요와 맛을 만족시키기 위하여 발전하였다. 이것은 고립 지역에서 이루어지는 전형적인 상품 생산이다.

와인과 정치지리의 이야기에서 칠레와 남아프리카공화국은 많은 공통점이 있다. 식민주의는 와인생산을 가져왔지만 반면에 물리적 고립은 그 발전을 억

와인의 지리학

눌렀다. 1990년까지 두 나라는 거의 유럽과 북미의 와인 소비자로부터의 일종의 사회정치적 고립을 공유했다. 1990년 아우구스토 피노체트(Augusto Pinochet) 장군은 투표를 통해 칠레의 대통령직에서 물러났다. 그는 쿠데타를 통해 마르크스주의자였던 대통령 살바도르 아옌데(Salvador Allende)를 전복시켜 대통령이 되었고, 이것은 1,000명의 반대자를 죽음으로 몰아넣고 수만 명을 고문하는 결과를 낳았다. 또한 1990년에 남아프리카공화국 대통령 프레데리크 빌렘 데 클레르크(F. W. de Klerk)는 넬슨 만델라(Nelson Mandela)를 감옥에서 석방하라고 명령했고 공식적으로 1994년에 인종차별정책을 종결시킨 과정을 시작하였다. 이들 변화와 함께 칠레와 남아프리카공화국의 와인은 이전에는 부족했던 사회적 수용의 수준에 이르게 되었다.

사회적 수용, 해외투자, 친숙한 품종, 품질의 개선은 칠레와 남아프리카공화국 와인이 국지적 시장을 넘어서도록 했다. 이것은 또한 운송과정의 개선으로 와인이 시장에 도달하는 데 드는 시간과 비용이 극적으로 줄어들어 가능했다. 칠레와 남아프리카공화국은 상대적으로 낮은 노동비용 덕분에 대부분의 경쟁 와인보다 저가에 와인을 판매할 수 있다. 칠레와 남아프리카공화국이 다른 와인 생산국가의 평판을 가지지는 않았더라도 두 국가가 수출하는 다양한 와인과 상대적으로 낮은 비용은 생산자가 국제적인 와인 소비자에게 도달할 수 있게 하고 두 국가의 와인이 제공해야 하는 것을 소개할 수 있도록 하는 마케팅의 우위를 제공한다.

Chapter 11

도시화와 와인의 지리학

Urbanization and the Wine Geography

오늘날 존재하는 와인산업의 성장은 대개 도시화와 산업혁명의 한 산물이다. 식민주의는 와인을 지구상의 먼 구석까지 가지고 갔지만 도시화는 진정으로 이것을 산업으로 변화시켰다. 도시화와 산업혁명은 우리가 어떻게 살고, 어디에 살고 생활을 위해 무엇을 할 것인가를 근본적으로 변화시켰다. 와인과 와인산업의 측면에서 도시화와 산업혁명은 와인을 정원가꾸기와 국지적 물물교환의 영역에서 산업적 관심과 글로벌 무역의 대상으로 옮겨 놓았다.

비록 와인이 최초의 도시보다 시기적으로 앞설지라도 도시화는 현대의 와인산업을 창조하는 데 도움을 주었다. 도시의 성장은 와인을 원하는 사람들을 만들어 냈지만 와인을 생산하지는 못했다. 도시에 사는 사람들은 토지뿐만 아니라 식품 및 음료 생산으로부터 분리되었다. 도시화는 와인 소비자의 사회를 창조했고 그래서 와인 생산자들은 산업의 진보, 운송의 개선, 생산을 증가시키고 와인에 대한 도시의 수요를 충족시키기 위해 증가하는 과학적 지식을 이용할 수 있었다.

와인의 지리학

도시화와 와인무역

포도가 성장할 수 있고 와인이 생산될 수 있는 곳에 대한 중요한 환경적 한계가 존재한다. 포도를 생산할 수 없는 농업지역에서 개인은 와인을 제외한 다른 것(맥주, 사과주 혹은 화주)의 생산을 통해 알코올에 대한 욕망을 만족시킬 수 있다. 그러나 정말로 와인을 좋아하는 소비자가 여전히 그곳에 존재할 수 있다. 문제는 어떻게 소수의 고립된 소비자에게 그 와인이 도달하고 어떻게 여전히 이익을 내느냐이다. 중세 유럽에서 그 정답은 장터였다.

오늘날 우리는 장터를 어린아이들이 가축을 볼 수 있고, 많은 튀긴 음식을 먹을 수 있으며 불안해 보이는 기구들을 탈 수 있도록 데리고 가는 장소로 생각한다. 이는 오락에 관한 것이다. 몇 백 년 전 장터는 시장에 더 가까웠다. 교역에 관련된 것이었다. 일 년에 한 번 도매상인과 소매상인은 상품을 팔고 국지적으로 생산되지 않는 물건을 지방민들에게 공급하기 위해 방문했다. 여기에는 와인의 판매도 포함되었다. 불행하게도 이러한 형식은 대량의 와인을 판매하는 데 도움이 되지 못했다. 왜냐하면 소비자는 한 번에 일 년 치 공급량을 구매해야 했기 때문이다. 운송이 열악한 상태인 경우에는 심지어 장터에 와인이 도착하는 것조차 극복해야 할 어려운 도전이었다.

인구가 성장하면 장터는 보다 빈번해질 수 있다. 계절 장터는 주간시장으로 진화할 수 있다. 인구가 충분할 만큼 크게 증가한다면 주간시장은 영구적인 상업시설로 진화한다. 이러한 진화는 무역업자에게 교통비와 이윤의 폭에 있어 극적인 영향을 미쳤다. 소매상인은 지역의 모든 부락과 마을을 여행하기보다는 한 도시에 갈 수 있다. 그 소매상인은 시골에 있는 사람들에게 가지 않는다. 그 사람들이 도시에 온다. 소매상인에게 이것은 제품을 단지 한 지점에만 운송함으로써 비용을 절약할 수 있다는 것을 의미했다. 경제적으로 더 자주 선적을 실행하는 것이 가능하게 되었다. 우리가 와인에 대하여 이야기한다면, 인구성장은 장터에서 계절적으로 구입할 수 있었던 것을 도시의 소매상인에게 매일 구매할 수 있도록 진화하게 했다.

모든 마을이 도시로 성장한 것은 아니라는 것을 기억해야 한다. 도시로 성장한 마을은 훌륭한 교통 접근성과 같은 추가적인 것이 있는 입지에 존재하는 경향이 있다. 더 나은 접근성은 무역을 단순화했고 잠재적 이익을 증가시켰다. 그 결과, 시장, 창고, 길드(동업조합) 집회소의 항구적인 무역 인프라가 발전했을 뿐만 아니라 소매업자와 금융업자가 꽤 큰 규모로 성장했다. 이것은 단순히 와인에만 적용된 것이 아니라 다른 무역 제품에도 적용된다.

인구성장과 도시화로 인해 와인무역에 대한 추가적인 편익이 생겼다. 도시에서 사람들은 알코올을 생산할 수 없다. 그래서 마시는 무엇이든 구입해야 한다. 제품을 시장에 가져갈 수 있는 생산자에게 더 많은 소비자와 더 많은 이윤의 잠재력이 존재할 것이다. 사람들은 여하튼 알코올을 구입할 것이기 때문에 지방의 맥주 이외에도 무엇인가를 구입할 가능성이 존재한다. 그들은 더 많은 와인을 구입할 것이다.

그 과정을 많은 신도시를 가진 전체 사회로 예측해 보면, 그 영향은 확대된다. 무역은 많은 양의 돈이 걸려 있는 곳에서 국가적 관심의 이슈가 된다. 그것은 조약 및 갈등의 원인의 이슈가 된다. 기술이 진보하면서 무역은 보다 용이해지고 수익성은 높아진다. 운하와 철도는 무역을 용이하게 하고 부를 발생시키기 위한 합리적 투자가 된다. 그래서 도시화의 효과는 전체 경제에 영향을 미칠 정도로 확대된다.

이것은 우리를 다시 앞에서 언급한 도시의 시장에 와인을 수출하고 있는 지역들로 데려간다. 우리는 도시화 이전 단계에서부터 시작한다. 마을에 살고 있으며, 자급자족하고 제한된 수의 국지적 시설들에 공급하는 수많은 생산자

와인의 지리학

가 존재한다. 외부 수요는 어떤 생산자가 잘 활용할 수 있는 이윤의 잠재력을 제공한다. 이것은 그들에게 생산을 증대시키는 데 필요한 자본을 제공한다. 시간이 충분히 주어진다면 국지적으로 교역하는 소생산자는 주요 시장이 수출용인 대형 생산자에게 굴복한다.

그러나 와인을 수출하려는 욕망이 와인을 수출하는 능력으로 이어지지는 않는다. 개별적인 생산자, 심지어 대형 생산자조차 경제적으로 성장할 수 있을 만큼 수출할 정도로 와인을 생산하지 못할 수도 있다. 와인을 운송하기 위한 선박이 없거나, 와인을 저장하기 위한 시설 혹은 저장시설까지 와인을 가지고 갈 수단이 없다면, 많은 양의 와인을 생산할 수 있는 생산자조차도 와인을 수출할 수 없을 것이다. 항구와 무역할 수 있는 인프라를 건설하는 것은 많은 인력과 투자를 요한다. 필요한 자원과 시설들은 도시에서 이용 가능할 것이다. 규모의 경제(대형설비/생산의 경제적 편익)를 구축함으로써 도시들은 와인 생산자들에게 상당한 무역의 이점을 제공한다. 무역에 대한 이점은 생산자에게 더 많은 이익을 의미한다. 그렇게 함으로써 도시는 와인 생산자의 네트워크, 상인과 금융업자를 위한 안식처 그리고 그러한 네트워크에 연결된 운송업자를 위한 수출의 거점이 되었다.

부르고뉴

대륙이 점점 더 도시화됨에 따라 유럽의 많은 와인지역들이 번성했다. 와인무역과 도시화 사이의 관련성에 관한 두 가지 성공 스토리인 보르도와 포르투와는 달리, 부르고뉴(Bourgogne, 영어로는 Burgundy)는 프랑스의 성장하는 도시의 중심지들로부터 고립되어 있었음에도 불구하고 성공적이었기 때문에 설득력 있는 사례연구다.

부르고뉴는 프랑스에서 수 세기 동안 가장 큰 도시였고 지금도 가장 큰 도시인 파리로부터 200mile(약 321km) 이하의 거리에 있다. 와인 제조업자들이 훌륭한 제품을 만들고 그 제품을 파리로 가져갈 수 있다면, 그들은 수지가 맞는 이익을 낼 수 있다. 그래서 파리의 와인시장으로의 접근은 매우 중요했다. 제품을 파리에 선적하기를 원하지 않는 부르고뉴의 와인 제조업자들에게 섬유산업이 성장하고 있는 도시 리옹(Lyon)은 남쪽으로 100mile(약 160km) 거리에 있었다. 그래서 왜 부르고뉴는 도시의 와인시장으로부터 고립되었는가? 우리가 명심해야 할 것은 1800년대 중반까지 수로는 여전히 시장으로 제품을 운송하는 제일의 수단이었다. 이것은 부르고뉴에 중요했다. 수로에 바탕을 둔 무역은 남쪽으로 론(Rhône)강과 그 지류를 경유했다. 부르고뉴가 지리적으로 파리에 가까울지라도 그 운송망은 남쪽으로 나 있었다. 부르고뉴에서 파리로 운송될 와인은 센(Seine)강을 따라 파리까지 항해해서 내려갈 바지선에 적재될 때까지 육지 위로 이동해야 했다. 육상 운송의 비용과 보다 많은 짐을 운반할 선박의 능력은 부르고뉴 운하 건설을 포함해서 운하 건설의 동인이 되었다. 운하 건설 이전에 부르고뉴로부터 선적된 와인은 육상 선적 비용 때문에 경쟁자들의 와인보다 훨씬 비쌌다.

파리의 와인시장 관점에서 샤블리(Chablis), 상파뉴(Champagne), 르와르(Loire)는 소비되는 대부분의 와인을 공급했다. 다시 한 번 지리는 핵심적인 역할을 한다. 샤블리와 상파뉴는 센강의 지류에 위치하고 있기 때문에 분명하다. 그 지역의 와인들은 바지선에 적재될 수 있고 직접적으로 하류로 도시의 중심으로 운항할 수 있었다. 르와르는 조금 더 복잡했다. 그곳은 파리까지 강으로 연결되지 않았다. 르와르의 생산자들은 브리아르(Briare) 운하의 건설을 통해 궁극적으로 파리에 도달할 수 있었다. 브리아르는 상대적으로 평평한 지

와인의 지리학

형을 통과해 건설된 기술적으로 직선인 운하였다. 이것은 또한 르와르의 비옥한 농지와 파리의 소비자 사이의 필수적인 연결고리였다. 건설의 용이함과 사업의 중요성으로 인해 17세기에 브리아르 운하가 완성되는 것이 가능했다. 부르고뉴와 파리 사이의 연계는 부르고뉴 운하의 완성과 함께 성취되었다. 브리아르 운하와는 달리 부르고뉴 운하는 기술적으로 복잡하고 건설하는 데 비쌌고, 거의 200년 후까지 완성되지 못했다. 브리아르 운하를 경유하여 파리까지 접근하는 것은 르와르의 양조업자들이 일사천리로 거대한 양의 와인을 성장하고 있는 시장에 가지고 갈 수 있다는 것을 의미했다. 부르고뉴는 다른 접근로를 찾아야만 했다.

부르고뉴 와인상들의 대안은 리옹일 수도 있었다. 강으로의 접근은 리옹까지 하류로 제품을 선적해 보내는 것을 상당히 간단한 문제로 만들었을 것이다. 남부 부르고뉴 마콩(Mâcon)과 보졸레(Beaujolais)는 리옹에 근접했기 때문에 그것은 정말로 실행 가능한 선택이었다. 대부분의 부르고뉴 생산자에게, 특히 코트도르(Côte d'Or)에서 리옹의 작은 규모와 경쟁의 강도는 파리가 여전히 부르고뉴 와인의 더 매력적인 타깃이라는 것을 의미했다.

대도시에 도달하는 데 문제가 있었던 부르고뉴 와인 제조업자는 제품을 판매하기 위해 무엇을 했을까? 새로운 시장을 찾거나 그곳에 제품을 도달하도록 하는 새로운 방법을 찾아야만 했다. 새로운 시장을 발견하는 것은 선택이 아니었다. 제품을 시장으로 가져가는 것은 부르고뉴 운하의 완성을 통하여 성취되었다. 그러나 1822년 이전에 대체 시장이 없고 대안적인 운송수단을 이용할 수 없을 때 그들은 무엇을 했는가? 사업을 그만두거나 운송을 용이하게 하기 위하여 제품을 변화시키는 유일한 선택과 함께 와인 제조업자들은 오늘날에도 여전히 존재하는 새로운 마케팅 전략을 개발했다. '고급품 시장'으로 간 것이다.

대량판매 시장에서, 가격은 제품을 판매하고자 하는 생산자의 능력에서 지배적인 요소다. 높은 운송비를 가진 생산자에게 이것은 중요한 문제다. 운송비가 경쟁 상대보다 훨씬 높을 때 어떻게 경쟁할 수 있을까? 대량판매 시장에서 경쟁이 실리적이지 않다면 어떤 생산자들은 고급제품 시장으로 갈 수 있다. 즉, 그들은 소량으로 고가격의 제품을 생산한다. 이것은 두 가지 이점이 있다. 첫째, 선적하는 데 부피가 더 작고 무게가 덜 나가기 때문에 운송하기가 훨씬 더 용이하다. 둘째, 보다 더 고품질인 제품을 창조함으로써 더 높은 품질을 원하면서 비용을 덜 의식하는 소비자들에게 판매할 수 있다. 덜 판매하는 것은 높은 가격에 판매함으로써 상쇄된다. 와인의 세계에서 이것은 대량판매 시장의 다른 생산자들과 경쟁하지 않는다는 것을 의미한다. 대신 시간, 에너지, 돈을 고급 생산에 투자한다. 여유로운 소비자들을 겨냥하여 보다 소량의 보다 더 값진 와인을 선적하는 것이다. 운송비는 비용을 덜 의식하는 고객들에게 제품과 함께 청구된다. 이것이 부르고뉴 와인 생산자들이 자신들의 고립을 극복하고 도시의 시장에 도달할 수 있었던 방식이다.

부르고뉴는 와인의 지리학을 연구하기에 훌륭한 장소다. 왜냐하면 생산되는 와인종류와 그것이 생산되는 환경에 그토록 많은 다양성을 제공해 주는 장소가 소수이기 때문이다. 부르고뉴 다양성의 일부는 그곳이 정말로 단지 하나의 와인 생산지역이 아니라는 점이다. 부르고뉴 와인의 초점은 코트도르라고 알려진 가는 띠 모양의 땅이다. 부르고뉴는 또한 북쪽으로 샤블리뿐만 아니라 남쪽으로 코트 샬로네즈(Côte Chalonnaise), 마코네(Mâconnais) 그리고 보졸레 지역을 포함한다. 각 지역은 나머지 지역과 다르며, 이 지역들은 함께 부르고뉴에서 나오는 와인에 다양성을 부여한다.

코트도르, 샤블리, 마코네, 보졸레는 포도를 단일 재배한다는 사실에서 유사하다. 토양이 와인생산에 적합한 지역들에서 포도밭은 우세하다. 그렇다 치

와인의 지리학

더라도 이 지역들은 다르게 보인다. 코트도르에서 남동쪽으로 면한 단일 능선을 따라가 보면, 약간의 샤르도네(chardonnay)와 함께 피노 누아(pinot noir) 품종이 생산되고 있는 것을 발견할 것이다. 샤블리에서 우세한 포도는 샤르도네인데 이것은 주로 남쪽에 면해 있는 일련의 산기슭에서 생산된다. 양자의 경우에 당신은 포도밭 입지에서 미기후와 지질의 영향을 살펴볼 수 있다. 마코네에서도 역시 샤르도네가 우세하지만 포도밭은 높은 지면 위에 있고 많은 작은 마을에 의해 중단된다. 보졸레에서는 가메(gamay) 포도가 도처에 있다(격자를 이루고 있지는 않다). 코트 샬로네즈는 변칙적이다. 왜냐하면 혼합농업 지역이며 포도 단일 재배가 적기 때문이다. 그러나 당신이 농업경관의 팬이라면 그곳은 매우 아름다운 곳이다.

또한 부르고뉴 지역을 갈라놓는 것은 이곳의 역사다. 샤블리는 센강의 지류에 있어 파리의 시장에 쉽게 접근할 수 있다. 보졸레는 론의 지류에 있어 리옹의 시장에 쉽게 접근할 수 있다. 하천을 통해 주요 도시 시장으로 쉽게 접근할 수 없었다면, 코트도르는 육상 선적 비용 때문에 이웃 지역들과 직접적으로 경쟁할 수 없었다. 단순히 이 지역의 와인을 시장에 옮기는 데도 더 많은 비용이 든다. 코트도르는 대량의 와인과 저비용에 투자하기보다는 차라리 소량의 고품질인 고가 와인으로 방향을 잡았다. 고품질은 기꺼이 높은 비용을 지불할 수 있는 소비자들을 끌어들인다. 이것은 오늘날까지 수반되는 고품질(그리고 고가격)에 대한 부르고뉴의 명성의 발전으로 이어진다.

보르도의 다른 탁월한 프랑스 와인지역과 부르고뉴를 비교한다면, 단순한 지질과 하천보다 더 많은 것이 부르고뉴의 와인경관에 존재한다는 것을 발견하게 될 것이다. 보르도는 대형 생산자와 샤또의 포도밭으로 알려진 지역이다. 보르도 와인을 살 때 우리는 포도가 자라는 동일한 샤또의 포도밭에서 생산된 와인을 사는 것이다. 부르고뉴는 이러한 경우가 아니다. 부르고뉴의 포도밭은 훨씬 작다. 이것은 부분적으로 기후와 지질이 포도밭으로 이용 가능한 지역을 한정짓기 때문이고 부분적으로 프랑스 혁명 후 토지의 재분배의 결과 때문이다. 제한된 포도밭 규모와 와인생산 비용이 주어졌다면, 와인생산과 와인 포도의 재배를 분리하는 것이 경제적이다. 포도밭은 그 지역 내에서 포도 재배자로부터 구입하는 루이 자도(Louis Jadot), 루이 라투르(Louis Latour)와 같은 특화된 와인 제조업자(혹은 포도주 상인)와 연관되어 있다. 부르고뉴에는 보르도처럼 거대한 샤또의 포도밭이 있기보다 읍내 생산자들에게 포도를 판매할 수 있는 많은 작은 포도밭이 있다. 시각적으로 이러한 배치는 부르고뉴에 보다 더 전통적인 농촌적 외양을 제공한다. 이는 와인이 생산되는 지역의 소읍에 관광객을 끌어들인다.

오늘날 도시화와 관련된 문제들

유럽의 도시화는 와인무역의 새로운 지리학을 형성했다. 불행하게도 도시화의 패턴은 시간의 경과에 따라 변했다. 200년 전에 도시들은 조밀하고 압축적이었다. 심지어 가장 큰 도시들의 면적은 걸어 다닐 수 있을 정도로 작았다. 자동차와 통근 철도가 생기기 이전의 상황이었다. 오늘날 도시들은 외부로 무질서하게 확대되는 거대한 장소다. 심지어 도시인구가 안정적인 곳에서조차 도시들은 빠르게 밖으로 무질서하게 확대된다. 훌륭한 와인을 좋아하는 팬에게 문제는 도시의 성장이 농지와 포도밭 용지를 희생하고 이루어질 수 있다는 것이다.

도시의 스프롤화(무질서한 확대, 난개발)로, 도시는 급속하게 농지를 집어삼킨다. 거대한 농장 혹은 포도밭은 개발업자에게 크게 건설할 수 있고 이윤

와인의 지리학

이 커질 기회를 제공한다. 농지는 평평하고 배수가 잘되며, 주택, 소매, 다른 도시 토지이용을 위해 재개발하기 용이한 경향이 있다. 또한 개발을 위해 수많은 작은 필지를 구입하는 것보다 거대한 부지에 건설하는 것이 개발업자에게 훨씬 저렴하고 용이하다. 이러한 과정은 계속되기 때문에 궁극적으로 개발로 이어지면서 주위의 자산가치를 제고시킨다. 현세대의 농부(혹은 포도 재배자)들이 팔기를 원하지 않을지라도, 상승하는 토지가치는 그 후손들이 자본이득세 혹은 상속세를 지불하기 위하여 토지를 매각할지도 모른다는 것을 의미한다. 그 결과 최초 농지의 양은 줄어든다.

　포도밭이 여전히 사용되고 있더라도 스프롤의 비용은 상당하다. 도시와 교외의 주민들은 비료와 살충제의 사용, 동식물의 폐기물 냄새, 이웃한 농장에서 발생하는 농기계와 연관된 소음 등에 반대할 수도 있다. 마찬가지로 포도밭이 이웃 지역과 좋은 관계를 유지하고 있더라도 스프롤은 와인경관의 시각적 매력을 손상시킨다. 자연스러운 환경의 포도밭은 매력적일 수 있고 낭만적일 수 있다. 이러한 이미지는 포도밭이 규격형 주택, 패스트푸드 레스토랑, 모텔 등에 둘러싸여 있을 때 손상될 수밖에 없다.

　와인생산에 미치는 스프롤의 영향이 아직 부르고뉴에서는 하나의 요소가 아니지만, 보르도시(市)에 가까운 지역에서는 한 요소다. 유럽에서, 지방정부는 토지가 어떻게 사용되는가에 대해 강하게 통제한다. 미국에서 이러한 통제는 훨씬 약하다. 그 결과 스프롤은 캘리포니아 북부와 같이 빠르게 성장하는 대도시 지역 근처에서 포도 재배에 상당한 위협이 되고 있다. 한때 와인산업의 진화에 동력을 제공했던 동일한 도시 발전이 이제는 그 산업의 번영에 위협이 되고 있다.

Chapter 12

경제지리학과 와인

Economic Geography and Wine

당신이 나와 같다면 아마도 상이한 유형의 소매 환경에서 와인을 구입했을 것이다. 내가 선호하는 와인상점이 있을지라도, 구입하는 많은 와인들은 거의 와인을 판매하는 어느 상점(지방의 주류 판매 면허점, 식품점 혹은 대형 식품공급업체)에서나 발견할 수 있다. 내가 파티에서 열심히 코르크마개를 따고 가격표를 뗄 때 이 사실을 인정하지 않을지라도 말이다.

이에 대한 이유가 없는 것처럼 보일 수 있지만, 실제로는 무엇이 판매되고 특히 그 와인이 어디에서 판매되는가에 대한 이유와 패턴이 존재한다. 두 가지 요소들은 사업의 수익성에 중요하다. 사업이 목표로서 수익을 가지는 한, 지리는 중요한 고려사항이 될 것이다. 그것은 앞 장에서 논의한 쇠라(Seurat) 의 그림과 같다. 바로 가까이에서 우리가 보는 모든 것은 의미 없는 점들이다. 뒤로 물러나서 넓은 시각으로 그림을 본다면 그러한 점들은 인식할 수 있는 패턴을 형성한다. 소매업의 지리학도 마찬가지다. 우리는 바로 유리에 코를 대고 누르는 것에 익숙해져 있는 것이다.

와인의 지리학

소매업의 지리학은 경제지리학의 부분집합이다. 다른 유형의 경제지리학과는 달리 소매업의 지리학은 우리에게 매우 친숙하다. 이 책의 독자로서 당신은 의심할 바 없이 이전에 와인을 구입했을 것이다. 당신은 주류 판매 면허점에 다녀오고 와이너리를 방문하여 소매의 지리학을 직접적으로 경험했을 것이다. 우리는 누가 와인을 판매하고, 그들은 와인을 어디에서 판매하며 무엇을 판매하는가의 패턴을 살펴보고 이해하기 위하여 몇 발짝 뒤로 물러날 필요가 있다.

와인의 소매업과 그것의 지리를 이해하는 과정에서 첫 번째 단계는 단순히 손익을 돈의 액수로 생각하던 것을 전환해 보는 것이다. 소매업의 영업활동을 살펴보면 영업활동의 손익이 같아지는 지점을 확인할 수 있다. 우리는 이것을 최소요구치라고 부른다. 그 지점에서 우리는 고객에 관한 이야기로 넘어갈 수 있다. 그렇게 함으로써 최소요구치는 화폐단위에서 고객의 숫자로 진화한다. 와인상점에 대한 최소요구치는 손익이 같아지기 위하여 끌어들여야 하는 돈을 지불하는 고객의 수로 변형된다.

와인상점의 손익의 지리를 결정하기 위하여 하나의 정보가 더 필요하다. 상점의 시장영역을 확인해야 한다. 시장영역은 그 상점이 가장 저렴한 구매 입지가 되는 영역이다. 때때로 예외가 있지만, 여기서는 우리가 최상의 가격으로 원하는 것을 제공하는 시설의 고객이라고 가정할 것이다. 우리가 경제적으로 합리적인 방식으로 행동한다고 가정하면, 선호하는 와인상점의 시장영역을 확인할 수 있다. 우리는 이 와인상점의 경쟁 상점과 가격을 비교할 수 있고, 고객들이 상점에 도달하는 비용을 살펴볼 수 있으며 고객들이 어디에 있는가에 관한 근사치를 찾아낼 수 있다. 여기가 우리가 이윤과 손실 계산을 넘어설 수 있는 곳이다. 시장영역은 영업 중인 상점을 유지할 수 있도록 충분히 규칙적인 와인 구매자들을 포함하고 있는가? 시장영역 내에 고객의 최소요구인구가 존재하는가? 시장영역에 손익분기점을 맞추기 위해 필요한 고객보다 더 많은 고객이 존재한다면 우리는 지리적으로 이윤이라고 정의했다. 시장영역에 너무 적은 고객이 존재한다면 손해다.

추가적으로 이윤과 손실에 관하여 지리학적으로 생각하는 것 이외에도, 판매되는 상품과 그것들이 어떻게 구매 패턴에 영향을 미치는가를 주시할 수 있다. 우리는 상품을 편의품(convenience goods) 혹은 선매품(shopping goods)으로 분류한다. 선매품은 최상의 가격과 최상의 품질 때문에 우리가 구입하는 상품들이다. 선매품은 생산자 간에 혹은 모델 간에 차이가 크고, 차나 주요 설비처럼 가격이 높은 상품이다. 편의품은 가격이 낮은 경향이 있으며, 생산자 간에 차이가 적거나 없이 판매되고, 즉시 접근할 수 있는지의 여부가 구매의 열쇠가 되는 상품이다. 우유는 편의품의 훌륭한 예이다. 우리는 선매품을 구입하기 위하여 먼 거리를 이동할 것이다. 소매상 간에 중요한 가격 차이가 있을 수 있다. 공급되는 서비스의 수준에서 차이가 있을 수도 있다. 지방의 모든 소매상이 우리가 원하는 것을 가지고 있지 않을 수도 있다(우리가 진정으로 메르세데스 벤츠를 원한다면, 도요타 자동차는 원하지 않을 것이다). 우리는 편의품을 가능한 한 집 근처에서 구입한다. 왜 우유 1갤런(약 4L)을 위해 모퉁이 상점보다 더 먼 곳을 이동하겠는가?

와인은 우리에게 편의품이기도 하고 선매품이기도 하다는 점에서 의표를 찌른다. 우리는 일부 와인을 구매하기 위하여 먼 거리를 이동할 것이다. 그것들은 가격이 비싸고 생산자마다 또한 해마다 두드러지게 차이가 있다. 다른 와인들은 비싸지 않고 다양하지 못하다. 와인을 판매하는 가장 가까운 상점에 가서 우리가 원하는 것을 구매할 수 있다. 편의품인 와인과 선매품인 와인 사이를 구분하는 선은 정확하지 않다. 그것은 소비자마다 각기 다르다.

이러한 이해와 함께 우리는 개별적인 와인 소매상을 주시하고 판매 와인에

와인의 지리학

대한 소매상의 접근법을 이해하기 시작할 수 있다. 고급 와인을 판매하는 전문와인상점, 근접한 주류 판매 면허점, 와인을 판매하는 식품점의 사례를 생각해 보자. 전문와인상점은 선매품으로서 와인을 판매한다. 다른 공급업자들이 비축하지 않을 와인을 갖춘다. 그곳은 또한 테이블와인, 맥주, 독주 등 보통의 구색 맞추기용 술도 보유할 수 있다. 지극히 평범한 와인 이상의 것을 원하는 누군가는 전문상점에서 구매하기 위해 광범위한 다른 공급업자들을 지나칠 수 있다. 질 높은 서비스, 경험 많은 직원, 와인시음, 다른 활동들은 그 상점의 인지도와 매력도를 증가시킬 수 있다. 가격은 전문상점이 훨씬 더 높을 수 있지만, 이 상점들은 훨씬 광범위한 지역에서 고객을 끌어들여 높은 가격을 보충한다. 와인판매에 대한 전문와인상점의 접근을 고려해 볼 때, 전문와인상점의 시장영역은 근처의 주류 판매 면허점과 중첩될 것이다.

근린 주류 판매 면허점은 와인을 편의품으로 판매한다. 이곳은 와인을 전문으로 하지 않는다. 대신, 선반에서 매우 빠르게 없어질 구색 맞추기용 술을 제공한다. 우리가 한 병의 와인이 필요하고, 까다롭지 않다면, 근처의 주류 판매 면허점은 우리의 요구를 만족시킬 것이다. 화이트와인에 대한 우리의 선택은 아메리칸 샤르도네(chardonnay)에 국한될 수 있지만, 그것이 우리가 필요한 모든 것이라면 더 이상 멀리 이동할 필요가 없다. 근처의 주류 판매 면허점은 매우 작은 시장영역을 가질 수 있지만, 그 지역에 고객의 수가 매우 많다면 그 사업은 상당히 성공적일 수 있다.

고급와인상점과 주류 판매 면허점 사이 어딘가에 식품점이 있다. 식품점에서 와인을 판매할 수 있게 허용하는 주에서, 식품점은 와인을 주로 편의품으로 갖춘다. 그러나 식품점은 또한 몇몇 고급 와인을 갖추어 놓아 주류 판매 면허점과 경쟁한다. 식품점은 선택 혹은 서비스에서 전문와인상점의 라이벌이 되지 못할 것이다. 식품점의 전략은 가격과 구매의 용이성이다. 식품점은 와인가격을 내릴 수 있을 만큼 다른 것들을 충분히 판매한다. 체인 식품점은 대량으로 구매하기 때문에 경쟁자보다 더 저렴하게 그들에게 판매하도록 허용하는 와인 도매상들과 거래를 활용할 수 있다. 심지어 가격이 동일하더라도 쇼핑하는 과정에서 한 병의 와인을 집어 드는 것이 용이하기 때문에 식품점이 경쟁 우위가 있다. 선택된 전략 때문에 식품점은 와인시장의 중간 부분을 지배한다. 한 지역에는 제한된 수의 와인고객들이 존재하고, 중간층이 고객의 대부분이기 때문에 고급품 혹은 저가품 시장에서 식품점은 생존하기가 매우 어렵다.

지방의 와인시장에서 대형 소매업자들의 영향은 상당하다. 순수 편의품 시장이 충분하다면 근처의 주류 판매 면허점은 생존할 수 있고 이윤이 남게 와인을 판매할 수 있다. 전문와인상점을 지지할 정도로 충분히 그 지역에 고객이 존재한다면 전문와인상점 또한 식품점과 공존할 수 있다. 그러나 자신의 영업만으로 식품점을 패배시키는 것은 거의 불가능하다. 그 결과 식품점은 소읍이나 마을에서 유일한 지방의 와인 공급자가 될 것이다. 이것은 놀랍게도 와인판매 때문이 아니라 전체적으로 소매 때문에 성공한 것이 입증된 하나의 접근법이다. 많은 사람들이 부정적인 측면을 연상하는 것이 바로 이러한 '거대 상자(big box)' 스타일의 소매다.

와인, 중심지 이론 그리고 인터넷

현실에서 와인 소매업자들은 온갖 형태와 규모로 출현한다. 이들의 지리를 이해하는 것은 상당한 양의 국지적 지식을 요구한다. 그것의 이면에 있는 이론을 이해하는 것은 몇 가지 지리적 기초로 설명된다. 일반적으로 사람들은

와인의 지리학

원하는 것을 보유한 가장 가까운 구매 장소로 이동할 것이다. 가격은 어떤 구매 장소를 다른 곳보다 더 매력적으로 만들어 그 패턴에 영향을 미칠 수 있다. 많은 인구는 보다 많은 판매를 뒷받침할 것이다. 더 많은 인구는 또한 판매 제품이 훨씬 더 전문화될 수 있게 할 것이다. 한 소읍이 인구가 너무 적어 지방 소매상들이 제품을 공급할 수 없다면 소비자는 필요한 것을 찾기 위하여 보다 더 큰 읍으로 이동해야 할 것이다.

위에서 언급한 소매지리학의 기초들은 와인뿐만 아니라 다른 종류의 제품과 서비스에도 적용된다. 인구·공동체와 제품·서비스의 이용 가능성 간의 연계는 중심지 이론(CPT: Central Place Theory)의 핵심이다. 이 이론은 인구와 소매·서비스 공급의 이슈에 바탕을 둔 경관 위에서 공동체의 패턴을 설명하고자 한다. 중심지 이론은 발터 크리스탈러(Walter Christaller)의 연구에서 유래한다. 그는 1920년대 말 남부 독일[1]에서 이러한 연계를 연구했다. 그의 연구는 남부 독일과 같이 평탄하고 인구가 고르게 분포한 중심지들에서 반복적으로 적용되었다. 그러한 종류의 환경에서 인구의 균등한 분포와 경관 다양성의 부족은 매우 조직화된 공동체 패턴을 야기했다.

중심지 이론은 대평원 읍의 패턴을 연구하는 데 최상으로 작용하며, 와인 소매에도 응용될 수 있다. 국지적 지도를 상상해 보자. 그 지도상의 가장 작은 마을과 읍에는 단지 기본적인 와인을 제공하는 단일 소매상만 존재할 수 있다. 그곳은 하나의 소매상 이상을 떠받칠 만한 인구가 없다. 지도상에서 보다 큰 읍은 복수의 소매상과 심지어 몇몇 전문화된 소매상도 뒷받침할 수 있을 것이다. 이 읍은 소읍에서 원하는 와인을 찾을 수 없는 사람들의 목적지가 될

---

1. 원문에는 북부 독일(northern Germany)라고 되어있지만 이것은 저자의 실수라고 생각된다. 크리스탈러는 남부 독일을 대상으로 연구를 했다.

것이다. 이것이 와인에 적용될 수 있는 중심지 이론이다. 항상 완벽하게 작동하는 것은 아니다. 당신이 우연하게도 크고 잘 갖추어진 와인상점이 있는 소읍에 산다면 운 좋게도 이 법칙에 예외가 된다는 것을 생각하라.

어떻게 그리고 어디에서 우리가 와인을 구입하는가를 주시할 때 현대 세계의 소매에 관하여 이야기하고 있다는 것을 인식하는 것이 중요하다. 이러한 세계는 일부 믿을 수 없는 변화의 기간을 통해 진화했다. 지난 30년 동안 와인 시장과 와인 구매방법이 어떻게 진화했는지 생각해 보자. 몇 백 년 동안의 소매 역사를 거슬러 되돌아보면 그 변화는 엄청나다.

그동안 발생했던 모든 변화 중 지리적 관점에서 가장 중요한 것은 인터넷 소매다. 거리는 지리학에서 중요한 개념이다. 이동비 및 운송비와 함께 당신과 어떤 곳 사이의 거리가 멀면 멀수록 아마도 그 장소에 관하여 알지라도 덜 가게 될 것이다. 거리의 '마찰'을 극복하는 것은 인간 행동에 대한 대부분의 기본적인 지리모델에서 필수적이다. 어떤 사람들은 인터넷이 '거리의 마찰(friction of distance)'을 제거하여 지리학을 덜 중요하게 만든다고 주장한다. 또 다른 사람들은 인터넷이 지리학을 더욱 중요하게 만든다고 주장한다. 왜냐하면 인터넷은 사람에게 세계가 무엇을 제공해야 하며 어떻게 장소가 서로 다른가를 보고 이해하는 능력을 제공해 주기 때문이다. 인터넷은 입지와 인터넷이 없었더라면 접근하지 못했을 와인에 대한 정보를 우리에게 제공한다. 어떤 점에서, 인터넷은 모든 포도밭을 우리 뒷마당에 위치시킨다. 비록 직접적으로 우리가 살고 있는 곳에서 온라인으로 구입할 수 없을지라도, 인터넷을 통해 획득하는 지식은 좋아하는 와인 소매상으로 직접적으로 전달될 수 있다. 한 가지 예로 지방의 와인 소매상은 보통 어떠한 오스트리아산 와인도 갖추어 놓지 않는다. 인터넷에서 우리는 오스트리아의 크렘스(Krems)와 랑엔로이스(Langenlois) 마을(빈의 북서쪽에 위치한 매우 예쁜 시골) 근처의 바하우

와인의 지리학

(Wachau), 캄프탈(Kamptal), 크렘스탈(Kremstal) 와인지역의 웹사이트를 찾을 수 있다. 우리가 정말로 그 지역의 특산품 그뤼너 벨트리너(Grüner Velt-liner)를 시험해 보기를 원한다면 그것을 온라인으로 구입하거나 혹은 선호하는 와인상점에 가서 와인을 주문해 달라고 요청할 수 있다.

인터넷이 와인산업에 커다란 영향을 미친다 할지라도 지방의 와인 소매상을 폐업시키지는 않는다. 비록 우리가 온라인으로 와인을 구입할 수 있을지라도 지방의 소매상은 우리가 온라인으로 도달할 수 없는 구매의 신속성을 제공한다. 지방의 와인 소매상은 또한 와인시음, 대면접촉, 인터넷의 익명성을 넘어서는 조언과 같이 우리에게 값어치 있는 다른 재화와 서비스를 공급한다. 물론 이것은 당신의 지방 소매상들이 그러한 서비스를 제공한다는 것을 가정한다. 그렇지 않고 당신이 충분히 리드타임2이 있다면 컴퓨터를 통해 와인의 세계를 여행하고 그것이 제공해야 하는 것을 알아 가라.

오스트레일리아

어떤 장소가 변화하는 와인의 소매 지리로부터 이윤을 얻는다면 그것은 오스트레일리아일 것이다. 20년 전 지방 와인상점에서는 한 병의 오스트레일리아 와인을 찾기 위하여 애를 먹었을지 모른다. 오늘날에는 절대로 그렇지 않다. 당신의 와인상점이 내가 가는 와인상점과 유사하다면 그곳은 여러 오스트레일리아 와인을 갖추고 있을 것이다. 대부분은 대형 와이너리에서 왔지만 보다 작은 와이너리의 와인도 조금씩 들어오기 시작한다.

---

2. 주문에서 배송까지 걸리는 시간이다.

오스트레일리아 와인이 늘어나는 것에는 몇 가지 매우 훌륭한 이유가 있다. 첫째, 오스트레일리아는 거의 모든 종류의 포도가 자랄 수 있는 기후가 존재한다. 또한 오스트레일리아 와인 제조업자의 다수는 유럽의 와인지역으로부터 오스트레일리아로 이민을 간 와인 제조업자의 후손들이고 와인제조는 그들의 집안 내력이다. 오스트레일리아는 와인으로 크게 성공한, 엄청난 식견을 갖추고 야심 있는 포도 재배업자와 와인 제조업자를 배출해 온 교육 시스템을 갖추고 있어, 와인제조 가문의 사람이 아니어도 와인제조를 배울 수 있다. 오스트레일리아 와인 제조업자는 또한 최신의 기술을 빠르게 채택했다. 효율적인 마케팅, 가격 책정과 함께 이러한 요소들로 오스트레일리아 양조업자들은 그들의 와인을 널리 알릴 수 있었다. 비록 오스트레일리아는 말 그대로 북미와 유럽의 소비자부터 떨어진 세계이지만 그들 와인은 도처에 존재한다.

오스트레일리아 와인의 소매업은 수명주기의 성장 단계에 있는 제품의 훌륭한 사례를 제공한다. 한 제품의 지리적 확산에 관하여 말할 때 우리는 토론의 기초로 종종 수명주기를 이용한다. 제품 수명주기에서, 한 제품이 시장에 도입된다. 이러한 도입은 제한된 시장 진입과 함께 상당히 느리게 시작하고, 많은 제품들이 결코 이 단계를 지나지 못한다. 제품의 품질, 신기술의 응용, 가격 책정 덕분에 매력이 있는 제품 혹은 단순히 마케팅을 잘 한 신제품은 때때로 도약한다. 이러한 제품의 판매는 빠르게 증가하며 전 세계시장에서 출현하기 시작한다. 이것이 오스트레일리아 와인들이 제품수명주기에서 현재 위치한 지점이다. 오스트레일리아 와인은 훌륭하며 가격이 잘 책정되었다. 또한 최신기술을 응용하고 있으며 마케팅이 잘 이루어지고 있다. 그래서 오스트레일리아 와인들은 높은 성장기에 있다.

제품 수명주기에서 오스트레일리아가 어디로 가느냐는 아직 결정되지 않았다. 시간이 경과하면서 최상의 제품도 시장을 포화상태로 만들 수 있고 참신

와인의 지리학

함을 잃을 수 있다. 소비자는 이동하며, 다음 '새로운 것'을 시험해 보기를 원한다. 오스트레일리아 와인의 증가가 궁극적으로 시장을 포화시킬 수도 있다는 가능성이 존재한다. 다른 한편으로 오스트레일리아 와인은 새로운 와인의 확산과 공격적인 마케팅을 통해 계속적으로 개선될 수 있다. 이는 일반적으로 식품 분야에서 발생하지는 않지만, 항상 처음은 있는 법이다. 아마도 오스트레일리아 와인이 그 첫 번째가 될 것이다.

오스트레일리아는 매우 크고 매우 다양한 장소다. 이 나라의 먼 북쪽은 열대우림 환경이다. 남쪽의 태즈메이니아(Tasmania)섬의 기후는 상당히 서늘하다. 그 사이에 지구상에서 가장 큰 사막 중의 하나가 존재한다. 오스트레일리아의 인구가 몇몇 도시들보다 훨씬 적을지라도 그곳은 여전히 유럽과 거의 크기가 비슷한 대륙이다.

그 자체로서 오스트레일리아는 거의 어떠한 포도 품종이라도 수용할 수 있는 거대한 범위의 재배 환경을 갖추고 있다. (오스트레일리아가 직면한) 도전들은 훌륭한 와인이 생산되고 이익이 생길 수 있도록 적합한 장소와 품종을 어울리게 하는 것이었다. 이러한 매칭 과정은 남부 오스트레일리아의 기후가 어떻게 편서풍과 차가운 해류에 의해 영향을 받는가에 대한 이해를 포함한다. 오스트레일리아의 대부분은 사막이다. 몇몇 세계에서 가장 큰 목장 운영을 위해 사막이 적합할 수도 있지만, 오지(Outback)는 포도 재배자에게 제공하는 것이 적다. 포도 재배의 초점은 해안선을 따라 사막의 남쪽에 자리 잡은 가는 띠의 토지들이다. 오스트레일리아 남서부 퍼스(Perth)의 바로 남쪽 차가운 해수로부터 불어오는 바람은 카베르네 소비뇽과 시라즈(Shiraz)에 아주 적합한 환경을 만든다. 애들레이드(Adelaide)에 도착할 때까지 훨씬 동쪽의 사막조건이 탁월하며 포도밭은 존재하지 않는다. 애들레이드 북동쪽에서 내륙으로 이동하면, 그 지역은 샤르도네와 피노 누아와 같은 서늘한 기후에서 자라는 포도에 적합하다. 남쪽 해안에서 떨어져 있으면서, 차가운 해류와 편서풍으로 인해 태즈메이니아섬은 오스트레일리아의 가장 추운 지역이다. 이 조건들로 태즈메이니아는 유럽의 알자스와 라인강 지역의 일반적인 포도와 같이 차가운 날씨에 적당한 포도에 이상적인 장소가 되었다.

해류와 그것이 오스트레일리아의 기후에 미치는 영향 덕분에, 오스트레일리아에서는 거의 모든 포도에 적합한 장소를 발견할 수 있다. 제한된 인구와 활짝 열린 공간들을 고려해 볼 때, 거대한 규모의 포도를 재배할 수 있는 잠재력이 존재한다. 보르도 샤또(정제소와 같은 복합건물이 드묾)의 설렘이 존재하지는 않지만, 오스트레일리아의 거대한 와이너리에는 실질적인 경제적 이점이 있다. 오스트레일리아 와이너리는 운영비를 엄청난 수의 와인병에 분산시키며, 이에 따라 와인의 품질이 높음에도 와인 한 병당 가격을 상대적으로 낮게 유지한다. 생산에서의 절감은 이 지역의 와인이 먼 시장으로 옮기는 데 드는 증가된 비용을 커버한다. 훌륭한 품질과 경쟁력 있는 가격으로 오스트레일리아 와인은 시장성이 높아졌고, 이것은 오늘날 훌륭한 오스트레일리아 와인을 진열하지 않은 와인상점을 발견하는 것이 왜 어려운지에 대한 이유다.

와인의 지리학

Chapter 13

공산주의, 지리학과 와인

Communism Geography, and Wine

와인과 같은 상품에 공산주의가 미치는 영향에 관하여 말할 때 종종 질문을 받는다. 공산주의는 죽지 않나요? 사실 공산주의는 죽지 않는다. 단지 사례연구가 점점 드물게 될 뿐이다. 심지어 공산주의 정부, 공산당, 공산주의 정치가, 공산주의 지식인이 어느 곳에도 존재하지 않더라도, 공산주의는 여전히 존재한다. 공산주의는 다른 경제체제와 마찬가지로 경관에 흔적을 남긴다. 그래서 공산주의가 사망했다 하더라도 우리가 그 잔해를 볼 수 있는 장소는 여전히 존재한다. 이것은 특히 동유럽의 와인 산지지역에 적용된다.

공산주의는 우리가 경제지리와 문화경관을 독해하는 과정에서 사용하는 근본적인 가정(의사결정은 개인과 이윤을 만들어 내기 위한 개인의 욕구에 바탕을 두고 이루어진다는 가정) 중의 하나를 변경한다. 이 가정은 공산주의에 적용되지 않는다. 공산주의는 평등과 인간 조건에 관한 것이다. 공산주의는 개인의 지불 능력에 상관없이 건강, 교육, 고용, 주택 등을 개선함으로써 모든 개인의 삶을 더 좋게 하는 것이다. 이것은 결코 나쁜 아이디어가 아니다. 공산주

와인의 지리학

의의 문제점은 항상 그것이 어떻게 작동되도록 하느냐를 계산하는 것이다. 공산주의 국가에서 포도 재배와 다른 형태의 농업은 정부의 책임 아래에 있다. 정부는 투입, 산출, 재고 그리고 전체 경제에서 중요하다고 생각되는 목표 개발의 치밀한 계획을 관리한다. 이들 시스템은 종종 시장경제에 문을 닫는다. 국내 시장이 최우선시되고, 다른 공산주의 국가들과 무역은 두 번째이며, 공산주의 영역 외부와의 무역은 단지 필요할 때만 고려된다. 이것은 시장경제의 소비자로부터 공산주의 국가 내의 와인 생산자를 고립시키는 데 영향을 미친다.

공산주의 경제 내에서 중앙정부는 장·단기적으로 생산의 우선순위를 확립한다. 이 계획으로부터 중앙정부는 매년 생산 목표를 결정하고 계획을 발전시키며 생산을 위한 쿼터를 정한다. 그 후 경제의 다양한 부문을 통제하고 쿼터를 맞추기 위하여 필요한 투입을 결정하는 부속기관에 그 수치를 보낸다. 그 다음 이 요구들은 계층을 거슬러 올려 보내지고, 수치는 반복적으로 처리되며 정부에 의해 정해진 목표를 만족시키기 위하여 필요한 상품 교환이 결정된다. 모든 사람은 어떤 일이 있어도 목표를 맞추기 위하여 일한다. 그 후 모든 일은 다시 시작된다. 와인제조와 관련하여 정부는 포도 재배업자에게 무엇을 생산해야 하는지를 말하고, 차례로 재배업자는 포도를 생산하기 위해 필요한 것이 무엇인지 정부에게 말한다. 정부는 재배업자가 필요한 것을 구입해서 주고 모든 사람은 아마 행복할 것이다.

이 과정의 첫 번째 단계는 중앙정부가 경제의 우선순위를 확립할 때 발생한다. 이윤의 잠재력에 기반을 두고 사람들이 무엇을 생산할 것인가를 결정하는 시장 시스템과는 다르다. 실질적 적용에서, 그 결과는 중공업, 방어, 자급자족에 대한 강조였다. 이것은 소비재를 희생하고 나타난다. 그리고 소비재로서 와인생산은 항상 우선순위에서 낮은 레벨로 생각되었다. 결과적으로 와인생산은 다른 유형의 생산을 위해 등한시되었다.

우리는 거대 정부의 관료주의의 창출을 근거로 공산주의를 비판할 수 있다. 보다 현저한 문제는 자유시장 경제학자들이 매우 역기능적인 행동이라고 보는 것을 공산주의가 만들어 냈다는 것이다. 적용된 것처럼, 공산주의 경제에서 부문 기관들은 노동자의 주택, 계획 성취, 자원의 할당뿐만 아니라 생산, 분배, 인력, 연구 및 개발까지 책임지고 있다. 더욱더 중요한 것은 그 기관들이 그들의 구성 산업이 할당량을 충족시키는 것을 확인해야 하는 책임이 있다는 점이다. 이 책임에서 문제가 시작된다.

이를테면 우리가 한 물품을 특정 수량만큼 생산해야 하는 책임을 지고 있다고 생각해 보자. 쿼터를 만족시키면 성공한 것이고, 그렇지 않다면 실패한 것이다. 실패하지 않기를 원한다면, 우리가 취할 수 있는 어떤 예방 조치가 존재하는가? 한 가지 방법은 쿼터가 해마다 달성할 수 있는 것이라는 것을 확신시키는 것이다. 우리가 미쳐서 일 년 동안 두 배의 생산을 한다면 쿼터가 올라가게 될 것이라는 사실은 꽤 분명하다. 그 상황이 계속된다면 결국에는 쿼터를 맞출 수 없는 지점까지 도달할 것이다. 여기서 교훈은 쿼터를 채우되, 그것을 넘지는 않는다는 것이다. 우리는 또한 쿼터를 맞추지 못하게 하는 문제를 만들지 않기 위하여 물자와 노동을 축적하기를 원할 수도 있다. 또한 전체 생산을 줄이는 그러한 활동들을 재고하기를 원할 수도 있다. 설비 개선은 생산 시간을 잃게 할 수 있다. 모든 소비자의 요구를 만족시키기 위한 다양한 사이즈와 스타일의 제품을 생산하는 것 또한 우리가 설비들을 교체하기 때문에 전체 생산을 줄일 것이다. 한 해의 마지막이 가까워짐에 따라 우리가 생산한 거대한 양의 물품이 그 해에 필요한지에 상관없이 쿼터를 맞추기 위하여 돌진해야 한다. 이 전략은 쿼터에 도달하도록 하지만, 경제의 전반적인 생산성에는 많은 기여를 하지 못할 수도 있다.

와인의 지리학

공산주의 사회에서, 와인 생산자는 부와 연관된 소비재를 생산한다는 이유로 서열 측면에서 상당히 낮다. 고르바초프 시대 동안 와인과 다른 모든 술은 사회악으로 생각되었다. 그래서 와인 제조업자에 대한 지원은 정부의 경제 우선순위에서 가장 낮은 것 중 하나였다. 와인 제조업자는 제한된 자원을 받았고 노동력 부족으로 고통을 받았다. 더욱이 그 나라의 가장 총명한 인재들은 더 나은 일자리를 위해 경제의 최우선순위 부문으로 이동하였다.

이러한 박탈의 배경으로 와인 제조업자는 정해진 양의 와인쿼터를 생산해야 하는 어려움에 직면하였다. 소량 생산된 훌륭한 와인은 전혀 좋은 일이 아니었다. 재식을 위해 생산과정에서 형성된 포도밭은 생산과 쿼터를 맞출 가능성을 감소시켰다. 새로운 포도밭은 고품질 포도보다는 차라리 고수확을 위해 사용되었다. 이미 식재된 고품질 포도는 품질을 고르게 하기 위하여(반드시 품질을 개선하는 것이 아님) 품질이 떨어지는 포도와 교배하였다. 오랜 기간 동안 숙성하는 와인은 쿼터에는 좋지 못하였다. 그 최종 결과는 와인의 맛이 부차적인 시스템이었다. 장기간의 공산주의 통치에 걸쳐 이 과정은 반복되었고, 와인산업은 약화되었다. 공산주의 이전에 와인산업이 번성했던 동유럽 국가들(헝가리, 불가리아, 체코슬로바키아)에서조차 투자 부족과 쿼터를 채우기 위한 투쟁으로 와인산업은 제 기능을 못 하게 되었다.

공산주의의 문제는 포도 재배에만 국한되지 않았다. 사실 공산주의는 대체로 농업을 다루는 데에 있어서도 고난의 시기였다. 경제의 다른 부문에서처럼 농업은 중앙 당국에 의해 조정되었다. 국가는 농업적 토지이용, 무엇을 어디에 심을지, 조달 가격, 제품의 마케팅, 제품의 배분에 대한 의사결정권한 등을 행사한다. 이론적으로 이것이 작동되어야 했지만 실제로는 결코 이론을 따라갈 수 없었다. 특히 소련이 이에 해당되었다. 공산주의 이전의 농업적 결정은 혁명기에 공산주의자에 대항하여 투쟁했던 바로 그 부유한 지주에 의해 지방

수준에서 이루어졌다. 이러한 권한을 몹시도 가난한 소작농에게 두는 것은 많은 도움이 되지 못했다. 소작농은 이미 생산하던 것보다 더 많은 양을 생산하기 위해 필요한 인프라를 가지지 못했다. 그 해결책은 농업을 집단화하는 것이었다. 이는 농업을 정부의 통제 아래에 두고 농민들을 집단농장에 보유하는 것을 공고히 하여 문제를 경감시키는 것을 의미했다. 그 후 이들은 쿼터를 배정하기 위한 목적으로 개별적인 공장들처럼 취급될 수 있었다.

문제는 제품에 대한 관심이 거의 없었다는 것이다. 시장경제에서 임금과 이윤은 산출을 극대화하기 위한 인센티브를 제공한다. 그 규칙은 열심히 일하면 할수록 더 많을 것을 얻는다는 것이다. 공산주의 경제에서는 세계에서 가장 훌륭한 농부이거나 최악의 농부인 것에 관계없이 동일한 임금이 지불된다. 그 불행한 결과는 모든 사람이 결국에는 가장 최저 수준까지 떨어져서 일을 한다는 것이다. 시장경제에서 농장은 너무 많은 식량을 생산해서 정부가 잉여 산물을 구매하거나 혹은 농부가 경작하지 말도록 (보조금을) 지불해 개입해야 한다. 반면에 공산주의 시스템에서 농부들은 동일한 환경적 제약에서 주민들을 충분히 먹여 살릴 만큼 생산하지 못한다.

사람들이 식량을 생산할 수 없는 것이 문제가 아니라는 점을 강조하는 것이 중요하다. 실제로 문제는 상당히 그 반대였다. 개인 구획의 토지에 자신의 식량을 생산할 기회가 주어졌을 때 사람들은 자신뿐만 아니라 번성하는 비공식 시장을 위해 충분한 잉여를 제공할 만큼 충분히 놀라운 양을 생산했다. 사람들이 개인 토지에서 일하기 위하여 농장의 일자리를 떠났을 때 문제는 발생했다. 이는 농부가 부족하지는 않았지만, 그들에게는 적당한 인센티브가 필요했다는 것을 강조하는 상황이었다.

철의 장막이 붕괴된 이래로 농부는 매우 경쟁적인 시장에 맡겨졌다. 이전에 생산성이 낮은 환경에서, 품질이 낮은 제품을 생산할 수 있었던 곳에서 일했던 사람들은 어려움을 겪었다. 왜냐하면 품질이 낮은 제품은 자유시장에서 판매될 수 없기 때문이다. 공산주의에서 자유시장 경제로 전환되는 속도는 장소마다 그리고 경제 부문마다 다양하지만, 그 도전은 동일하게 남아 있다. 누가 실제로 농장을 소유하는가에 대한 복잡한 문제가 존재했다. 또한 노동 비중이 높은 사회에서 대단히 기계화된 사회로 전환할 때 실업의 문제가 존재한다. 이러한 문제들이 다루어졌던 곳에서조차 처음 개시자금의 문제가 있다. 자유시장에서 경쟁할 수 있는 농기업을 건설하기 위한 돈은 어디에서 오는가?

좋든 싫든 자유시장 경제로의 이행은 과거 공산주의 국가들을 어쩔 수 없이 자원 수출에 의존하게 만들었다. 쿼터 시스템의 비효율성 때문에 공산주의 경제의 중심에 있던 중공업은 자유시장 경쟁에 직면하여 불안정해졌다. 자원무역은 똑같은 어려움에 직면하진 않았다. 석유는 석유이기 때문이다. 석탄은 석탄이다. 목재는 목재다. 우리는 가전제품 혹은 자동차에서 보는 동일한 종류의 제품 변형을 보지 못한다. 이러한 시장변화는 무역의 지리 패턴에서 변화를 동반한다. 공산주의 붕괴 이전에 대부분의 무역은 중공업제품이었다. 무역은 국내 혹은 공산주의 세계 내에서 이루어졌다. 무역은 외국과의 관계의 일부였고, 경쟁적이었지만, 단지 공산주의 세계 내에서 이루어졌다. 그것은 자유시장 경제로부터 분리되어 유지되었다. 탈공산주의 시기에 그 패턴은 변화했다. 이제 무역 패턴은 자유시장의 경제 세력들과 이루어진다. 그러한 무역관계에서 과거 공산주의 국가들은 종종 약자의 위치에서 취급된다.

과거 공산주의 국가들은 자원 수출에 의존하면서 제3세계 국가들과 경쟁하게 되고, 부러워할 것도 없는 위치에 있게 된다. 이 국가들에게 유일한 벌이가 되는 수출은 천연자원 공급이다. 수출된 자원은 다른 곳의 제조업에서 사용된다. 이윤의 대부분이 발견되는 곳은 제조업에서다. 이는 부유한 자본주의 경제에 이점을 준다. 자본주의 경제에서는 무엇이든 가장 싸게 판매하는 공급자로부터 자원을 구입할 수 있다. 자원을 수출하는 모든 사람은 경쟁 속에 있다. 이는 상품의 가격 책정을 극단적으로 변화무쌍하게 만들며 부유한 자본주의 국가가 가격을 지배하는 것을 허용한다. 천연자원이 상품의 생산에서 투입요소이기 때문에 자원 수출국은 자원 수입국에 의존하게 된다. 자원 판매로부터 얻은 수익은 자원을 구입해 간 그 부유한 자본주의 국가가 제조한 값비싼 상품을 구입하기 위해 이용된다. 그 결과, 대부업의 조치에 의해 채무가 악화되며 늘어날 수 있다.

이는 우리를 다시 무역 대상으로서의 와인으로 데려간다. 한편으로 와인은 자원과 무척 유사하다. 질 좋은 제품은 자유시장에서 경쟁할 수 있다. 과거 공산주의 국가에서 낮은 노동비용이 주어졌다면 이 국가들은 아마 자유시장에서 경쟁 국가보다 저렴하게 제품을 판매할 수 있었을 것이다. 그 자체로서 와인생산은 자유시장에서 경제적 거점을 확보하려고 시도하는 국가에게 잠재적으로 이윤이 남는 활동이다. 물론 만약 제품의 품질이 경쟁 수준에 도달하지 못한다면 어떠한 이윤도 발생하지 않는다.

동유럽

우리가 와인에 대하여 이야기하고 와인을 시음하러 갈 때 헝가리, 불가리아, 루마니아, 몰다비아의 와인은 일반적으로 우리 대화에 등장하지 않는다. 이 국가들의 와인이 동유럽 이외의 지역에서 잘 알려지지 않은 이유는 이 국가들이 새로운 와인 제조국가여서가 아니다. 각 나라는 과거 수백 년으로 확장되는 자랑스러운 와인의 역사가 있다. 이 국가들의 와인은 로마노프 왕조와 합스부르크 왕조의 와인 저장고를 장식했었다. 바로 50년 동안의 공산주의가 이 국가들의 와인에 심각한 영향을 미쳤다.

기후적으로 동유럽에는 와인제조를 위한 상당한 범위의 조건이 존재한다. 북부 루마니아와 몰다비아는 와인제조의 북쪽 끝이다. 우리가 남쪽으로 이동함에 따라 기후조건은 현저하게 따뜻해진다. 이것은 위도뿐만 아니라 지형의 산물이다. 카르파티아산맥(Carpathian Mountains)과 트란실바니아 알프스(Transylvanian Alps)는 북쪽의 차가운 겨울 기후와 남쪽의 보다 온화한 기후 사이의 분수령이다. 흑해는 또한 이들 국가에서 온화한 기후조건을 돕는다. 조금 더 남쪽 불가리아로 이동하면 포도(Vitis vinifera)가 잘 자랄 수 있는 지중해성 기후에 접근할 것이다.

공산주의가 와인에 미친 영향에 대한 우울한 연구일지라도 동유럽 와인 제조업자들은 우리를 흥미있게 만드는 반면에, 더욱더 흥미로운 것은 오늘날 이 와인 제조업자들이 어떻게 존속하는지에 대한 것이다. 이제는 그 지역에서 성공적인 와인생산의 역사가 존재한다. 달콤한 와인의 팬들은 이미 남동부 헝가리의 토카이(Tokay) 포도와 그것들이 생산해 내는 와인과 친숙할 것이다. 그밖의 다른 많은 품종들도 전통적으로 이 지역에서 와인으로 제조되었다. 불행하게도 이 품종들은 사실상 그 지역 외부의 소비자에게 알려져 있지 않다. 이 지역 이상으로 대부분의 유명한 와인 포도 품종에 적합한 기후가 존재하기 때문이다.

동유럽으로의 유럽연합의 확대와 이 지역의 기후가 제공하는 기회와 함께, 지방 와인산업이 부활 중이다. 몰다비아를 제외하고 앞서 언급한 모든 국가들(헝가리, 불가리아, 루마니아)은 비록 나라의 경제와 통화가 안정화될 때까지 유로화를 채택하지 않을지라도 유럽연합의 회원 자격을 성취했다. 현재로는 안전한 투자 환경과 현재의 국가 통화에 유리한 환율을 제공하는 유럽연합 회원국으로서의 편익이 있다. 기후와 와인생산의 역사는 투자에 대한 잠재력을 지원한다. 포도 재배자와 유럽연합의 타 지역에서 훈련받은 양조학자에게 이 새로운 회원국들은 그들의 모국에서 이용할 수 없는 고용기회를 제공한다.

동유럽에서 공산주의가 붕괴되면서 이 지역의 와인 생산자들은 세계시장에서 직접적 경쟁에 노출되었다. 많은 다른 산업의 경우 그 결과로 완전 붕괴되었다. 와인산업의 경우 잠재적으로 유리한 투자 환경을 창출했다. 이러한 상황이 당장은 와인 소비자인 우리에게 영향을 미치지 않을 수 있지만, 장래에는 선호하는 와인상점에서 동유럽 와인이 출현하는 것을 보기 시작할 수도 있을 것이다.

와인의 지리학

Chapter 14

지리학과 와인의 경쟁 상대들: 맥주, 사이다 그리고 증류주

Geography and Wine's Competitors: Beer, Cider, and Distilled Spirits

지리학의 좋은 점은 거의 어떠한 관심이든 연구 주제로 전환할 수 있다는 점이다. 이것은 성경, 퀼트, 덕핀 볼링, 자이데코(미국 루이지애나주 특유의 대중음악) 그리고 심지어 와인까지 적용된다.

와인의 지리학은 충분히 독자적일 만큼 광범위한 주제다. 인간의 소비를 위하여 생산된 다른 모든 알코올을 포함하기 위하여 주제를 확대하는 것은 백과 사전적 규모의 작업이다. 어떤 의미에서 그것은 또한 불필요하다. 와인생산에서 환경과 문화의 중요성은 다른 알코올의 생산에서 반영되었기 때문이다. 우리는 와인과 와인의 경쟁 상대 모두가 공유하는 기본적인 지리를 이해하기 위하여 몇몇 사례의 와인 경쟁 상대들을 단지 논의할 필요가 있다.

와인의 경쟁 상대들의 지리는 환경과 많은 관련이 있다. 시간이 경과함에 따라 한 장소는 기후, 토양, 농업 혹은 우리가 논의했던 다른 어떤 고려사항에 의해서 특정 종류의 알코올 생산의 본고장이 된다. 우리는 보드카와 러시아, 테킬라와 멕시코 그리고 럼주와 자메이카를 연상한다. 알코올은 물리적 표현 혹은 문화 '특성'의 하나이다. 우리는 장소, 사람, 문화 사이의 연계를 인식할 뿐만 아니라 그것들을 영속시킨다. 특수한 민속음식에 수반하기 위해 문화적으로 적합한 음료를 선택함으로써 그러한 문화적 연관관계를 활발하게 유지한다.

문화는 전통적으로 인류학의 영역이다. 문화적 특성(사물, 아이디어, 신념)과 문화적 복합체(맞물린 특성들의 그룹)는 공간적 표현을 가지고 있기 때문에 지리학은 이에 관여한다. 문화적 특성 및 복합체는 또한 이동할 수 있으며, 문화는 지리학자에 의해 지도화될 수 있다. 그것이 발견되는 장소와 연계된 한 문화는 경관상에 흔적을 남기며 차례로 그 경관에 의해 각인된다.

경쟁

와인은 많은 다양한 문화의 일부다. 그러나 사람, 장소, 생산의 관점에서 와인의 영향은 맥주의 영향으로 축소된다. 맥주는 세계에서 가장 널리 일반적으로 보급된 알코올음료 중 하나다. 저알코올음료로서 맥주는 와인과 비교할 수 있으며 어떤 경우에는 와인을 대체할 수 있지만, 맥주와 와인의 지리는 명백하게 다르다. 맥주 생산에서는 주로 보리를 사용하기 때문이다.

맥주는 곡물 속의 전분이 분해되고 발효되기 시작하도록 충분히 오랫동안 물에 담가 둔 보리로 만들어진다. 맥주 생산의 지리를 결정하는 것은 보리와의 연계다. 어떤 장소에서는 맥주와 와인의 생산이 중첩된다. 이곳은 포도와 보리 둘 다 이윤이 남을 만큼 재배될 수 있는 곳이다. 포도와 보리가 공존할 수 있는 이유는 이것들 모두 포도에 친화적인 기후에서 자랄 수 있기 때문이다.

폰 튀넨(Von Thünen)은 우리가 환경, 지식, 정부 규제를 계산에 넣을 때 가장 유리하게 남아 있는 작물이 생산 작물이 될 것이라고 저술했다. 이 경우 왜 가장 유리한 작물이 성공하지 않을까? 그 이유는 포도와 보리가 동일한 기후에서 재배될 수 있는 반면에 동일한 조건의 토양과 지형에 적응하지 못하기 때문이다. 포도는 배수가 잘 되는 토양이 가장 유리하고 실질적으로 아무것도 자랄 수 없는 곳에서 번성할 수 있다. 포도의 경우에 지표의 훨씬 아래쪽의 토양이 어떠한지가 핵심이다. 반면 보리는 시표에 모래, 실트와 점토가 잘 혼합된 토양이 가장 유리하다. 그러므로 포도와 보리가 생산되는 지역에서조차 그 밭은 물리적으로 분리될 것이다.

보리의 한 가지 환경적 이점은 그것이 곡물이지 액체가 풍부한 과일이 아니라는 점이다. 그래서 포도보다 서리 피해에 훨씬 덜 민감하다. 보리는 또한 재배 선택의 범위가 있다. 겨울 보리는 늦가을 혹은 초겨울에 재배된다. 씨앗은 그 자리에 있다가 봄에 조건이 좋아지자마자 싹을 틔울 준비를 한다. 봄보리는 봄에 조건이 가능해지자마자 심어진다. 이러한 재배 선택은 보리에게 기후의 광범위한 잠재적 범위를 부여한다. 여름이 매우 짧으면 우리는 다음 해 여름이 끝나기 바로 전에 수확하는 것을 목표로 겨울 보리를 심는다. 이러한 사실은 캐나다의 프레리 제주(諸州), 스코틀랜드, 스칸디나비아, 중앙 러시아에서 이윤이 남을 수 있게 보리를 재배하는 능력을 부여한다. 만약 우리의 계절이 보다 길면 가을에 수확하기 위한 통상적인 봄 작물을 심는다. 우리가 훨씬 더 긴 성장기를 가지고 있다면, 심지어 매년 두 번이나 보리 수확을 할 수 있다(늦은 봄에 수확하는 겨울 작물과 늦은 가을에 수확하는 봄 작물). 그 결과 포도보다 훨씬 광범위한 지역에서 보리를 재배할 수 있고 훨씬 광범위한 지역에서 보리로 맥주를 생산할 수 있다.

생산될 수 있는 환경의 범위 이외에도 보리는 생산의 지리에서 와인에 비하여 중요한 이점을 가지고 있다. 우리가 원하든 원하지 않든 포도는 쉽게 발효가 시작되는 액체에 떠 있는 당분을 가지고 있다. 앞서 본 것처럼 이것은 포도를 운송할 때 상당한 골칫거리다. 이는 와이너리가 가능한 한 포도밭 가까이에 있는 이유다. 반면에 보리는 수분의 이입 없이는 스스로 발효를 시작하지 않을 것이다. 건조하게 유지되는 한 보리는 맥주 생산에 사용되기 이전에 장거리로 운송될 수 있다. 이것은 우리가 보리를 선적할 수 있는 어떠한 입지든지 맥주를 생산할 수 있다는 것을 의미한다. 포도와 보리를 생산하는 지역이 동일하다 할지라도 와인과 맥주를 생산하는 입지는 매우 상이할 수 있다.

와인처럼 맥주는 맛과 스타일의 고유한 지리를 가지고 있다. 하나의 맥주는 스타우트(stout)[1], 에일(ale)[2], 비터(bitter)[3]가 될 수 있고, 혹은 수많은 다른 스타일의 맥주가 만들어질 수 있다. 두 개의 맥주가 동일한 스타일일지라도 그 맛은 매우 상이하다. 맥주의 스타일과 맛은 입지마다 다를 수 있다. 심지어 맥주가 제공되는 방식에는 나름대로의 고유한 지리가 존재할 수 있다. 와인과 증류주(spirits)처럼 맥주, 맥주 스타일, 향은 장소와 연관된다. 이것들은 또한 음식과 연계되며, 보다 광범위하게는 그 장소의 문화와 연계된다. 이러한 사실은 맥주를 지리학자들에게 흥미로운 주제로 만든다.

맥주는 와인의 유일한 경쟁 상대가 아니다. 다른 과일로부터 생산되는 와인은 포도로 만들어지는 와인의 경쟁 상대이다. 순수주의자들은 포도가 아닌 다른 과일로 생산된 와인을 진정한 와인으로 인정하지 않을 수도 있지만, 와인

---

1. 상면발효방식으로 생산되는 영국식 맥주의 한 종류. 18세기 영국 런던에서 대중적인 인기를 얻었던 포터(porter)와 같은 계열의 흑맥주이다. 명칭은 포터 중에서 가장 강한 맥주를 스타우트 포터(stout porter)라고 부른 데서 유래했다.
2. 상면발효방식으로 생산되는 영국식 맥주의 한 종류. 에일의 명칭은 고대 영국에서 사용하던 '알루(alu)'가 변형된 것이다. 15세기 맥주에 홉을 첨가하기 시작하면서, 홉을 첨가한 맥주를 비어(beer), 홉을 첨가하지 않는 맥주를 에일이라고 불렀다. 이후 18세기부터 에일에도 홉을 첨가하면서 상면발효맥주의 한 종류로 분류되기 시작했다.
3. 홉으로 씁쓸한 맛을 강하게 한 영국의 대표적 맥주이다.

생산은 기후와 지질의 문제에 달려 있기 때문에 이러한 대안적인 와인은 국지적으로 알코올을 생산하는 유일한 수단일 수 있다.

과일 주스를 가져와서 한동안 실온에 저장한다면, 궁극적으로 발효가 시작될 것이다. 발효가 전혀 어려운 일은 아니다. 때때로 어려운 부분이 실제로 발효를 예방하는 것이다. 이것은 와인제조 과정에서 포도 이외의 과일을 사용하기 위한 기초다. 하와이에서 파인애플 와인을 생산히는 사람들이 있다. 뉴잉글랜드(New England)에서는 크랜베리(cranberry, 덩굴월귤) 와인을 생산하는 와이너리가 있다. 어떤 경우에는, 와인생산에서 포도 외의 다른 과일을 사용하는 것이 역사적 혹은 기후적 근거를 둔다. 다른 경우에는, 다른 과일로 만든 와인의 생산은 그것이 와인이 될 수 있다는 단순한 사실에 기반을 둔다.

누군가가 크랜베리로 와인을 제조하는 것을 생각하기 훨씬 이전에 사이다는 이곳 뉴잉글랜드에서 지배적인 과일주였다. 우리가 오늘날 '사이다(cider)'라는 용어를 사용할 때 일반적으로 비알콜성 사과주를 언급한다. 세계의 다른 지역에서 그리고 북미의 초기 역사에서 그 용어 'cider'는 사과주스의 발효를 위해 사용했다. 오늘날 우리는 일반적으로 알코올음료를 위해 '하드사이다(hard cider)'라는 용어를 남겨 둔다. 맥주가 대중화되기 전에 사과주 소비는 널리 보급되어 있었다. 사실, 냉장고와 저온살균법의 도래 이전에 비알코올 형태로 사과주스를 저장하는 것은 불가능했다. 알코올 버전은 중요한 사과 생산자들이 존재하는 지역에서 상당히 일반적이었다. 사과주는 오늘날 대중적이거나 일반적이지 않지만 여전히 뉴잉글랜드, 남부 잉글랜드, 프랑스 북부에서 생산되고 있다는 것을 발견할 수 있다.

사과주를 생산하기 위해 사용하는 사과 품종은 식용 혹은 빵 굽기를 위해 사용하는 품종과 다르기 때문에, 사과주를 생산하기 위해서는 나무 식재 시 사과를 선택해야 한다. 사과주 생산은 또한 장기적인 과정이다. 사과나무가

와인의 지리학

유용한 작물을 생산할 수 있기 전에 여러 해가 걸릴 수 있다. 나무에 대한 피해는 수년 동안 수확을 저해한다. 이것은 맥주 그리고 심지어 와인 생산자와 비교하여 사과주 생산자에게 독특한 불이익을 가한다. 양조업자는 수년 이내에 생산하는 포도나무를 소유할 수 있다. 보리는 단일 계절 산물이다. 폰 튀넨을 회상해 보면 사과주의 생산 여부를 결정할 때 이러한 관심사가 중요하게 된다는 것을 알 수 있다. 이는 제품의 수익성과 와인, 맥주 그리고 다른 알코올과 경쟁할 능력에 영향을 미칠 수 있다.

맥주나 와인처럼 사과주는 맛과 스타일이 다양하다. 어떤 장소에서 사과주는 저알코올음료다. 다른 곳에서는 사과주가 와인과 맥주를 꽤 넘어서는 알코올 함량을 보유하면서 생산된다. 이것은 외관상 투명하고 거품이 있거나 혹은 탁하게 생산된다. 지역마다 사과주가 어떻게 서비스되는가에 대한 차이가 존재할 것이다. 이러한 모든 요소들은 사과주에 맥주의 지리 혹은 와인의 지리와는 독특한 지리를 부여한다.

와인의 경쟁자 중에 가장 최근의 경쟁 상대는 증류주(distilled spirits)이다. 증류주는 발효와 함께 다른 알코올음료와 매우 동일한 방식으로 첫 걸음을 내딛는다. 다른 알코올음료와 다른 점은 최초의 발효 후에 액체가 최후의 형태로 증류된다는 것이다. 증류과정은 장소마다 거의 다르지 않다. 그러나 증류된 것은 매우 다양하다. 그것은 증류과정이 동일하다 할지라도 왜 상이한 증류주의 지리가 다양할 수 있는가에 대한 이유다.

증류과정은 화학의 중요한 부분에 비탕을 두고 있다. 고도에 따라 물은 212°F(100℃)에서 끓는다. 한편 알코올은 175°F(약 79℃)에서 끓는다. 이는 와인이나 맥주 혹은 사과주를 취해서 단지 화씨 175°F 이상으로 가열하면 알코올이 증발한다는 것을 의미한다. 그 알코올은 사라지지 않는다. 그것은 단지 상태가 변화한다. 증발하는 것이다.

증류과정에서 알코올 성분이 높은 제품을 생산하기 위해 비등점의 차이를 이용한다. 비록 증류가 작동하는 데 약간 까다로운 부분이 있긴 하지만, 이론적으로 증류는 복잡한 일이 아니다. 첫째, 알코올이 증발할 수 있도록 175°F 이상으로 알코올을 함유하는 액체를 가열할 필요가 있다. 동시에 물이 증발하지 않도록 212°F 아래로 온도를 유지해야 한다. 온도가 너무 뜨거우면 모든 알코올이 증발하고 증류된 무엇도 가지지 못한다. 지속적인 열의 원천이 있고 정확한 온도 측정을 할 수 있다면, 알코올 증기를 만들기 위해 열을 조절할 수 있다. 그것은 우리를 두 번째 솜씨가 필요한 부분으로 데려간다. 우리는 알코올 증기가 대기로 빠져나가지 않게 그것을 증류할 수 있어야 한다. 우리가 그 증기를 포획하고 냉각시킬 수 있다면, 알코올은 액체 상태로 응축될 것이다. 그러한 응축은 본래 액체에서 존재하는 것보다 훨씬 더 높은 알코올 성분을 함유하게 될 것이다. 이렇게 증류는 완료된다.

증류주 제조(지속적인 가열, 정확한 온도 조절, 알코올 증기가 빠져나가는 것을 막으면서 포획하는 능력)와 관련된 기술적 장애물은 중요하다. 산업 혁명 이전에 그러한 장애물을 극복하는 것은 극도로 어려웠다. 비록 증류가 이루어졌을지라도 정확한 조절 없이 그러한 증류 제품을 표준화하는 것은 거의 불가능했다. 산업화와 함께 이러한 문제점을 해결한 기술을 이용할 수 있게 되었다. 그 기술은 대규모 증류를 허용했다. 따라서 우리는 산업화와 함께 증류주의 급속한 확산을 연관시킨다. 다음 장에서 보게 되겠지만 우리는 또한 증류주의 확산을 높아져 가는 알코올 중독에 대한 의식 및 금주운동의 탄생과 연관 짓는다.

비록 증류의 과정과 원리가 장소와 문화를 가로질러 공통적이라 할지라도 여전히 증류에 대한 강력한 지리가 존재한다. 증류된 것 그리고 원재료의 지리가 증류과정을 특정한 장소와 연결할 것이기 때문이다. 증류된 알코올은 그

원재료에 바탕을 두고 맛, 냄새, 외관에서 다양할 것이다. 그래서 와인 원천에서 증류한 것(코냑)은 사탕수수 증류액(럼주), 보리 매시(엿기름 물) 증류액(위스키), 밀 증류액(보드카), 블루 아가베(용설란) 증류액(테킬라)과는 상이한 지리와 향취를 가지게 될 것이다. 비록 동일한 원천 재료가 사용된다 할지라도 한 장소에 공통되는 과정에서 첨가제가 존재할 수 있다. 그러한 방식으로 비록 코냑(cognac)[4]과 우조(ouzo)[5]가 와인 증류액일지라도 코냑은 우조와는 다를 것이다.

스코틀랜드

춥고 습한 날씨 이외에도 스코틀랜드와 연상되는 어떤 것이 있다면 그것은 위스키(whisky)다. 위스키는 스코틀랜드 문화의 일부인 산물이며, 스코틀랜드의 사람과 환경을 반영한다. 위스키, 라이(rye), 스카치(scotch), 버번(bourbon) 그리고 아이리시 위스키(Irish whisky)를 총괄해서 부르는 사람들이 존재한다. 그러나 위스키를 사랑하고 숭배하는 사람들에게 위스키를 다른 어떤 것과 대체할 수 있다는 견해는 와인 애호가들에게 모든 레드와인이 동일하다고 말하는 것과 유사하다.

우리가 스코틀랜드의 위스키로 들어가기 전에 제품 이름에 연계된 몇 가지 중요한 지리가 존재한다. 위스키가 스코틀랜드 혹은 아일랜드에서 생산되

---

4. 오드비 드 뱅 드 코냑(프랑스어로 Eau-de-vie de vin de Cognac)의 준말인 코냑(프랑스어로 Cognac)은 프랑스의 코냑시의 이름을 딴 술인데, 코냑시의 근방에서 생산되는 브랜디의 일종이다. 코냑 지방 특산의 청포도로 담근 술을 증류하여 나무통에 묵혀 다시 담근 술로 18년 이상 묵은 코냑은 나폴레옹 코냑이라 부른다.
5. 아니스(Anise)의 열매로 맛을 들인 그리스산 리큐어(Liqueur)를 말한다.

었다면 'whisky'이다. 다른 곳에서 생산되었다면 비록 스코틀랜드 혹은 아일랜드 스타일로 생산되었더라도 그것은 'whiskey'이다. 북미에서는, 위스키 (whisky)가 스코틀랜드에서 생산·숙성·병입되었다고 가정하면서 '스코트랜드산 위스키(Scottish Whisky)'를 스카치(Scotch)로 줄여서 사용한다. 사회적 실수를 피하기 위하여, 스코틀랜드 음료는 스카치이고, 스코틀랜드인은 스코티시라는 것을 기억하는 것 또한 중요하다.

위스키는 보리로부터 증류한다. 이는 버번 위스키와 라이 위스키가 구분되게 만든다. 버번 위스키는 옥수수 증류주다. 라이 위스키는 적어도 50%의 호밀에서 증류되어 생산된다. 증류의 과정과 그러한 증류의 기계는 대체할 수 있다. 보리, 옥수수 혹은 호밀의 사용은 위스키를 독특하게 만든다. 최종 결과는 유사한 외관을 가질 수 있지만 그 과정에 대한 토대로서 상이한 당분의 사용은 매우 상이한 맛을 낳을 것이고 매우 상이한 지리를 만들어 낼 것이다. 옥수수를 생산하는 지역은 보리 그리고(혹은) 호밀을 생산하는 지역과 다르기 때문이다.

이 제품들을 구분하는 것은 단순히 네이밍 혹은 당분만이 아니다. 일부 차이는 증류과정에서 사용되는 연료와 연료 연기에 노출되는 보리 맥아[6]에 바탕을 둔다. 스코틀랜드와 아일랜드에서 토탄은 증류과정을 위한 일반적인 연료다. 토탄은 추운 반습지 환경에서 발견할 수 있는 부분적으로 분해된 유기물의 축적이다. 토탄이 건조되고 벽돌모양으로 잘리면 연료원이 된다. 토탄의 지리적 한계를 고려하면 토탄을 위스키를 위한 연료로 생각하지만 버번 위스키의 연료로는 생각하지 않는다. 옥수수 생산과 토탄지(土炭地, peat bogs)는

---

6. 몰트(malt). 주류공업에서, 보리에 적당한 온도의 물을 붓고 약 3일간 두어 발아시킨 것. 발아 시 효소인 아밀라아제의 활성이 강하게 되므로 식혜, 물엿의 제조 및 맥주 양조 등에 이용한다.

두드러지게 상이한 기후에서 발견되기 때문이다. 보리 맥아의 건조과정에서 토탄을 사용하는 것은 스카치위스키와 아일랜드 위스키를 구분하는 데에 중요한 요소가 된다. 스코틀랜드에서 맥아는 토탄 연기에 노출된다. 아일랜드에서는 그렇지 않다. 이러한 연기에 노출된 것은 제품 맛에 영향을 미치고 두 개의 위스키를 구분한다. 위스키가 동일한 방식으로 생산된다 할지라도 토탄에서의 차이는 최종 제품의 맛에서 식별이 가능하게 할 것이다.

우리가 동일한 곡물, 동일한 연료원, 동일한 증류과정을 사용한다 할지라도 그 결과로 나오는 위스키는 여전히 다른 모든 것들과 구분될 수 있다. 증류과정에서 사용되는 물의 화학적 성분에서 발생하는 미세한 차이는 위스키의 맛에 반영된다. 그 자체로서 물과 위스키의 관계는 토양과 와인의 관계와 같다. 심지어 작은 변화가 차이를 만든다. 서로 가까운 곳에 있는 증류장은 물의 품질에 바탕을 두고 현저하게 다른 제품을 만들어 낼 수 있다.

위스키는 때때로 오랜 기간 숙성된다. 숙성은 초기 제품의 작은 변화가 시간이 지남에 따라 확대될 정도로 위스키의 맛과 외관을 변화시킨다. 와인에서처럼 위스키는 숙성되는 통으로부터 맛을 조금씩 알 수 있다. 숙성은 기공(氣孔)이 있는 통으로부터 증발을 통해 약간의 위스키의 손실을 가져온다. 통의 다공성은 장기 숙성이 외기(外氣)로 하여금 최종 제품의 외관과 맛에 영향을 미치는 것을 허용할 정도이다. 위스키가 양에서 손실하는 것은 숙성과정을 통해 맛과 외관 측면에서 얻는다.

스카치위스키의 지리학은 그래서 보리, 토탄, 물, 그리고 심지어 공기의 조합이고, 이 모든 것은 생산 장소와 위스키와의 연계와 제품에 영향을 미친다. 각각의 스코틀랜드 위스키 지역은 독특하다. 그것은 떼르와와 와인과 유사하다. 당신이 한 곳의 위스키 지역을 보았다면 명확하게 위스키 지역 모두를 본 것이 아니다. 그 자체로서 위스키 지역은 훌륭한 관광이 된다. 또한 훌륭한 관광이 되도록 만드는 것은 위스키가 스코틀랜드 전역에서 생산된다는 점이다. 북쪽의 오크니 제도(Orkney Islands)[7]로부터 최남단 롤런드(Lowlands)[8] 증류장에 이르기까지 당신은 결코 스코틀랜드의 증류장에서 멀어질 수 없다.

스코틀랜드 증류장에 관한 흥미로운 점은 증류장이 가장 접근하기 어려운 몇몇 장소에서 발견될 수 있다는 것이다. 물론 글래스고(Glasgow)와 에든버러(Edinburgh) 근처에 상당수 롤런드의 증류장이 있고, 그것 중 다수가 인버네스(Inverness)의 동쪽 스페이(Spey)강(Speyside 증류장)의 계곡에 있다. 반대로 또한 하이랜드(Highlands)[9]의 모든 구석구석에 흩어져 있는 증류장들도 있다. 모든 증류장이 보리, 토탄, 신선한 물을 이용할 수 있는 원천에 근접한 공통의 지리를 공유한다.

아마도 스코틀랜드 위스키 지역 중 가장 접근하기 어렵고 내 생각에 가장 흥미로운 곳은 스코틀랜드 서해안에서 떨어진 섬의 증류장이다. 멀(Mull)[10], 스카이(Skye)[11], 주라(Jura)[12], 애런(Arran)[13]의 섬에는 활동적인 증류장이 있다. 이 모든 섬보다 아일레이(Islay)섬의 증류장이 더 많다. 아일레이와 여타 섬들

---

7. 오크니 제도는 영국 스코틀랜드 그레이트브리튼섬 북쪽에 있는 제도로 면적은 990km², 인구는 21,349명(2011년 기준), 인구 밀도는 20명/km²이다. 약 70개의 섬으로 이루어져 있으며 가장 큰 섬은 메인랜드이다.
8. 롤런드 지방은 스코틀랜드의 지방이다. 일반적으로 스코틀랜드의 남쪽을 뜻한다. 롤런드 지방의 행정 중심은 에든버러이다.
9. 스코틀랜드의 산악지대이다.
10. 멀섬은 스코틀랜드 서부 해안의 아가일 뷰트에 속하는 이너헤브리디스 제도에서 2번째로 큰 섬이다. 2011년 기준으로 인구는 2,800명이다.
11. 스카이섬은 스코틀랜드의 이너헤브리디스 제도 최대의 섬으로, 북부 끝에 있다. 주요 산업은 관광, 농업, 어업, 임업이다.
12. 스코틀랜드의 이너헤브리디스에 있는 섬으로 아일레이의 북동쪽에 인접해 있다. 비옥하고 인구가 많은 이웃 도시와 비교할 때, 주라는 산이 많고 불모의 땅이다.
13. 애런섬은 스코틀랜드 서남부 클라이드만(灣)에 있는 섬이다. 면적은 432km², 인구는 4,629명(2011)이다.

와인의 지리학

은 불모지이고 황량하지만 여전히 증류장에 좋은 점이 한 가지 있다. 이 섬들은 고속도로를 통해 접근할 수 없고 사람들이 별로 가지 않는 곳이며, 제한된 일정의 작은 페리로만 접근 가능하다. 이는 이 섬들이 관광객들이 많이 여행하는 곳이 아니고, 자연을 관찰하면서 걷는 벽지 휴가 여행, 고래와 야생동물 관찰, 자전거타기, 증류장 방문에 이상적인 곳으로 만든다는 것을 의미한다. 또한 이 섬들 중 많은 곳이 철기시대와 석기시대의 고고학적 유적뿐만 아니라 중요한 초기 기독교 유적을 가지고 있다는 사실은 이 섬들을 훨씬 더 흥미롭게 만든다. 그 섬의 고립과 증류장에서 일하는 사람을 포함하여 사람과 주위 환경과의 연계는 공동체와 증류장에 '하나뿐인 지구'와 같은 매력을 부여한다. 증류장이 산업적일지 몰라도, 그 느낌은 조금도 그렇지 않다.

와인을 이해하는 것은 완전히 새로운 시각에서 와인의 경쟁 술들을 살펴보도록 해 준다. 우리가 맥주, 사과주 혹은 증류주의 지리를 조사하기를 원한다면 무에서부터 시작할 필요가 없다. 이들 각각의 알코올이 와인과 어떻게 다른가를 이해하기 위해 우리가 필요한 모든 것은 그 경쟁 술들에 대한 이해의 교량으로 와인에 대한 지식을 이용하는 것이다. 결코 와인을 이해하듯 동일하게 증류주를 이해할 수는 없을지 모르지만, 여전히 증류주의 지리를 이해할 수는 있다.

Chapter 15

와인, 문화 그리고
금주禁酒의 지리학

Wine, Culture, and Geography of Temperance

어떤 사회에서 와인은 가족생활의 일부이며 저녁 식탁에서 와인을 볼 수 없는 것은 생소할 것이다. 또 다른 사회에서는 와인이 엄격하게 성인을 위한 것이거나 종교적 의례를 위한 것이고 가족생활로부터는 분리된 것으로 간주된다. 일반적으로 식료품 그리고 특히 와인을 취급하는 데 있어 문화마다 다양한 방식은 일부 매력적인 지리를 이룬다. 우리는 글자 그대로 언제, 어디서, 어떻게, 왜 사람들이 와인을 마시는가를 연구하면서 한평생을 보낼 수 있다.

와인과 문화 사이의 연계에 대한 보다 흥미로운 연구 영역 중 하나는 종교의 영향을 다루는 것이다. 어떤 종교에서 와인과 다른 알코올은 금지된다. 또다른 종교에서 와인은 의례의 필수적인 한 부분이다. 와인의 역사, 종교의식, 종교관습 사이의 연계는 특히 가톨릭교회에서 강한데, 이 종교는 로마제국의 붕괴 후 와인산업을 보전하고 발전시키는 데 널리 공로를 인정받았다. 이것은 제국의 종말이 알코올 소비의 하락을 동반했기 때문이 아니다. 차라리 갈등과 정치적 불안정의 도래와 함께 제국의 종말은 로마 세계 주위로 와인을 이동시

와인의 지리학

컸던 경제 시스템과 상업적 연계의 붕괴를 의미했다. 수 세기 후 사람들이 중세의 암흑시대로부터 벗어나면서 탐험, 전도 사업, 식민화를 통해 와인과 포도는 지구상의 먼 구석까지 확산되었다. 그러나 전체 역사를 통틀어, 와인은 하나의 사치품 혹은 종교의식을 위한 한 가지 요소보다 훨씬 더 그 이상의 것이었다. 와인은 우리가 오늘날 물을 소비하는 것과 마찬가지로 규칙적 소비를 위한 하나의 음료였다. 그래서 평일 한 공동체에서 소비되는 와인의 양을 비교하면 와인이 성찬에 이용되는 것은 과도하게 제한적이었을 것이다. 그러면 왜 교회와 와인 사이에 역사적 연계가 존재하는가?

교회와 와인 사이의 연계는 경제학의 하나다. 전체 유럽역사에서 교회는 전통적으로 주요한 지주였다. 생전에 그리고 사후에 사람들은 교회에 토지를 기부하였다. 그들은 또한 교회에 서비스로 토지를 지불했다. 최종 결과, 교회는 엄청나게 많은 재산을 소유했다. 이것은 우리가 폰 튀넨과 농업지리의 토론에서 물었던 문제를 제기했다. 어떤 용도의 토지이용이 최상의 수익을 낳는가? 토지는 규칙적인 소득을 발생시키는 데 사용될 수 있고 혹은 일시불 현금 투입을 위해 팔릴 수 있다. 토지에 대한 특별한 요구가 있다면 그 현금은 효과적일 것이다. 경제적으로 더 나은 장기간의 결정은 과거나 현재나 소득발생이다. 교회에게 와인생산은 최상의 답이었다.

토지를 보유하고 사용하는 경제 문제 이외에도 우리는 또한 와인과학에서 주요한 플레이어로서 교회를 주시한다. 인간의 창조성과 발명의 재능은 항상 사람들이 사고할 시간과 기회가 있는 환경으로부터 이익을 얻었다. 그 당시 최상의 그리고 명석한 사람들을 끌어들이고 그들에게 아이디어를 제공함으로써 교회는 포도 재배와 와인제조에 중요한 역할을 했다. 교회가 새로운 포도 품종의 생산을 선도하고, 식재기술을 시험하거나 더 나은 와인병을 만들어 내기 위하여 의도적으로 시작한 것은 아니었다. 차라리 그것은 위대한 인물들이 그들의 관심과 혁신을 추구하도록 허용하면서 나타난 의도하지 않은 효과였다. 이러한 혁신이 교회에 재정적 편익이 될 수 있다는 가능성은 이 박식한 개인들의 작업을 추가적으로 자극했을 것이다.

종교, 음식의 금기 그리고 문화지리

어떤 종교는 와인을 종교의식의 요소로서 받아들이는 반면, 또 다른 종교는 매우 상이하게 와인에 접근한다는 점은 흥미롭다. 어떤 종교는 특정한 음식과 술 품목을 완전히 금지하거나 일 년의 어느 시기 혹은 축일과 연계된 주기적 제한이 있다. 문화지리학의 일부로서 종교에서 표현하는 음식과 술의 선호는 우리의 기본적인 지리적 가정의 몇 가지를 변경시킨다. 그것들은 농업지리를 변화시키고 우리로 하여금 어떻게 문화가 무엇을 재배하고 무엇을 생산할 것인가에 대한 우리의 선택에 영향을 미치는가를 생각하도록 만든다. 종교와 종교가 와인 지리학에 미치는 영향의 측면에서 우리는 어떻게 교회가 와인산업의 발전과 확산을 촉진했는가를 살펴볼 수 있다. 비교를 통해 이슬람교가 바로 동일한 산업에 미치는 영향을 주시할 수 있다. 이슬람교에서는 종교의식에 와인을 연계시키는 대신에 알코올 소비를 금지한다. 그 자체로서, 이슬람과 와인을 논하는 것은 금주의 지리학에 관한 본 장에 매우 적합하다.

이슬람교에서 알코올 소비를 제한하는 것은 와인 지리학의 연구자인 우리에게 매우 흥미 있다. 중동의 이슬람 국가들은 와인생산에 매우 좋은 기후지역에 있다. 수천 년 전 와인제조의 중심이었던 같은 장소의 어떤 곳은 오늘날 와인생산에 중요하지 않은 국가 내에 위치한다. 이는 이 국가들이 포도를 생산하지 않는다는 것을 말하는 것이 아니다. 포도와 포도주스는 완벽하게 받아들여질 수 있다. 이 포도는 단지 와인을 생산하는 데 이용되지 않는다. 이 사실은 폰 튀넨의 농업모델에 또 다른 요소를 부가한다는 것을 의미한다. 즉, 재배하기 위한 지식 그리고/혹은 장비가 갖춰져 있는 작물을 최상의 가치로 활용하는 것이 우리 문화에서 사회적으로 수용되지 않을 수도 있다.

와인에 미치는 이슬람의 영향은 또한 한때 이슬람 세계의 일원이었던 지역과 와인이 무역에 미치는 영향 때문에 흥미롭다. 스페인과 포르투갈에서는, 고대 그리스 시대까지 거슬러 올라가 번성하던 와인산업이 7세기와 8세기에 무어인이 이베리아반도를 정복하면서 사라졌다. 오스만 터키(Ottoman Turks) 정복 이전의 동유럽에서도 동일하게 적용된다. 1492년 그라나다의 정복은 무어인의 스페인 지배를 종결시켰다. 동유럽에서 와인 생산지역에 대한 오스만의 통제는 19세기 내내 그리고 20세기 초까지 지속되었다. 이들 지역에서 와인산업의 붕괴는 서유럽과 북유럽 도시의 와인시장이 막 명성을 얻기 시작할 때 동시에 발생했다.

와인소비에 대한 종교적 금기에도 불구하고, 중동에서 와인생산이 전혀 없던 것은 아니다. 몇몇 지역에서 와인제조는 수요와 경제적 이윤의 기대 덕분에 지속된다. 다른 지역에서 와인생산은 그 지역의 광범위한 사회적·문화적 차이를 드러낸다. 와인 생산지역은 비(非)이슬람 주민들이 존재함을 가리키고 그래서 와인이 그 지역의 종교적, 문화적 다양성의 일부다.

음식 및 음료의 금기는 몇몇 흥미 있는 지리를 형성하고, 그 금기들이 시간이 경과하면서 변화할 수 있다는 사실에 의해 더욱더 흥미롭게 된다. 이것은 와인과 금주운동에 바로 적용된다. 앞에서 논의한 것처럼 초기 사회에서 와인과 같은 알코올음료는 물의 대체품이었다. 알코올음료는 오염된 물 공급과 일반적으로 연관되는 콜레라와 같은 질병으로부터 안전했기 때문이다. 이것은 산업화와 증류주의 대량생산과 함께 변화하기 시작했다. 고알코올 제품의 이용가능성과 감당할 수 있는 가격은 사람들 사이에서 알코올 문제를 확산시켰고, 이로 인해 알코올 중독은 질병과 사회악으로 더 잘 인식되었다. 거대한 도시인구의 성장과 계속되는 빈곤이 연계되어 알코올 중독에 대한 인식의 증가는 금주운동의 성장으로 이어진다.

19세기 말 그리고 20세기 초 금주운동은 모든 곳에서 동일하지 않았다. 아마도 어떤 국가들은 너무 빠르게 산업화되어서 증류주의 이용가능성과 그것이 야기하는 문제가 확대되었을 것이다. 또 다른 국가들은 규칙적인 소비를 위해서 받아들일 수 있는 음료로서 와인과 맥주에 대한 생각을 조금도 바꾸지 않았을 것이다. 혹은 일부 국가들의 경제는 와인 및 맥주 생산에 의존하였다. 원인이 무엇이든지 간에 금주운동의 지리적 영향은 상당히 다양하였다.

금주를 환영하는 사회에서조차도 와인은 다른 형태의 알코올과 구별되었다. 와인의 의약적, 종교적(성찬식) 이용은 다른 형태의 알코올보다 더 높은 수준에 와인을 배치했다. 와인은 또한 상류층 소비자들을 확보하고 있었고 혹은 적어도 명성이 높았다. 맥주와 함께 와인은 식품으로 간주되었다. 그래서 와인과 맥주는 고알코올 제품 소비를 줄이는 것을 찬성하는 금주 옹호자들에 의해 종종 무시되었다.

미국에서 금주운동은 고알코올음료뿐만 아니라 와인과 맥주까지 금지를 장려하면서 세계의 여타 국가들과는 매우 상이하게 변화하였다. 그러한 노력의 정점은 1919년 금주법의 시행시대(Prohibition)로 이어지는 금주법(Volstead Act)[1]의 비준이었다.

---

1. 공식적으로 국가금주법(國家禁酒法, National Prohibition Act)은 미국의 금주법에 관해 규정한 법률이다. 하원 사법 위원장 앤드류 볼스테드(Volstead)를 따서 명명되었다. 그러나 볼스테드도 법률 입안보다는 오히려, 후원과 원조자로서의 역할이었다. 법안을 생각하고, 견인한 것은 반살롱 연맹(Anti-Saloon League)의 웨인 휠러였다.

와인의 지리학

금주법 시행 이전에 대부분의 주에서는 이미 알코올이 사라졌다. 금주법이 행한 것은 나머지 주에서도 알코올이 사라지게 하는 것이었다. 와인을 금주법에서 배제하기 위한 노력에도 불구하고 와인은 금주법에 의해 매우 제한되었다. 비록 의약용, 성찬용 와인생산을 위한 법률상의 허점이 존재했을지라도, 그러한 용도 혹은 식용 포도의 판매를 위한 와인생산의 수준은 와인산업을 지탱하기 위해 필요한 곳 어디에도 존재하지 않았다. 1933년 금주법이 철회되었지만 대부분의 와인 생산자를 구하기에는 너무 늦었다. 그것은 또한 알코올 판매를 적법화하지도 않았다. 금주법의 철회는 주정부의 수중에 그 문제를 되돌려 두었을 뿐이었다. 이는 1966년[마지막으로 금주법을 시행했던 주(州)인 미시시피주가 금주법을 철회하던 때]까지 지속되었던 금주법 시행 주와 금주법 철회 주의 흥미 있는 지리를 만들어 냈다. 알코올 판매를 허용하는 주의 결정이 그 주를 구성하는 모든 공동체의 승인을 의미하는 것은 아니다. 심지어 오늘날에도 알코올을 금지하는 주가 남아 있다.

오늘날 상대적으로 소수의 사람들만이 1919년의 금주법 시행은 말할 것도 없고, 1933년 금주법의 철회를 기억한다. 그렇다고 하더라도 금주법의 영향은 여전히 지리학적으로 오늘날에도 관련이 있다. 금주법이 종결되었을지라도 알코올 판매의 규제는 주와 지방의 관심사항으로 남아 있다. 그 자체로서 와인의 지리학과 특히 와인판매의 지리학은 국지적 규제 환경에 바탕을 두고 상당히 다양할 수 있다. 주류 판매를 법적으로 금지한 주는 종종 주의 경계를 겨우 몇 피트 벗어난 곳에 위치한 주류 판매 면허점들에 둘러싸인다. 알코올과 담배에 대한 주별 '죄악세(sin tax)'의 차이는 주 경계를 따라 주간 고속도로 휴게소의 흥미로운 상품 구성을 낳는다. 표지판에 "환영 XXX 주. 독주와 알코올은 1mile 전방에"라고 쓰는 것이 나을 것이다. 심지어 독주가 주에서 승인한 판매자를 통해 판매되는 주들도 있다. 아마 이것은 독주 판매를 훨씬 더 통제할 것이다. 그러나 개인적인 경험에서 나는 결코 주가 알코올 판매에 개입하는 것이 서비스 혹은 선택에 좋다고 생각하지 않는다.

미국 로키산맥의 동부

금주운동과 금주법 시대를 벗어나 어떤 와인산업의 승리자가 있다면 그것은 명확하게도 캘리포니아다. 와인산업이 사실상 다른 곳에서 일소되었을지라도 캘리포니아는 가까스로 운영될 수 있는 형태로 살아남았다. 나머지 대부분의 지역에서 와인산업은 금주법 시대 이전의 수준을 넘어서기 위해 겨우겨우 나아가고 있다. 와인제조의 현대적인 진보로 인해 금주법 시대 이전에 와인생산이 전혀 없었던 지역에서 기업들이 포도밭과 와이너리를 세울 수 있는 기회를 가지게 되었다. 더욱이 연방 입법에서의 몇 가지 최신 변화는 미국 여기저기에서 와인산업이 번영하도록 했다.

비록 와인산업을 위한 가장 중요한 입법의 일부는 아닐지라도 1976년의 팜 와이너리법(Farm Winery Act)은 당신의 마음속에서 특별한 위치를 차지할 것이다. 그 법은 작은 와이너리에서 만들어진 와인을 방문객과 국내 소비자들에게 직접 판매할 수 있는 상황을 조성했고, 와이너리 개발과 관련된 비용과 관공서의 요식행위를 감소시켰다. 그 법에서 보장된 권리는 그 후 계속해서 인터넷을 통한 생산자의 와인판매를 보호하는 개정에 의해 강화되었다. 이러한 규정의 효과는 작은 와이너리로 하여금 와인상인을 건너뛰고 대중에게 직접적으로 판매를 허용하는 것이다. 그것은 또한 와인관광에 인센티브를 제공했다. 이 규정이 없다면, 와이너리 방문객은 방문의 추억을 살 수 있지만 와인은 살 수 없다. 이제 와이너리는 방문객을 끌어들이는 데 인센티브를 가진다. 포도밭과 와이너리의 짧은 관광 후에 제품의 시음과 방문객을 대상으로 하는 직접 판매가 뒤따를 수 있다. 팜와이너리법 이전에 이러한 활동은 연방 재무부의 알코올 담배 화기국(ATF: Bureau of Alcohol, Tobacco, and Firearms) [2] 지방 대표의 방문을 유발했을 것이다.

와인산업에 대한 정부의 규제 완화는 미국의 와이너리 수의 급속한 성장을 부채질했다. 이러한 성장은 팜와이너리법뿐만 아니라 포도를 수입하는 와이너리의 능력에 의해서 촉진되었다. 와이너리는 수입한 포도로 새롭게 만든 포도밭이 성숙하는 동안 생산을 시작할 수 있다. 이것은 식재와 물자 구입에 대한 투자로부터 이익을 보기 시작하는 데 필요한 대기시간을 줄여 주고 새로운 와이너리를 설립하는 것과 관련된 몇 가지 경제적 부담을 완화해 준다.

이제 미국에서 운영되는 와이너리뿐만 아니라 와인을 생산하는 주의 수는 극적으로 증가하였다. 아마도 오늘날 와인을 생산하지 않는 주보다 생산하는 주가 더 많을 것이다. 빠르게 인터넷을 방문하면 아이오와(Iowa), 미시간(Michigan), 펜실베이니아(Pennsylvania), 버지니아(Virginia), 노스캐롤라이나(North Carolina), 로드아일랜드(Rhode Island), 메인(Maine), 뉴햄프셔(New Hampshire), 매사추세츠(Massachusetts), 텍사스(Texas), 오하이오(Ohio), 애리조나(Arizona), 코네티컷(Connecticut) 그리고 많은 다른 주에 있는 와이너리의 정보를 얻을 수 있다. 뉴욕주와 같은 거대 와인생산 주에서 우리는 5대호의 남쪽 기슭을 따라 그리고 허드슨강 계곡으로 와인이 확산되는 것을 볼 수 있다. 또한 롱아일랜드(Long Island)에는 다량의 새로운 포도밭이 존재해 왔다. 와인산업의 빠른 성장이 이루어진 상황에서 이제 미국의

---

2. 미국의 주류, 담배, 총기에 관한 단속업무를 하고 있는 수사기관이다. 이 수사기관은 미국의 금주법의 영향 아래에 있었던 사법기관으로 지금도 각 지역의 주류 허가 등의 기본적인 업무에서 총기 밀매, 담배 밀수, 주류에 관한 업무와 단속을 많이 하고 있다.

와인은 금주법 이전의 와인생산의 수준을 넘어선다. 또한 금주법 이전에 와인 생산지가 아니었던 지역으로 확산된다.

미국의 와인 생산지역은 너무 다양해서 수많은 일반화가 힘들 정도이다. 기후의 범위는 거의 어떤 종류의 와인 포도라도 생산할 수 있는 기회를 제공한다. 그 선택은 기후에 가장 적합한 포도를 발견하는 데 달려 있다. 미국의 대학과 사회교육 프로그램은 장소와 포도를 어울리게 하는 과정에서 매우 활동적인 플레이어가 되어 왔다. 새로운 포도밭과 와이너리가 움직이기 시작하면서 제품이 주류로 들어가는 데는 시간이 꽤 걸릴 것이다. 그때까지 새로운 와이너리는 지방시장(와인상점과 레스토랑)과 방문객을 겨냥한 직접 판매에 기반을 두고 발전한다. 그래서 지방 와인상점에서 몇몇 최신 와인을 발견하는 것은 어려울 것이다.

미국에서 와인의 확산은 여전히 걸음마 단계이고 관련된 사람, 제품 그리고 설비 측면에서 많은 지방적 성격을 가지며 대단히 지역적이다. 미국의 다른 지역의 와인 소비자는 모든 새로운 와인과 친숙하지 않을 수 있다. 적어도 마케팅의 관점에서 와인지역이 정체성을 가지는 것이 중요하다. 우리는 잘 알려진 와인지역의 와인을 구입할 때 기대할 수 있는 것을 안다. 그러나 오하이오, 애리조나 혹은 코네티컷의 와인에 대한 소비자 대부분의 지식은 이 와인들이 캘리포니아에서 온 것이 아니라는 사실로 시작해서 끝난다. 이것은 새로운 지역의 와인을 판매하는 데 극복해야 할 힘든 일일 수도 있다. 그러나 우리는 이에 긍정적인 의견을 제시할 수 있다. 우리가 와인에 관심이 있고 와인을 생산하는 장소에 호기심이 있다면 지역 생산의 차이는 우리의 관심을 끌어들일 만큼 충분하다. 이는 우리에게 그 와인들을 모두 경험할 수 있는 인센티브를 제공한다. 누가 알겠는가? 그렇게 함으로써 우리는 다음의 훌륭한 와인지역을 우연히 마주칠 수도 있다.

와인의 지리학

Chapter 16

지역정체성, 와인 그리고 다국적기업

Regional Identity, Wine, and Multinationals

수많은 알코올과 리큐어를 갖춘 오픈 바가 있는 곳에서 파티를 한다고 상상해 보자. 이탈리아, 캘리포니아, 오스트레일리아, 뉴질랜드의 포도밭을 대표하는 수십 개의 상이한 와인이 있다. 또한 우리가 기억할 수 있는 것보다 더 많은 선택 가능한 맥주가 있다. 우리는 무엇을 마실 것인가를 선택해야 하는 과제에 처하기 때문에 이 모든 와인, 맥주, 알코올이 동일한 회사 제품이라는 것이 결코 우리에게 떠오르지 않을 것이다. 우리가 하는 선택과 상관없이, 우리의 돈이 동일한 장소로 간다는 것이 핵심이다.

알코올음료 시장에는 다양한 거대 기업들이 존재한다. 알코올음료 산업에서 다국적기업의 지주회사들이 성장하고, 전통적으로 그 산업의 일원이 아니었던 회사들이 다각화를 향한 시선으로 그리고 수지가 맞는 라벨의 취득을 위해 알코올음료 산업을 주시하고 있다. 그것은 모두 새로운 세계경제 질서의 일부이다. 대부분의 와인 애호가가 가지는 와인 제조업자의 이상화된 이미지에는 대기업이 포함되지 않는다.

와인의 지리학

와인이 세계 도처에서 보조금을 받는 익명의 기업의 존재에 의해 만들어지는지 관심을 가져야 하는가? 알코올음료 산업에서 성장하는 이러한 다국적 기업의 존재는 하나의 시류다. 그것은 합리적인 경제적 행태다. 그러나 와인을 애호하는 우리에게 알코올음료 산업에 기업이 개입하는 것은 몇 가지 걱정을 야기한다. 한편으로 소위 기업 와인은 높은 품질을 보유할 수 있고, 최상의 과학과 기술을 활용할 수 있으며, 공격적으로 시장에서 판매되는 매우 잘 알려진 라벨을 포함할 수 있다. 기업의 개입은 규모의 경제를 통해 심지어 저가격 책정을 낳을 수 있다. 다른 한편 그것은 예스러운 멋이 있고, 가족이 경영하는 포도밭에 대한 우리의 정신적 이미지를 희생하고 출현한다. 와인 애호가로서 우리는 선호하는 와인 제조사들이 주식시장에서 거래되고, 그들의 맥주광고로 알려지고 혹은 프로 스포츠의 대기업 스폰서가 되는 것을 기대하지 않는다. 오늘날 와인 제조사들은 그렇게 할지도 모른다.

와인과 정체성

특정 물건과 그것을 생산하는 장소를 연관시키게 된 것은 흥미로운 현상이다. 그러한 관찰에서 한 걸음 더 나아가 한 제품의 품질이 어떻게 장소와 연관되는가를 살펴볼 수 있다. 수많은 장소들이 제품을 생산한다. 그러나 어떤 장소들은 고품질 생산으로 알려져 있을 수 있고, 반면에 다른 곳들은 저품질 생산으로 알려질 수 있다. 제품과 장소에 대한 고정관념은 정확할 수도 있고 정확하지 않을 수도 있다. 그러나 그럼에도 불구하고 이러한 고정관념은 존재한다.

식료품은 특히 장소에 대한 고정관념에 민감하다. 우리는 식품과 연관되는 장소로부터 식품이 오기를 원한다. 비록 식품이 그 장소에서 오는 것이 아닐지라도 포장물의 적절한 이름 혹은 이미지는 그 품질에 대하여 우리를 충분히 납득시킬 수 있다. 장소의 고정관념은 판매를 촉진한다. 좋아하는 맥주가 위스콘신(Wisconsin)에서 제조되었다면, 맥주병의 훌륭한 독일식 이름과 이미지들은 이 맥주가 마셔 볼 만한 가치가 있다는 것을 사람들에게 확신시키기에 충분하다. 이는 또한 비록 수많은 와인들이 보르도 혹은 부르고뉴에서 떨어진 세계에서 생산된다 할지라도 왜 그토록 많은 와인들이 병에 프랑스어 소리가 나는 이름을 가지고 프랑스 이미지로 양식화되었는지에 대한 이유다.

유럽연합(이하 EU)은 장소의 정체성과 식품의 게임에서 흥미로운 플레이어다. 한편 EU는 통합된 유럽을 만들기 위해 노력하고 있다. 다른 한편으로 EU 프로그램은 문화적 정체성과 유산을 강조한다. EU는 하나의 유럽을 만들고 있는 반면에 유럽 내에 존재하는 차이를 인정하는 데 매우 적극적이다. 와인 혹은 치즈와 같은 제품의 경우, 경제적으로 동질화된 유럽을 창출하기 위한 욕망은 특화된 지방 제품의 명성을 보호하는 규정과 논쟁해야 한다는 것을 의미한다.

한 장소의 명성을 보호하는 것은 장소가 확인된 식품의 마케팅에 도움이 된다. 와인과 치즈가 가장 일반적인 사례다. 환경의 영향과 식품의 창출에 개입되는 창조적인 과정은 식품이 생산되는 장소와 강하게 연관되고 그 장소의 이름을 따서 짓는 결과로 귀착된다. 어떤 이름들은 그 제품을 창조하는 과정과 너무 강하게 연관되어 있어서 시간이 지남에 따라 그 장소적 연관성이 상실된다. 그러한 연관성이 여전히 존재하는 곳에서 이 연관성을 보호하기 위한 규정들이 존재한다. 샴페인(Champagne)이 프랑스의 샹파뉴 지역에서 왔다면 유일한 샴페인이다. 만약 그렇지 않다면, 그것은 [메토드 샹프누아즈(mé-thode champenoise)[1]로 생산된] 캘리포니아 샴페인, 브뤼(Brut), 스파클링 와인(Sparkling wine), 아스티 스푸만테(Asti Spumante)**2** 혹은 다른 많은 국지적인 용어로 라벨이 붙여질 수 있다. 실제로는 그것 모두 샴페인이다. 단지 모두 상파뉴 지방에서 만든 것이 아니다. 규정을 지지하는 사람은 한 제품이 한 장소의 이름을 따서 붙이면 그 이름을 지닌 모든 제품이 그 장소의 명성 혹은 오명에 기여한다고 말한다. 그 논점은 그러한 보호가 가짜를 예방하고 제품의 완결성을 증진시킨다는 것이다. 다른 사람들은 한 장소의 명성을 보호한다는 것은 단지 보호무역주의에 대한 편리한 변명에 불과하다고 주장한다. 물론 지방 와인상점을 운영하는 사람들은 아마도 규정과 보호무역주의에 관하여 신경 쓰지 않을 것이다. 와인상점 운영자와 대부분의 와인 소비자에게 시중의 샴페인은 관련된 적법성에 관계없이 샴페인이다.

모방은 가장 진지한 형태의 아첨일 수 있지만 때때로 그것은 단지 명백한 사기다. 와인 사기의 가장 분명한 형태는 만들지 않은 제품을 팔기 위하여 기존 와인 제조업자의 명성을 이용하는 것이다. 사기성 제품은 일반적으로 훨씬 질이 떨어진다(만약 그것이 더 나은 품질을 갖추고 있다면 왜 사기 칠 필요가 있겠는가). 지리적인 조건에서 사기는 또한 장소의 의미와 정체성으로 확대될 수 있다. 가령, 우리가 와인판매를 최대한 활용하거나 더 많은 사람들에게 판매하기를 원한다면 왜 와인에 단지 보르도 라벨을 붙이지 않겠는가? 보르도는 소비자들에게 품질을 의미한다. 그래서 이는 판매를 촉진할 것이다. 그것은 하나의 레드와인이다. 누가 그 차이를 알겠는가?

현실은 단순히 생산자의 이름만 중요하지는 않다는 것이다. 와인 사기는 또한 전체 지역에 영향을 미칠 수 있다. 사기는 돈을 벌기 위한 수단으로 그 지

---

1. 고급 스파클링 와인을 만드는 전통적인 방법을 말한다. 상파뉴 지방 이외에서 이 방법을 이용해 스파클링 와인을 만들면 이 이름을 라벨에 표시한다.
2. 이탈리아 아스티 지방의 탄산 포도주이다.

역의 명성을 훔치는 것이 행해질 수 있다. 생산자의 이름이 그 품질을 시사하는 것처럼 한 지역의 이름도 그러하다. 그 이름은 또한 사용된 품종, 상이한 품종의 조합 그리고 그것들의 성장조건에 대한 정보를 전할 수 있다. 심지어 우리가 보르도 지역의 전형적인 포도로 만든 와인을 판매하고 있다고 할지라도 보르도 와인을 판매한다고 말하는 것은 사기다. 우리는 보르도 스타일의 와인을 판매 중일 수 있다. 그러나 보르도를 판매하는 것은 아니다. 그러한 사기는 실제 보르도의 생산자들의 수중에서 돈을 빼앗아 가고 그 지역의 명성을 훼손한다.

이 토론에서 하나의 예로 보르도를 이용하는 것은 우연이 아니다. 그것은 보르도가 전통적으로 와인 사기를 예방하기 위한 노력에서 선도적 역할을 했기 때문이다. 지역에서 품질 좋은 와인을 생산하는 제조업자들은 와인이 불법적으로 모방되지 않도록 안전하게 지키는 데에 항상 기득권을 가지고 있었다. 이는 그들의 평판뿐만 아니라 이익도 보호하는 것이었다. 그들의 노력은 1855년의 샤또 분류 시스템을 포함하여 보르도 와인에 대한 분류 시스템으로 이어졌다. 게다가 이들의 작업은 와인산업의 표준이 된 와인 분류 시스템을 위한 기초로서 기능했다.

라벨의 중요성과 의미

와인라벨의 정보는 수많은 정보를 전달한다. 그것은 우리에게 와인 제조업자와 와인 원산지에 대해서 말해 준다. 와인라벨은 또한 어떤 포도 품종이 이용되었는지도 알려 준다. 비록 그러한 몇 가지 정보가 꽤 간단하더라도 라벨의 수많은 정보는 해석이 필요하다. 이것은 특히 지명, AOC's, Doc's에 대한 언급을 포함하고 혹은 꽤 많은 다른 약칭과 함께 라벨에 붙여진 와인에 적용된다.

와인라벨에는 제조업자의 이름과 원산국을 표시해야 한다. 그것은 또한 수입업자에 대한 정보를 포함하고 그 와인이 어디에서 왔는가에 따라 지배적인 포도 품종을 표시할 수도 있다. 와인이 프랑스에서 왔다면 그것은 AOC(appellation d'origine contrôllée)3라는 용어 다음에 이어지는 지명을 포함할 수 있다. 그것은 단지 지명만을 가질 수 있다. 이제 나는 와인 책을 쓸 때 매우 영감을 주는 론산 와인(Côtes du Rhône)병을 바라보고 있다. 그것은 훌륭한 레드와인이며 맛이 매우 좋다. 어떤 사람들은 맛 하나에 기초하여 와인에서 포도 품종을 확인할 수 있지만 나는 확실히 그러한 사람들 중의 한 명이 아니다. 그래서 내가 마시고 있는 것을 어떻게 아는가? 실제로는 라벨이 나에게 그 정보를 전달한다. 나는 단지 라벨에 적힌 언어를 이해하기만 하면 된다.

AOC 라벨은 우리가 마시고 있는 와인에 대한 몇 가지 중요한 정보를 제공한다. AOC 라벨은 라벨에서 확인된 지역에서 포도가 나왔다는 것을 우리에게 알려 준다. 만약 와인에서 사용된 포도들이 그 지역에서 나온 포도가 아니라면, 그 와인은 그 라벨을 달 수 없다(그것은 기만하는 것이다). AOC 라벨은 또한 사용된 포도 품종에 대하여 무엇인가를 우리에게 가르쳐 준다. 와인에서 사용된 포도들은 그 장소의 특징적인 포도 품종들이다. 유일한 문제는 우리가 그 장소를 알지 못한다면 아마도 포도 품종 역시 알지 못할 것이라는 점이다. 어떤 포도가 어떤 잘 알려진 와인지역에서 사용되는가에 대한 어느 정도의 생각이 있을 수 있지만, 덜 알려진 지역 혹은 포도 품종이 혼합되는 지역에 대해서는 약간의 도움이 필요할 수도 있다. 훌륭한 와인 지도집이 도움이 될 것이

---

3. 원산지 통제 명칭제도이다.

다. 나는 코트 뒤 론(Côtes du Rhône)[4]를 찾아볼 수 있고 내가 마시고 있는 와인 – 주로 시라(Syrah), 그르나슈(Grenache), 무르베드르(Mourvedre)로 구성– 이 무엇인지 정확하게 배울 수 있다. 만약 와인이 그 지역의 특징적인 포도가 아닌 것으로 만들어졌다면 AOC의 명칭은 사용될 수 없다. 그 와인은 아마도 문제가 되는 지역의 테이블 와인으로 라벨 붙여질 것이다. 그 점에서 당신의 추측은 병에 있는 것이 무엇이냐에 대하여 내 추측과 마찬가지일 것이다. 위의 사례가 프랑스이지만 우리는 AOC를 제거하고 각각 DOC[5], DO[6] 혹은 AVA[7]로 대체함으로써 이탈리아, 스페인 혹은 미국의 사례를 쉽게 이용할 수 있었다. 그 약자는 상이하지만, 그것들은 모두 와인과 장소 사이에 법적으로 인정된 연계를 확립한다.

포도 품종에 의해 라벨 붙여진 와인의 경우조차도 여전히 법적으로 적합한 장소 표시가 존재할 것이다. 가령, 장소 표시는 하나의 와인이 단순히 하나의 캘리포니아 샤르도네(chardonnay)가 아니라 나파(미국 포도 재배지역, NAPA AVA: American Viticultural Area) 혹은 소노마 포도 재배지역 소노마(Sonoma AVA) 혹은 중앙계곡 포도 재배지역(센트럴밸리, Central Valley AVA)의 샤르도네라는 것을 알려 줄 것이다. 그러한 표시는 우리와 와인 제조업자 간 계약의 일부다. 이것은 우리가 그 지역 포도밭에서 국지적으로 생산된 포도로 만든 와이너리에서 와인을 구입했다는 것을 보장한다.

장소로 식별된 와인의 흥미로운 점은 대중시장의 와인 소비자에게 완전히

---

4. 론강 계곡을 말한다.
5. Denominazione d'Origine Controllata. 이탈리아 와인의 원산지 통제 명칭. 프랑스의 AOC와 같이 이탈리아에서 고품질의 명성 높은 와인에 대해 인증받아 붙이는 포도 재배지의 명칭이다.
6. Denominación de Origen. 스페인 와인의 원산지 통제 명칭이다.
7. American Viticultural Area. 미국 원산지 통제 명칭. 연방 정부에 승인되고 등록된 주나 지역 내에 속하는 특정 포도 재배 지역을 말한다. AVA 지정은 1980년대부터 시작되었으며 유럽의 지역별 관리 제도를 본떠서 만든 제도다.

와인의 지리학

수수께끼가 될 수 있다는 것이다. 와인상점의 소비자가 사용되는 포도에 대하여 알지 못할지라도 푸이-퓌세(Pouilly-Fuissé) 혹은 키안티(Chianti)를 인식할 수 있다. 어떤 지명은 단순히 그것들이 친숙하다는 이유 때문에 대중시장에서 잘 팔린다. 더욱 나쁘게, 어떤 와인은 단순히 가격에 기반을 두고 라벨을 의식하는 소비자들을 끌어들일 것이다. 이와 꼭 같은 소비자는 비록 좋아하는 포도 품종일지라도 덜 알려진 장소의 라벨이 붙은 와인은 건너뛸 것이다. 그래서 장소의 라벨은 우리의 최상의 친구이거나 혹은 가장 나쁜 적일 수 있다. 장소로 식별된 많은 와인은 현대 와인시장에서 불리한 입장에 있을 수 있다. 왜냐하면 대부분의 유럽 외부의 장소 라벨은 특별한 미국의 발명품(품종 라벨)에 양보했기 때문이다.

장소에 관한 라벨을 제한하기 위한 수단으로서 품종 라벨이 개발되었다. 품종 라벨을 붙이기 이전에 포도 재배자는 포도원 입지에 대한 고려 없이 장소 라벨을 사용했다. 이상적으로 이것은 와인에 사용된 품종과 식별된 지역에 사용된 품종 간의 경쟁에 바탕을 두었다. 덜 신중한 포도 재배자는 그러한 라벨을 무차별적으로 사용하곤 했다. 단 한 방울의 와인도 그 지역에서 나오지 않았거나 피노 누아(pinot noir) 포도로 만들어지지 않았을지라도 어떤 레드와인이든 부르고뉴라고 라벨이 붙어 있을 수 있다.

마케팅의 관점에서 지명을 보호하기 위해 디자인된 규정의 출현은 잘 알려진 와인 생산지역의 포도 재배자에게는 대성공이었다. 그 규정들은 다른 재배자에게 그 당시의 와인 소비자들에게 아무 의미도 없었던 지명 라벨을 채택하도록 강요했다. 우리가 품종 라벨 붙이기의 확산을 목도하게 된 것이 그러한 규정 때문이라는 것은 놀라운 일이 아니다. 장소보다는 품종에 바탕을 둔 라벨은 소비자들이 쉽사리 이해할 수 있는 것으로부터 유래하는 와인의 판매 수단을 제공한다. 개인적으로 나는 장소 라벨이 붙은 와인의 포도 품종을 이해하기 위하여 와인 지도집을 찾아보는 것을 꺼리지 않는다. 와인 소비자의 대다수는 그렇게 하고 싶어 하지 않는다. 그 자체로서 포도 품종 라벨링은 와인 제조업자가 강요된 지명 라벨링에 관련된 이슈들을 지나치게 한다.

기업와인의 기원

와인병에 나타날 수 있는 모든 정보 중에서 없는 것은 기업의 라벨링일 것이다. 우리는 생산자들이 모두 동일한 대기업의 자회사들이라는 정보 없이 이 와인에서 저 와인으로 모험을 해 볼 수 있다. 기업은 단순히 라벨에 그러한 종류의 정보를 붙이지 않는다.

와인산업에서 대기업의 개입은 산업의 경제지리의 자연스러운 결과이며, 와인제조의 의사결정이 개별적인 포도원의 소유자에서 벗어나 대기업의 수중에 놓이게 되는 긴 진화과정의 일부이다. 불행하게도 그것은 또한 와인을 한 장소의 독특함의 표현에서 하나의 동질화된 기업의 제품으로 변화시킨다. 비록 이것이 사실이 아닐지라도, 와인이 낭만적인 보르도의 샤또보다 훨씬 정유소 같아 보이는 시설에서 생산될 때 와인의 문화가 타락하지 않는다고 논하기는 어렵다.

와인제조를 사업으로 볼 때 이윤을 만드는 방식에서 지속되는 다양한 문제가 존재한다. 첫째, 어떠한 농업에서든지 고유한 환경적 위험이 존재한다. 주기적인 경제적 침체 또한 종종 사치품으로 간주되는 것을 생산하는 산업에 위험을 부과할 수 있다. 생산 국가와 소비 국가 사이의 정치 문제는 생산 지대가 제한되어 있지만 소비자는 거의 무제한적으로 배열되어 있는 산업의 경우 잠재적 문제를 부과한다. 와인판매 및 관세에 대한 규제는 수익에 부정적으로

와인의 지리학

영향을 미친다. 소비자 선호의 변화 패턴은 와인소비를 바꾸고 혹은 금주운동의 경우에 거의 전적으로 와인을 몰아낸다. 이러한 위협들은 산업의 지리를 변화시킨다. 시간이 경과함에 따라 이러한 위협들은 와인을 거대한 사업으로 그리고 다국적기업으로 만든다.

지리적으로, 경제적으로 문제는 기업이 크면 클수록 어려움에 봉착하여 자원과 회복력이 더 커진다는 것이다. 개별적인 생산자들은 수많은 양의 와인을 생산할 수 있다. 그러나 동일한 생산자가 몇 번의 흉작에서 살아남을 수 없거나 혹은 변화하는 시장에 보조를 맞추기 위한 금융자원을 가지지 못할 수 있다. 새로운 포도 품종에 대한 소비자 선호의 변화는 개별 생산자들의 토지가 그러한 포도 품종들을 생산할 수 없다면 그들을 시장에서 고립시킬 수 있다. 자신들을 보호하기 위하여 개별적인 생산자들은 협동조합을 결성할 수 있다. 그렇게 함으로써 와인을 생산하고 마케팅하는 보다 복잡한 과제를 다른 사람들에게 맡기면서 포도 생산을 전문화할 수 있다. 외관상 작았던 발걸음이 시간이 지나고 보면 점점 더 큰 사업으로 커지고 오늘날 우리가 보는 다국적 생산자의 발생으로 이어진다.

개별적인 생산자를 생각해 보자. 모든 것이 잘 작동된다면 그는 고품질이고 수익이 많이 나는 와인을 산출할 수 있는 고부가가치 작물을 생산할 수 있다. 기존의 생산자는 이윤을 저축해 두고 생산에 재투자할 수 있다. 만약 조건이 좋다면 새로운 생산자는 새로운 토지를 포도 생산에 가져오면서 시장에 진입할 수 있다. 더 많은 생산자는 더 많은 경쟁을 의미한다. 좋은 시장에서 이러한 생산자의 증가는 단순히 이윤이 더 많은 생산자들로 쪼개진다는 것을 의미한다. 불행하게도, 모든 경제적 붐에는 불황이 존재한다. 흉작, 수출 문제, 해충의 출몰 혹은 와인생산의 수익성을 줄이는 수많은 다른 것들이 존재한다. 이러한 조건들이 존속한다면 한계생산자 그리고/혹은 제한된 자원을 가진 생산자는 파산하거나 어쩔 수 없이 다른 작물을 재배할 수도 있다. 그 결과는 그러한 구매를 할 수 있고 조건이 개선될 때까지 계속 구매할 수 있는 능력을 가진 사람이 포도원과 와이너리를 가질 수 있는 좋은 거래이다. 충분한 부를 갖춘 대형 생산자는 최상의 작은 포도밭과 와이너리를 재고목록에 추가하면서 움켜쥔다. 결국 시장의 하강 국면은 보다 많은 토지를 소유한 대형 와인회사로 이어지면서 소규모 한계 생산자들을 제거한다. 이러한 과정은 시장 상황이 좋을 때도 스스로 역전되지 않는다. 이는 단순히 대형 생산자들의 힘과 다음번 시장의 쇠락에 저항할 수 있는 그들의 역량을 강화시킨다.

우리가 와인시장을 글로벌 사업으로서 본다면, 한 지역의 생산을 지배하는 생산자와 포스터스(Fosters), 디아지오(Diageo) 혹은 페르노 리카(Pernod-Richard)와 같은 다국적기업 사이의 간격은 크지 않다. 대형 지역 생산자는 여전히 고향지역에 영향을 미치는 위험에 위태로울 수 있다. 고향지역 내에서 소규모 경쟁자들을 매입하는 것은 매입 비용이 증가함에 따라 비실용적일 수 있다. 이러한 문제점은 경제 기회를 제공하고 생산자의 고향지역에 특수한 위험으로부터 보호해 주는 장소로 그 지역 외부를 살펴볼 수 있는 동기를 부여한다. 이러한 지리적 다각화는 종종 시장의 다각화와 협력하여 발생할 것이다. 한 회사가 생산라인뿐만 아니라 그것이 운영되는 지역을 다각화하면서 맥주와 증류주의 생산으로 옮길 수 있다. 그것은 심지어 다른 영역으로 사업 시도를 확장할 수 있다. 그래서 단일 지역의 대형 와인 생산자는 알코올음료 산업 내에서 그리고 이를 넘어서서 다양한 생산라인을 가진 다국적기업으로 진화할 수 있다. 마찬가지로 대기업은 그들의 포트폴리오(자산구성)를 다양화하기 때문에 목표로서 알코올음료 산업을 생각해 볼 것이다.

또한 와인산업의 경제지리에서 대기업의 중요성은 어떻게 와인이 지방 소비자들에게 도달하는가에 반영되었다. 산업의 역사 내내 와인의 생산, 운송,

판매는 구분되어 있었다. 와인생산과 다르게 와인유통은 항상 상당한 기업의 존재를 포함하였다. 운송의 국지적 네트워크, 창고, 유통은 여전히 대기업과 독립적으로 작동한다. 이것은 특히 맥주의 경우 그러한데, 지방 양조장은 여전히 제품을 직접적으로 인근 펍과 선술집에 유통할 수 있다. 장거리에 뻗쳐 있는 유통망의 경우에 항상 중간상인과 기업이 존재해 왔다. 소비자는 이에 대해 동의하는 것 같다. 제품과는 관련이 없다. 유통망은 단지 우리가 와인을 구매할 수 있는 곳에 가져다 놓는다.

어떤 집단에서는 한 회사를 '다국적'이라고 명명하는 것은 그 회사를 비난하는 것이다. 다국적기업이 오명을 얻는 곳은 블루칼라 고용과 관련이 있다. 그곳에서 다국적기업에게는 수많은 옵션이 있다. 많은 회사를 다국적으로 만드는 것은 값싼 공장 노동력 탐색과 제3세계로의 생산 수출이다. 이상적으로 빈국(貧國)으로의 일자리 아웃소싱은 그러한 나라의 경제 발달을 위한 디딤돌이 된다. 실제로 일자리가 아웃소싱되는 나라는 일반적으로 노동조합과 최저임금이 없고 노동에 대한 법적 보호가 적다. 그러한 나라는 또한 아마도 다국적기업의 모국에는 존재하는 환경 보호가 부족할 것이다. 다국적기업은 물건을 더 잘 만드는 것보다는 자신들의 이익을 위하여 상황을 이용한다. 경제 발전은 다국적기업의 사업 비용을 증가시킬 것이기 때문에 그것은 다국적기업에게는 비생산적일 것이다.

알코올 생산자는 그러한 종류의 다국적기업이 아니다. 그렇게 되기를 원하지 않기 때문이 아니라 전통적 다국적기업 모델에 쉽사리 맞출 수 없는 제품을 생산하기 때문이다. 주류 분야에서 다국적기업의 성장은 제품의 다각화와 이윤 추구에 바탕을 두고 있다. 전통적 다국적기업 모델은 상당한 노동의 요구가 있고, 많은 노동을 이용하고 노동 비용이 높은 산업에서 목표를 확장한다. 비용 절감과 이윤 극대화는 산업들이 노동비를 최소화 할 수 있는 입지를 추구하도록 한다. 관리, 연구, 첨단기술 활동에서 화이트칼라를 고용하는 경우, 다국적기업은 제한된 옵션을 가진다. 다국적기업은 한정된 국가와 그러한 노동력을 갖춘 한정된 입지에서 선택할 수 있으며, 저렴한 노동력은 드물다.

주류 다국적기업의 흥미로운 점은 이러한 모델을 따르지 않는 것처럼 보인다는 것이다. 이는 적어도 부분적으로 주류 생산자들에 대한 노동비가 다른 산업에서만큼 중요하지 않기 때문이다. 또한 역사의 주요한 사건은 여기서 작동하고 있다. 앞에서 논의한 것처럼 발효과정은 포도가 재배되는 지역과 와인 생산을 연계시키는 경향이 있다. 이것은 대안적 생산 입지를 추구하는 대기업의 역량을 제한한다. 와인생산은 포도원 근처에서 일어나고 그것을 변화시키기 위하여 대기업이 경제적으로 할 수 있는 일은 적다.

와인생산과 포도원의 입지 사이의 연계에서 우리는 역사가 어떻게 와인산업에 흥미로운 마술을 부렸는지 살펴볼 수 있다. 와인을 생산하는 국가 중 일부가 지구상에서 가장 비싼 노동비를 기록한다. 약간의 예외가 있지만 주요 와인 생산 국가는 보통 세계의 빈곤 국가에게 저기술 일자리를 수출하는 나라인 경향이 있다. 이것은 다국적기업이 노동비를 낮추기 위하여 다른 대안을 찾아야 한다는 것을 의미한다. 그 국가들은 일자리를 수출하지 않지만, 와인생산 대부분의 노동집약적인 부분에서 기계화된 대안을 추구해야 한다. 또한 이 국가들은 비용을 낮추기 위하여 값싼 계절적 노동력과 이주 노동력을 이용한다.

대체로 주류 관련 다국적기업은 아주 다르다. 물론 주류 다국적기업은 돈 때문에 다국적이다. 그러나 이러한 기업들은 제3세계 빈곤에 편승하는 다국적기업의 동일한 부류에 있지 않다. 결과적으로 주류 다국적기업은 다른 종류의 다국적기업처럼 몹시 안 좋은 평판을 가지고 있지는 않다. 그것은 와인산업에 대기업이 개입하는 것이 우리 대부분이 좋아하는 음료에서 기대하는 것은 아니라는 것을 말해 준다.

샹파뉴

우리는 와인을 만드는 데 독특한 과정을 가진 몇몇 지역을 이미 논의한 바 있다. 특히 우리는 마데이라(Madeira), 포르투(Oporto) 그리고 헤레스(Jerez) 와인에 대하여 이야기하였다. 샴페인(샹파뉴)은 와인제조의 기본 과정에서 변화를 통해 만들어지는 또 다른 와인이다. 그것은 지명과 동의어가 된 다른 유형의 와인이다. 또 한편으로 샴페인은 그 이상이다. 샴페인은 신분의 상징이 되기 위해 와인라벨을 넘어섰다. 이것은 축하와 특별한 경우를 위한 필수 음료다. 왜 그러한가? 그러한 경우에 샴페인을 마시는 본능 같은 것이 존재하는가? 섣달 그믐날 파티를 리슬링(Riesling)을 가지고 하면 무언가 부족한가? 카베르네 소비뇽(Cabernet Sauvignon)으로 세례를 받으면 배가 가라앉을 것인가?

우리는 무한정으로 샴페인 와인에 대하여 이야기할 수 있다. 샴페인(샹파뉴) 장소에 대해서는 무엇을 말할 수 있는가? 장소로서 샹파뉴는 파리의 동쪽으로 차로 몇 시간 걸리는 랭스(Reims)와 에페르네(Epernay)시 근처 하천계곡의 아름다운 지역이다. 와인의 측면에서 샹파뉴는 단순히 샤르도네, 피노 누아, 피노 뫼니에(pino meunier) 포도를 재배하고 혼합하기에 훌륭한 지역이다. 그곳은 부르고뉴의 일부 지역과 유사하다. 샹파뉴의 지리적 범위가 제한적일지라도 샹파뉴에서 많은 와인이 생산된다. 최상의 생산은 마른(Marne) 강에 의해 침식되는 언덕의 사면에서 이루어진다. 이곳은 (하천)침식에 의해 그 지역 다른 곳에서 묻힌 두꺼운 백악층이 노출된 곳이다. 그 결과 몇몇 입지에서 토양은 거의 하얀색이다. 노출된 백악은 훌륭한 와인을 생산하는 토양을 만든다. 백악은 작업하기에 매우 용이하기 때문에 노출된 층들은 또한 와인 저장고를 파는 데 탁월하다. 노출된 백악층, 와인 저장고 중 아무것도 샹파뉴에서는 독특하지 않다. 그래서 샹파뉴를 독특하고 중요하게 만드는 것은 정말로 샴페인이다.

당신이 선호하는 와인상점이 재고를 어떻게 조직하느냐에 달려 있지만 '샴페인'이라는 라벨하에 그룹 지어진 것들 간에는 구분이 매우 적을 수 있다. 그 모든 와인을 창출하는 프로세스 혹은 메토드 샹프누아즈는 근본적으로 동일하기 때문이다. 중요한 것은 와인 모두가 상이한 포도의 블렌딩(혼합)으로 시작한다는 것이다. 샹파뉴에서는 샤르도네, 피노 누아, 피노 뫼니에 포도 품종을 조합한다. 다른 장소에서는 다른 품종의 조합이 이루어진다. 블렌딩은 포도의 품질에서 계절적인 변동을 완화시킨다. 계절적 변동은 비가 많이 오는 해 혹은 건조하게 햇살이 내리쬐는 해 혹은 차가운 바람이 부는 해가 될 수 있다. 블렌딩과 함께 전반적인 맛의 일관성은 중요하다. 블렌딩을 하면 최상의 빈티지 와인을 만들지 않는 포도를 사용할 수 있다. 또한 빈티지 와인생산에 이상적이지 않은 포도밭 포도를 샴페인 하우스에서 사용할 수 있다.

샴페인을 생산하는 메토드 샹프누아즈는 와인산업에 관한 한 상대적으로 최근에 발전한 방식이다. 이 방식은 유리 병입 이전에 가능하지 않았던 밀폐 부분을 필요로 한다. 밀폐 용기 내에서 발효과정의 일부가 일어나면서 발효로 생겨난 가스는 갇힌다. 이것이 샴페인에 거품을 제공한다. 나무로 된 통에서 이 가스는 빠져나갈 것이고 샴페인은 거품이 일지 않을 것이다. 발효과정에서 가스의 축적은 병 안의 압력을 증가시킨다. 훌륭한 품질의 병입 기술이 발전하기 전에는 압력으로 많은 병이 부서지고, 노동자가 부상을 입고, 샴페인이 손실되었다. 오늘날 여전히 샴페인 병에서 코르크를 풀어 놓을 때 약간은 주

와인의 지리학

의하는 것이 중요하지만 샴페인 병을 깨뜨리려면 많은 노력이 들 정도로 병의 품질이 좋아졌다.

또한 오래된 병을 사용하면 발효과정에서 파생되는 침전물을 붙잡아 둔다. 코르크를 바닥 방향으로 비스듬하게 해서 병을 저장하고 시간이 지남에 따라 회전하면서 침전물은 병의 목 부분으로 모인다. 우리가 맑고 침전물이 없는 샴페인을 원한다면 이 과정(르뮈아주라고 부름)은 중요하다. 경험 많은 처리사는 병을 개봉하고 침전물이 와인에서 부유 상태로 되돌아가지 않게 하면서 침전물을 제거할 수 있다. 데고르주망(dégorgement)이라고 불리는 이 과정에서 병은 개봉되고 침전물이 제거된다. 이것으로 그 병들은 마무리되고 저장과 최종 판매를 위해 코르크 마개를 씌운다. 와인생산의 다른 변화처럼, 샹파뉴 밖에서 이 작업을 하지 못하도록 하는 것은 아무것도 없다. 데고르주망은 단지 지명을 수반할 정도로 그 장소와 얽혀 있는 생산의 한 형태이다.

그래서 왜 샴페인이 대기업의 와인과 연관되어 있는가? 그 이유는 세계의 수많은 샴페인 라벨 이면에 대기업이 존재하기 때문이다. 그리고 단지 거대한 음료 기업뿐만 아니라 호텔 체인, 고급 제품 회사, 투자회사 그리고 은행이 존재한다. 이것은 다음과 같은 문제를 던져 준다. 왜 샴페인은 대기업에 의해 수요되는 제품이 되었는가? 제품의 위신이 하나의 이유다. 특히 음료 회사에서 그렇다. 사치품을 최고급 단골고객에게 판매하는 회사의 경우 샴페인 하우스의 소유는 사업을 위한 자연스러운 부업일 것이다. 오늘날 시장에 수많은 샴페인 생산자가 존재하는 상황에서 그러한 투자의 질이 예전과 같지 않더라도 샴페인 판매의 일관성은 기업이 샴페인 하우스를 소유하게 되는 또 다른 이유가 될 것이다.

샴페인 하우스가 대기업의 소유가 아닐지라도, 대기업은 마치 대기업의 소유인 것처럼 행동한다. 샴페인 생산자는 제품과 연계된 사업에 투자한다. 자신의 샴페인을 가장 많이 마시게 될 사람들에게 지위 및 라이프 스타일과 연계된 스포츠를 후원한다. 또한 공격적으로 제품을 판매한다. 대부분의 경우 샴페인은 중요한 행사를 연상시키는 음료다. 샴페인을 만드는 제조업자는 우리가 그것을 잊지 않도록 확실히 하기 위해 매우 열심히 일한다. 그래서 샴페인이 하나의 와인, 한 장소 혹은 하나의 방법일 수 있는 반면에, 그것은 또한 매우 큰 사업이라는 것을 잊지 말아야 한다.

샴페인은 다국적기업의 제품, 신분의 상징, 부의 표시로서 와인의 새로운 역할을 반영한다. 그러나 와인을 사랑하는 우리와 같은 사람에게는 거대한 사업 이상의 훨씬 많은 것이 샴페인에 존재한다. 샴페인은 좋은 와인이다. 그 자체로서 샴페인은 장소, 역사, 생산하는 사람의 반영이다. 때때로 모든 샴페인 과대광고에서 그러한 연계를 잊을 수도 있지만 그 연계를 추구하려고 애를 쓰면 그것은 우리를 기다릴 것이다.

와인의 지리학

Chapter 17

지역주의와 와인관광

Localism and Wine Tourism

　대부분의 농장은 관광객을 위한 어젠다에서 높은 순위에 있지 않다. 옥수수밭, 젖소들을 위한 헛간, 거대한 밀 수확기를 보관하는 창고, 진흙투성이의 트랙터 그리고 관개 장비는 대부분의 사람들의 상상력을 자극하지 않는다. 포도 재배는 낙농장과 같이 농업이다. 낙농장은 도로를 차를 타고 지나갈 때 불과 몇 초라도 볼만한 가치가 없는 반면 와이너리 혹은 포도밭은 방문할 가치가 있게 하는 것은 무엇인가?

　포도밭 혹은 와이너리에 방문하는 관광객은 포도밭과 와이너리를 산업의 기업으로 생각하지 않는다. 심지어 와이너리가 포도 가공을 위한 하나의 공장에 불과하다고 할지라도 이것이 와인관광객의 마음속에 존재하지는 않는다. 산업유산관광(Industrial heritage tourism)은 공장과 광산의 방문에 대한 모든 것이다. 여기서 사람들은 기계를 보기 위하여 옛 공장을 방문하거나 혹은 장비를 착용하고 석탄광산의 깊은 곳까지 타고 내려가 본다. 그러한 유형의 관광 장소가 잘못되었다고 말하는 것은 아니다. 사실, 내 아이들이 광부의 헬

멧을 쓰고 어둠 속에서 여기저기 놀며 다니기 위해 트램을 타고 광산으로 깊이 들어가는 것보다 더 좋아하는 것은 아마도 없을 것이다.

와이너리를 방문하는 것은 산업유산관광이 아니다. 와이너리 방문을 다르게 만드는 것은 장소애(愛)에 대한 모든 것이다. 그것은 맛과 역사 및 문화에 대한 것이다. 와이너리가 하나의 공장일지라도 그것은 자연과 우리의 연계를 강조하고 우리로 하여금 자연에 관하여 배우도록 격려하는 장소다. 와이너리가 농지와 광으로 구성되어 있지만 와이너리는 훨씬 더 그 이상이다.

관광과 와인

관광은 지리학자에게 매우 흥미로운 주제다. 경제지리학의 한 예로 관광은 공급, 수요 그리고 산업의 공간적 영향에 관한 문제를 제기한다. 관광은 또한 고향에서와는 다른 구경과 경험을 위해 여행하는 사람에 관한 것이다. 관광에 대한 이러한 정의를 통해 우리는 전적으로 상이한 지리학에 관여한다. 우리는 장소와 경관, 사람들의 이동과 그들이 택하는 루트, 그들의 경험과 발견들, 여행으로 얻는 교육의 논의로 들어간다.

관광에서 우리가 연구하는 것은 무엇인가? 관광에 대한 수많은 연구는 관광 그 자체에 집중한다. 지리학자는 사람들이 어디로 가고, 왜 그곳에 가고, 무엇을 하는가에 관심이 있다. 우리는 관광에 대한 동기와 어떻게 그 동기가 관광의 결정으로 이어졌는가를 연구한다. 왜 누군가 와인지역을 방문하기를 원하는가에 대해 살펴볼 수 있다. 추가적으로 우리는 그들이 어떻게 방문할 와인지역을 선택하는가를 주시할 수도 있다. 무엇이 그들로 하여금 나파(Napa)와 부르고뉴(Bourgogne) 중에, 또는 토스카나(Toscana)나 모젤(Mosel)강 계곡 중에 한 곳으로 방문하도록 동기를 부여했는가? 돈인가? 시간? 문화? 아니면 전적으로 다른 어떤 것? 그들은 가이드가 있는 여행을 할 것인가 혹은 독립적으로 자전거를 타고 둘러볼 것인가? 와이너리를 방문할 것인가 혹은 와인을 마시고 지방 레스토랑에서 요리 수업을 받을 것인가? 와인지역에 도달하기 위하여 비행기로, 보트로, 자동차로 혹은 기차로 여행할 것인가? 와인관광객은 아마도 4성급 호텔, 작은 B&B[1] 혹은 유스 호스텔에 머무를 것인가? 무엇이 관광객에게 동일한 목적지로 돌아오도록 동기유발을 하는가?

우리는 선택과 관광객의 운송을 다루는 문제를 넘어서서 사람들이 또한 관광을 통해 무엇을 배우는가에 강렬한 관심이 있다. 관광은 엄청난 학습 경험이 될 수 있다. 그것은 사람들이 생각하는 방식과 다른 문화를 보는 방식을 형성할 수 있다. 한 장소와 그곳의 사람들에 빠져듦으로써 수업시간에 의사소통하는 데 몇 달이 걸릴 수 있는 것을 며칠 만에 배울 수 있다. 그 자체로서 관광은 우리 주위의 세계를 배우기 위한 비범한 도구가 될 수 있다.

관광 경험이 부정적이라 할지라도 이것을 이해하는 것은 중요하다. 관광은 매우 경쟁력 있는 산업이며 대단히 많은 사람들을 먹여 살리는 산업이다. 관광객과 관광으로 생활하는 사람 모두의 이익을 위해서 왜 어떤 사람은 부정적 경험을 했는가를 이해하는 것은 중요하다. 그것은 문제 해결의 한 형태다. 만약 우리가 무엇이 잘못되고 그리고 왜 그런지 이해할 수 있다면 다음 관광객 그룹을 위해 문제를 해결할 수 있다. 그렇지 않다면 다음 관광객 그룹은 존재하지 않을 수도 있다.

우리가 때때로 여행에서 잊어버리는 관광의 다른 측면이 있다. 즉, 여행자로서 우리는 방문하는 장소에 대하여 경제적, 사회적 그리고 환경적 영향을

---

1. bed and breakfast, 아침 식사가 나오는 간이 숙박.

와인의 지리학

미친다. 이 모두에서 관광에 대한 편익과 비용이 존재한다. 왜냐하면 환경이 관광객들을 끌어들이는 데 사용되는 모든 사례에서 환경 침하로 이어지는 관광의 예가 존재하기 때문이다. 관광으로 돈을 버는 각각의 지방 상인들 중에도 관광객이 거슬리고 그들을 대하는 것이 고통이라고 생각하는 사람들이 존재한다.

그래서 무엇이 와인을 관광의 주제로 만들었는가? 그 문제에 대한 답을 이해하기 위하여 우리는 와인관광의 몇 가지 동기들을 주시할 필요가 있다. 와인관광은 우리의 판에 박힌 일상생활에서 탈출하는 것이다. 그것은 놀라운 모험이다. 우리가 서행차선에서 그러한 모험을 경험하기를 원한다면, 와인관광은 이완의 한 형태이며 긴장을 푸는 하나의 수단이다. 우리가 여행에 보다 더 활동적인 접근을 선호한다면 그것은 운동과 신체적 자극의 하나의 원천일 수 있다. 와인관광은 또한 신체뿐만 아니라 정신을 자극하는 지적운동일 수도 있다.

와인관광에 대한 그러한 동기는 다른 어떤 형태의 관광 이면에 있는 동기들과 그다지 다른 것은 아니며, 박물관 위주의 관광, 온천 휴양 그리고 하천 크루즈에도 응용할 수 있다. 분명하게 우리는 관광의 일반적인 '것' 모두를 지불하고 있다. 즉, 여행, 숙박, 활동, 그리고 우리가 여행하는 동안 돈으로 소비하는 것을 지불하는 것이다. 그 이상으로 와인관광에서 농촌의 이상(理想)에 대해 지불하고 있다. 우리는 땅과 그것으로 생계를 유지하는 사람의 연계를 구입하고 있다. 아마도 이것이 왜 거대 기업의 와이너리가 우리의 상상력을 자극하지 못하는가에 대한 이유이다. 어떤 점에서 우리는 와인관광에서 지방문화의 일부를 구입하고 있다. 도시 환경에서 지방문화의 일부를 보고 방문하는 장소에 대한 연계를 경험할 수 있을 것이다. 문제는 현대도시의 많은 것들이 서구 도시주의로 동질화되었다는 점이다. 언어가 다르고 사람들의 외모와 옷이 고향과 아주 다를지라도 사실 거대 도시들은 놀라울 정도로 많은 공통점을 가지고 있다.

와인관광은 관광객을 낯익은 길에서 벗어날 수 있도록 데려다준다. 익숙한 길이 무엇인가 문제가 있다고 말하는 것은 아니다. 파리에 있을 때 나는 군중들을 대수롭지 않게 생각하고 루브르를 방문한다. 나는 대열에서 기다리며 나의 고소 공포증이 허락하는 한 에펠탑으로 올라가는 모험을 한다. 오르세 박물관, 노트르담 대성당 그리고 다른 모든 주요 관광지를 이리저리 돌아다닌다. 문제는 그렇게 함으로써 결코 안락한 지대 밖으로 걸을 필요를 느끼지 못한다는 것이다. 프랑스어로 말하고, 지방사람과 상호작용하고 지방문화에 빠져들 필요가 없다.

대부분의 와인관광에 대해서 똑같이 말할 수는 없다. 대단히 많은 사람이 여행하는 몇몇 지역을 제외하고, 와인관광은 관광객에게 일반적이기 보다는 예외적인 시골로 우리를 데려가 준다. 통근기차와 관광버스가 가지 않는 장소, 사람들이 와인에 대해 많이 알지만, 영어로 어떻게 말해야 하는지 모르는 장소로 우리를 데려가는 것이다. 실제로 와인관광은 엘리베이터를 타고 에펠탑을 올라가기 위해 기다리는 사람들의 끝없는 행렬의 일부가 아니라 개인적인 곳으로 우리를 데리고 간다. 작고 외딴 와이너리에서 우리는 하루 종일 유일한 방문객이 될 수도 있다. 이러한 식으로 와인관광은 하나의 도전 이상이며 활동적인 지적 운동 그 이상이다. 우리는 몰두할 수 있으며 독특한 경험을 할 수 있다. 누구나 루브르를 방문하고 모나리자를 감상하는 경험을 할 수 있다. 얼마나 많은 사람이 '지방주민'들과의 모임을 그리고 그들이 자신들의 공동체와 와인에 대해 훌륭한 것을 묘사할 때 외국어를 그럭저럭 헤쳐 나가는 경험을 할 수 있는가?

무엇이 훌륭한 와인관광이 되는가? 감사하게도 아무도 그것에 대해 답을

와인의 지리학

할 수 없다. 세계는 수많은 다른 종류의 사람들로 가득 차 있고, 제각각 자신의 호불호를 가지고 있다. 수확 철에 자전거를 타고 아름다운 포도밭을 가는 것과 같이 어떤 사람을 자극하는 것이 다른 사람에게는 흥미를 잃게 하는 것이 될 수 있다. 와인관광의 좋은 점은 관광객들이 선택할 수 있는 다양한 경험을 제공할 수 있다는 것이다. 여행에 대한 우리의 생각이 모든 것이 포함된 리조트에서 해변에 누워서 일주일 동안 소비하는 것 이상인 한, 와인관광에는 우리의 흥미를 자극하는 무언가가 있을 것이다.

많은 종류의 와인관광을 할 수 있다. 전통적인 가이드가 딸린 여행이 있다. 보다 독립적인 정신을 갖춘 관광객에게는 자동차를 타고 스스로 찾아가는 여행이 있다. 느린 속도지만 더 큰 육체적 도전을 추구하는 사람에게는 하이킹과 사이클 여행이 있다. 모든 와인관광은 몇 가지 종류의 교육활동을 포함한다. 정말로 관광의 교육적 측면을 강조하기를 원하는 사람에게 요리관광 혹은 와인과 연계된 학술 프로그램이 있다. 와인관광은 여행의 주요 핵심이 될 수 있고 혹은 다른 종류의 관광에 즐거움을 추가하는 것이 될 수 있다. 와인관광의 훌륭한 점은 모든 와인지역이 그 지역의 와인, 역사, 경관 그리고 문화를 가지고서 새로운 경험이 일어나기를 기다리고 있다는 것이다. 심지어 우리가 전에 방문했던 지역으로 되돌아갈지라도 우리는 매번 경험을 변화시킬 수 있다. 상이한 계절에 방문할 수 있고, 다른 와이너리를 선택할 수 있고 혹은 그 지역에서 와인과 관련 없는 장소에 갈 수도 있다. 여행을 변경함으로써 매 방문이 새로운 경험과 새로운 학습 기회가 된다.

중부 이탈리아

대부분의 책들은 와인에 대한 토론에서 상당히 일찍부터 이탈리아에 초점을 맞춘다. 이탈리아는 세계에서 가장 큰 와인 생산지 중 하나이고, 포도를 재배하고 와인을 생산하는 훌륭한 곳이기 때문이다. 아주 소수의 예외가 있지만 와인은 이탈리아 전역에서 생산될 수 있다.

나는 이탈리아 혹은 이탈리아 와인을 무시해서가 아니라 이 책의 마지막을 위해 이탈리아를 아껴 두었다. 이탈리아는 다양한 형태에서 와인관광의 모범 사례이기 때문이다. 이탈리아에서 우리는 많은 다양한 종류의 와인관광을 보고 경험할 수 있다. 나는 개인적으로 이탈리아 하면 관광과 와인을 연상하기 때문이다. 마지막을 위해 최선을 남겨 둔 것이다.

이탈리아는 와인을 생산하는 데 환상적인 장소다. 많은 상이한 포도 품종을 재배하는 것이 가능할 만큼 충분히 기후적 다양성이 존재한다. 일반적인 의미에서, 이탈리아의 기후는 북쪽의 서늘하고 습기 많은 기후부터 남쪽의 건조한 기후까지 걸쳐 있다. 물론 이탈리아에는 그것보다 훨씬 많은 기후가 존재한다. 이탈리아의 대부분은 지중해와 아드리아해에 의해 둘러싸여 있다. 이들 수체(Water body)는 이탈리아의 기후를 알맞게 한다. 동시에 이탈리아의 북쪽 경계를 형성하는 산맥[알프스(Alps)와 돌로미테(Dolomites)]은 최악의 유럽 겨울 날씨가 반도로 남쪽으로 내려오지 못하게 한다. 대조적으로 이탈리아의 척추를 형성하는 산맥들은 많은 상이한 포도 품종에 적합한 국지적인 기후 변화, 미기후를 만들어 낸다.

심지어 보다 서늘한 기후를 선호하는 포도 품종들이라 하더라도 이탈리아 어디에선가 적합한 입지를 찾을 수 있다. 이것이 의미하는 것은 와인생산이 널리 퍼져 있다는 것이다. 와인으로 알려져 있지 않거나 혹은 공식적 명칭이

와인의 지리학

없는 지역은 지방 소비자에게 와인을 공급하는 수많은 와인 생산자에게는 여전히 안식처이다. 그 결과 이탈리아에서는 가는 곳마다 이탈리아의 와이너리와 포도밭을 방문하고 경험할 일종의 기회를 가지게 될 것이다.

아이러니하게도 이탈리아를 와인관광을 위한 훌륭한 장소로 만드는 것은 그 나라가 제공하는 모든 다른 관광지이다. 수많은 훌륭한 도시, 역사적 유적지, 종교적 중심지 그리고 훌륭한 박물관은 단지 이탈리아 와인관광의 매력을 더할 뿐이다. 말 그대로 한 번의 방문으로 모든 것을 하는 것이 불가능한 역동적인 지역에서 투어 운영자는 모든 관광에서 경험할 수 있는 것을 혼합할 수 있고, 관광객은 아마도 첫 번째 여행에서 할 수 없었던 것을 경험하기 위하여 그 지역을 다시 찾게 될 것이다. 볼만한 더 많은 박물관, 방문할 더 많은 역사적 유적지 그리고 투어할 만한 더 많은 와이너리와 포도밭이 존재한다면, 반복적인 사업을 하는 것은 훨씬 용이하다. 캄파니아 와인지역의 방문은 나폴리와 폼페이의 관광과 조합할 수 있다. 베네토는 베니스를 넘어서서 과감히 모험을 감행할 시간이 있는 사람들에게 그곳의 와이너리를 제공한다. 롬바르디아에는 코모 호수 혹은 마조레 호수에서부터 짧은 당일치기 여행을 원하는 방문객을 기다리는 와이너리들이 있다. 심지어 로마에는 차에서 뛰어내려 도시 교통과 씨름하고자 하는 용감한 정신을 가진 사람들을 기다리는 인근의 와인지역이 존재한다.

장화 모양의 이탈리아반도 위아래에는 관광객이 가고자 하는 거의 모든 장소로 쉽게 갈 수 있는 거리에 와인지역이 존재한다. 물론, 이탈리아 와인관광의 정점은 토스카나에 있다. 토스카나는 몇 가지 이탈리아의 최상의 와인을 보유하고 있다. 추가적으로 토스카나는 관광객들에게 예술적·역사적·건축적 경이로움이 있는 피렌체(Firenze)시와 기울어진 탑이 있는 피사(Pisa)를 포함하여 엄청난 양의 역사를 제공한다. 토스카나에는 보다 작지만 인상적인 도시들 가령, 시에나(Siena)와 산지미냐노(San Gimignano)가 있다. 토스카나에서는 관광, 드라이브, 하이킹 혹은 자전거타기를 할 수 있다. 우리는 빌라를 임대할 수 있고, 4성급 호텔 혹은 로맨틱한 민박(B&B)에 체류할 수도 있다. 우리는 포도밭에서 휴가를 보내거나 오후 소풍에서 단지 한두 개 포도밭을 볼 수 있다. 토스카나에는 모든 것이 존재한다.

당신은 이탈리아 와인과 이탈리아의 지리를 알아 가면서 평생을 보낼 수 있다. 이탈리아의 사람과 환경의 다양성 때문에 거의 모든 와인을 그곳에서 발견할 수 있다. 결과적으로, 이탈리아가 생산하는 (와인)병에 있거나 혹은 이탈리아 사람들이 고향이라고 부르는 장소에 있든 간에 이탈리아는 와인의 지리학을 탐구할 수 있는 훌륭한 장소다.

Chapter 18

와인은 나를 어디로
데려가는가

Where Wine Takes Me

나에게 있어 와인을 음미하고 사랑하는 것은 와인 그 자체를 넘어선다. 와인은 장소와 사람의 표현이다. 내가 한잔의 와인을 마시면서 얻는 경험이다. 내 의견으로 와인은 맛과 외관에 관한 것만큼 장소와 경험에 관한 것이기도 하다. 그래서 이 책을 마치면서 나는 반복적으로 돌아가서 와인의 장소와 와인에 대한 경험을 공유하고자 한다. 이것은 개인적인 것이다. 또한 와인과 와인을 생산하는 장소에서 지리학자들이 보고 경험하는 몇 가지 사실들의 반영이다.

역사만큼이나 지리와 관련되어 있는 와인의 경험을 찾아내기 위하여 프랑스의 남부 론(Rhône)강 계곡보다 더 나은 지역을 선택하기는 어려울 것이다. 여전히 님(Nîmes)과 아를(Arles)시내의 건축 유산과 14세기 교황들이 기독교계를 통치했던 아비뇽(Avignon)에서 볼 수 있듯이, 이 지역의 와인은 로마제국의 역사와 강한 연계가 있다. 남부 론강 계곡은 20년 이상 내가 가 보지 못했지만, 돈과 시간이 주어진다면 분명히 내가 가려고 선택하게 될 장소다.

와인의 지리학

지리적으로 남부 론강 계곡은 그곳의 역사만큼이나 흥미롭다. 기후학적으로 그 지역은 프랑스 알프스 북부와 중앙산지(Massif Central)와는 매우 다르다. 봄과 가을에 그 지역은 산으로부터 아래로 휩쓰는 미스트랄(mistral) 바람의 영향을 받는다. 여름에 미스트랄은 북아프리카에서 온 따뜻한 대기와 싸운다. 그 지역의 중심적인 초점은 아비뇽시다. 그곳으로부터 론강은 넘쳐흘러 거대한 삼각주를 지나 지중해로 흘러간다. 삼각주의 서쪽에 랑그도크(Languedoc)의 님 시내가 있다. 삼각주의 동쪽에는 프로방스 지방의 서쪽 끝에 아를 시내가 있다. 삼각주 내에 성곽, 저지, 자연보호구역 그리고 독특한 문화를 가진 카마르그(Camargue)가 있다. 2년 혹은 3년마다 투르 드 프랑스(Tour de France)[1]의 선수들이 방투산(Mont Ventoux)까지 자전거를 타고 올라가는 도전을 한다. 더욱 중요한 것은 매년 가을 암석이 많은 사면과 계곡 포도밭이 세계적으로 훌륭한 레드와인을 생산한다는 사실이다.

로마인에게 이곳 골(Gaul, 라틴어로 Gallia-오늘날의 프랑스)의 일부는 정복지에서 찾아낸 다른 곳만큼 기후와 지질 면에서 고향에 가까웠다. 그래서 로마인이 이곳에 도착했을 때 로마인들은 그들의 문화와 와인을 이식할 수 있었다. 이 지역은 매우 오랜 기간 제국의 일부로 남아 있었기 때문에 로마의 영향이 스며들 수 있었고 지방문화의 일부가 될 수 있었다. 제국의 다른 지역과는 달리 로마인이 떠났을 때 그들의 유산은 남아 있었다. 20년 후에도 나를 계속적으로 감동시킨 것은 바로 그 역사적 흔적이다. 나는 여전히 수천 년 전으로 거슬러 올라가는 로마의 구조물과 가까운 카페에서 와인을 마시는 강한 기억을 가지고 있다. 그 지역의 와인과 그 도시의 건축 유산을 통해 역사에 대한 실체적인 연계를 느낄 수 있다. 2000년 전 동일한 장소에 사람들이 앉았고 동

---

1. 매년 7월 프랑스에서 개최되는 세계 최고 권위의 일주 도로 사이클 대회이다.

일한 와인을 마셨다는 것을 당신은 쉽게 상상할 것이다.

남부 론과 프로방스를 독특하게 만들고 이 지역들을 프랑스의 나머지 지역과 구별되게 하는 것들은 예술가들을 그 지역으로 끌어들였다. 건조한 공기는 빛이 대기를 보다 쉽게 통과할 수 있게 한다. 지중해 기후의 따뜻함, 지붕 타일의 빨간색과 해안의 파란색 사이의 대비, 황갈색의 암석이 많은 토양, 본토의 계절적 자줏빛(라벤더 꽃이 피는 경우)과 함께 야자나무, 올리브 그리고 포도나무의 녹색 등이 있다. 내가 예술가는 아니지만 반 고흐, 피카소와 샤갈과 같은 예술가들을 붙잡았던 그 지역의 영감을 음미할 수 있다.

와인에 관한 한 남부 론의 예술성은 그 지역의 훌륭한 레드와인에 부속되어 있다. 이곳에서 그르나슈(Grenache)종 포도는 전통적으로 시라[Syrah, 영어권 와인지역에서 시라즈(Shiraz)라고 불림] 그리고 아주 다양한 덜 알려진 지방의 품종과 혼합된다. 그 조합은 기후와 토양 그리고 그 지역 양조업자의 전통에 좌우된다. 아비뇽과 오랑쥬(Orange) 읍 사이에 위치한 샤또뇌프 뒤 파프(Châteauneuf-du-Pape, 대략 교황의 "새로운 고향"으로 번역될 수 있음)의 양조업자들은 여전히 700년 전 교황의 식탁을 장식했던 복합 레드와인 블렌드를 생산하고 있다. 샤또뇌프 뒤 파프의 가격을 받을 만한 가치가 없을 경우, 남부 론은 보다 훌륭한 코트 뒤 론과 비싼 이웃지역 와인과 유사한 조합으로 코트 뒤 론 빌라주(Côtes du Rhône Villages) 레드와인을 생산한다. 당신의 소책자가 무엇을 고려하든 간에 당신은 그 지역의 기후와 토양이 생산하는 것을 맛볼 수 있다.

와인과 그 지리를 평가하기 위한 최상의 선택은 종종 고향과 가장 가까운 곳이다. 나의 고향은 코네티컷(Connecticut)이다. 뉴잉글랜드의 훌륭한 와인이 즉시 떠오르지 않지만 이곳의 와인생산은 상당한 역사를 가지고 있다. 뉴잉글랜드에서 와인생산은 식민지 시대로 거슬러 올라간다. 그러나 오늘날 우리가 보는 와인산업은 매우 최근에 기원한 것이다. 그것은 또한 산업의 환경을 상당히 훌륭하게 반영하는 산업이다. 와이너리는 크지도 않고 산업적이지도 않다. 작고 예스럽다. 반쯤은 부티크이고 반쯤은 농업으로 와이너리는 해안선에 점점이 있는 여름 관광객 타운과 해변리조트를 보완한다. 그렇지만 이 와이너리들은 매혹적인 관광객을 붙잡는 명승지 그 이상이다. 이 와이너리들은 매우 훌륭한 포도를 수확한다.

뉴잉글랜드의 기후는 와인생산에 이상적이지는 않다. 겨울은 지독하게 춥고 눈이 많을 수 있다. 그러나 대서양의 외해역의 영향은 해안선 지대를 충분히 포도가 자라기에 알맞도록 한다. 이는 이 지역에서 자라는 최상의 포도가 해양의 영향이 가장 명백한 곳[즉, 롱아일랜드(Long Island)의 노스 포크(North Fork), 가장 북쪽의 반도 혹은 섬의 동쪽 끝 위의 'fork']에서도 발견될 수 있는 이유다. 겨울에 바람이 롱아일랜드 해협(Long Island Sound)의 개방된 수면 위로 지나가기 때문에 약간 따뜻하고, 여름에는 물 덕분에 시원하다. 이것은 성장기를 길게 하고 노스 포크에서 꽤 좋은 조건을 형성한다. 롱아일랜드 해협의 북쪽 본토의 해변에서는 조건이 상당히 좋지 않다. 그러나 대서양의 영향, 좋은 토양, 북풍으로부터의 보호가 와인생산을 하기에 충분한 입지들이 존재한다.

이 지역에서 포도 재배를 대중적으로 그리고 이윤이 생기도록 만드는 것은 미기후와 관련된 것만큼이나 사람과 관련되어 있다. 북동부는 미국에서 가장 조밀하게 인구가 밀집한 지역이다. 와인을 생산하는 장소는 또한 여름 내내 관광객 무리를 끌어들이는 곳이다. 그 결과 와인을 판매할 대상, 즉 인구가 많다. 지방 주민에게 와이너리는 뉴욕(New York), 보스턴(Boston), 하트퍼드(Hartford) 혹은 프로비던스(Providence)로부터 즐거운 당일 여행이 될 수 있다. 관광객들에게 와이너리는 그들을 해안으로 끌어들이는 것 중 일부다. 와이너리는 여정의 일부가 되었다.

와이너리와 관광 사이의 관계는 와이너리에 지리적·경제적·미학적 영향을 미쳤다. 주민과, 해안을 따라 나 있는 토지에 대한 수요는 농장을 구입하는 것을 값비싼 계획으로 만들었다. 그래서 대부분의 와이너리는 크지 않으며 관광을 위한 최상의 부동산이 아닌 지역에 예외가 있다. 이것이 왜 와이너리들이 심하게 관광객들이 몰려드는 사우스 포크(South Fork)가 아니라 노스 포크에 일렬로 늘어서 있는가에 대한 이유다. 사우스 포크의 와이너리는 단지 소수에 불과하고, 와이너리들은 햄프턴과 그 지역의 비싼 해변주택, 여름 리조트에서 멀리 떨어진 내륙에 위치한다.

관광객의 목적지로서 와이너리의 외관과 느낌은 중요하다. 당일 여행자이든 계절적 여행자이든 간에 그 지역의 방문객들은 공장처럼 보이는 와이너리를 방문하고 싶어 하지 않는다. 그들은 농장처럼 보이는 포도밭을 원하지 않는다. 그 지역의 방문객들은 시골풍의 낭만적인 와이너리의 외관과 느낌을 원한다. 그 스타일이 프랑스 시골풍인지, 뉴포트식인지 혹은 농촌 절충적인지는 중요하지 않다. 관광업에 음식을 조달하는 와이너리의 외관은 예외적으로 중요하다.

와인의 인기가 높아지면서 남부 뉴잉글랜드 내의 와이너리 수도 증가하였다. 심지어 쉽사리 포도를 이용할 수 없는 곳에서조차 와이너리는 수요를 충당할 만큼 생겨났다. 어떤 와이너리는 포도를 수입함으로써 수요를 충당했고, 다른 와이너리는 포도 대체물을 이용함으로써 수요를 감당했다. 코드 곶(Cape Cod) 혹은 그 근처의 와이너리의 경우 크랜베리 소택지가 바로 그러한 대안을 제공했다. 훌륭한 크랜베리를 생산하는 동일한 환경은 단순히 대부분의 포도 품종에 도움이 되지는 않기 때문에 지방의 양조업자는 와인생산에서 크랜베리 혹은 수입 포도를 사용한다. 크랜베리 와인에 대한 바로 그 생각은

와인의 지리학

어떤 사람들에게 신성모독이 될 수 있지만 이곳에서 이용 가능한 와인에 대한 흥미로운 지역적 전환이 되기도 한다.

북동부의 와이너리들이 내게 흥미를 불러일으키는 것은 바로 발견의 기쁨을 제공해 준다는 점이다. 여기서 생산되는 와인은 아주 드물게 지방 와인상점에 출현한다. 대부분은 발견하기 위한 약간의 노력을 요한다. 그 지역의 몇몇 와이너리에 대해서도 똑같이 말할 수 있다. 그것들은 작고 때때로 뒷길에 있으며, 익숙한 길에서 떨어져 있다. 이러한 발견의 느낌은 또한 당해에 첫 번째로 양조된 와인으로 확대된다. 남부 뉴잉글랜드에서 모든 새로운 와이너리와 더불어, 대부분의 기성 와인제조지역에서 찾아볼 수 없는 당해 최초로 양조된 와인을 이곳에서 맛볼 수 있는 기회는 이 지역의 와인들을 더욱더 즐기게 한다.

와인에 관하여 내가 가장 좋아하는 것 중 하나가 우리를 장소로 데려가는 능력이다. 실제 여행일 필요가 없다. 그것은 당신이 와인을 마실 때 다른 장소로 이동되었다는 기분이 될 수 있다. 와인은 나를 빈(Wien)으로 데려간다. 내가 마시고 있는 와인이 어떤 곳에서 왔는가는 별로 중요하지 않다. 내 마음이 정처 없이 흔들리기 시작할 때, 보통은 두 번째 잔을 마시고 난 후 빈과 근처의 와인지역이 내가 헤매는 곳이다.

유럽의 이 지역에서 와인은 눈으로 볼 수 있는 한 포도밭과 와이너리의 연속이 아니다. 와인은 작은 포도밭에서 다른 형태의 농업과 뒤섞여 생산된다. 계곡에서 밀농사와 채소농사뿐만 아니라 낙농 그리고 언덕에서는 삼림지대와 혼합된다. 이는 각각의 포도밭이 흥미 있는 지리학적 해석을 보유한, 시각적으로 매력적인 경관을 형성한다. 오스트리아, 슬로바키아 그리고 헝가리에서 빈 와인지역으로의 근접성은 와인과 함께 경험할 수 있는 다양한 문화가 존재한다는 것을 의미한다. 더욱이 여기서 와인은 수백 명의 관광객과 관광버스의 행렬을 끌어들이지 않는다. 이것들은 당신이 새로운 무엇인가를 발견하고 있다고 믿을 수 있게 하는 장소들이다. 와인은 그 장소를 특별하게 만든다.

당신이 빈에 가서 결코 그 도시를 넘어서는 모험을 감행하지 않는다면, 당신은 오스트리아 와인문화에 대하여 흘끗 볼 수만 있다. 빈 북쪽 교외의 포도밭은 시내버스로 쉽게 접근할 수 있다. 당신은 사면의 포도밭을 통과하여 계곡의 호이리겐(Heurigen, 선술집)2까지 걸어 갈 수 있다. 이곳은 약간 관광지화되었지만 당신이 그것을 무시한다면 오스트리아 와인지역이 제공하는 것에 대한 좋은 입문이다.

나는 여행할 때 차를 임대하고 시골로 나가는 것을 좋아한다. 좋은 날 빈에 서부터 바인피어텔, 캄프탈, 크렘스탈의 와인지역과 빈의 북서쪽 바하우의 와인지역으로 당신을 데려갈 것이다. 나는 그뤼너 펠트리너 와인을 좋아한다. 이 와인은 그 지역의 거의 모든 곳에서 생산되는 가벼운 화이트와인이다. 완만하게 경사지고 나무가 우거진 언덕, 진기한 소읍, 잘 관리된 농장은 매번 길을 돌 때마다 훌륭한 경관을 선사한다. 각각의 소읍에서 당신은 친절한 사람들뿐만 아니라 넉넉한 양의 비너 슈니첼3과 감자샐러드(Erdapfelsalat)를 담아 주는 가족 스타일의 레스토랑을 발견한다. 이 모든 것은 정말로 기억할 만한 경험이 된다.

차가 없다면, 빈에서 도나우강 크루즈를 타고 그 지역과 그곳의 와인을 편안하게 물 위에서 감상할 수 있다. 대부분의 크루즈선은 크렘스의 시장이 서는 읍에 기착한다. 소읍의 성벽, 이면도로의 미로, 강 저편에 높이 위치한 성당은 크렘스의 기착을 여행의 하이라이트로 만든다. 크루즈 종일권의 가격으로

---

2. 독일어로 '오늘의'라는 의미를 가지며 햇와인을 마실 수 있는 선술집이다.
3. 우리나라의 돈가스와 비슷한 요리이다.

와인의 지리학

그림과 같은 바하우 계곡을 통과해 크렘스를 넘어 모험할 수 있다. 소읍과 언덕 꼭대기의 성과 함께 점재되어 있는 그림과 같은 경관을 좋아한다면, 그 계곡은 확실히 추가적인 시간을 보트에서 보낼 만한 가치가 있다. 이러한 식으로 와인의 지리학은 물 위에서 음미될 수 있다.

북부 오스트리아 여기저기를 하루 혹은 이틀 여행한 후, 빈의 남쪽 노이지들러 호수(Neusiedler See)[4] 주변의 와인 지역을 방문한다면 발걸음의 변화가 이루어진다. 노이지들러 호수는 오스트리아-헝가리 국경의 얕은 호수다. 약 폭이 3mile(약 4.8km), 길이가 18mile(약 30km)인 그 호수는 다양한 포도 품종을 지지할 수 있는 미기후를 만들기에 충분할 만큼 크다. 이것은 단지 그뤼너 펠트리너(Grüner Veltliner)[5]가 식재된 또 다른 계곡이 아니다. 주위의 포도밭과 와이너리는 작고 다양한 와인을 생산한다. 그리고 수많은 작은 발견 거리들이 존재한다. 과거에 호수 주위를 여행하는 것은 헝가리 국경에서 끝나는 짧은 여행이었다. 냉전의 종식, 헝가리의 EU 진입과 함께 호수를 순환하는 것은 문제가 되지 않았다. 당신은 헝가리로 입국할 수 있으며, 그들의 와인을 음미하고 50년간의 공산주의가 그 지역의 주민들에게 의미했던 것은 무엇인지 볼 수 있다. 호수 주위를 여행하는 것은 또한 자전거 관광의 입문으로 상당히 훌륭하다. 사실상 평평한 지형 덕분에 충격이 적은 자전거 타기와 와인 시음을 할 수 있는 편안한 오후를 즐길 수 있다.

슬로바키아의 작은 카르파티안 와인 루트는 빈에서 출발하는 또 하나의 훌륭한 여행이다. 노이지들러 호수 주위의 루트와 마찬가지로, 이것은 냉전 동

---

4. 오스트리아 동부 부르겐란트주와 헝가리 북서부에 걸쳐 있는 호수로 중부유럽에서 두 번째로 큰 내륙호다. 2001년 유네스코에서 세계문화유산으로 지정하였다. 호수의 전체 면적은 315㎢이다. 이 가운데 240㎢는 오스트리아에, 75㎢는 헝가리에 속한다.
5. 오스트리아 화이트와인의 포도 품종이다. 가볍고 신선하며 영 와인 때 소비되는 품종으로 전체의 1/3을 차지하는 오스트리아의 독특한 와인 품종이다.

안 불가능한 여행이었다. 이 여행은 당신을 훨씬 더 동쪽에 위치한 카르파티아산맥(Carpathian Mountains)[6]이 되는 언덕으로 데려간다. 그 와인 루트는 빈에서 차로 약 한 시간 거리인 브라티슬라바(Bratislava)[7]의 북쪽에서 시작한다. 와인 관광객에게 이 루트는 대략 당신이 할 수 있는 한 익숙한 길에서 가장 멀리 벗어난 곳이다. 그 루트는 당신을 라차(Rača)[8], 노드라(Nodra) 그리고 차스타(Častá)의 소읍을 지나 그 주위의 포도밭으로 데려가 준다. 그 루트에 있는 작은 와이너리들은 리슬링(Rieslings), 뮐러−투르가우(Müller-Thurgau) 그리고 추위에 견디는 다른 포도 품종을 생산한다. 이곳은 대략 유럽에서 당신이 갈 수 있는 가장 먼 북동쪽이고 여전히 확실하게 포도를 생산하기 때문에 추위에 대한 내성은 절대적으로 필요하다. 기후와 와인의 다양성 그 이상으로, 그 루트를 실제로 경험하는 것은 슬로바키아 그 자체이다. 사람, 문화, 음식(사우어크라우트와 굴라시로 배를 채울 수 있는 장소들이 있다) 그리고 50년간의 공산주의 영향이 모두 그곳에 있다. 손가락으로 가리키고 미소 지으면서 몇 차례의 와이너리를 방문한 후에(나는 슬로바키아어 혹은 독일어를 하지 못한다) 내게 있어 그 여행의 극치는 브라티슬라바였다. 브라티슬라바 구시가지의 어느 저녁은 빈으로 돌아오는 길에서 잠시 멈추는 것 그 이상이다. 구시가지는 레스토랑과 음악(재즈는 그 지역 전체에서 상당히 대중적인 것처럼 보인다)으로 살아 있고, 브라티슬라바를 상당히 기억할 만한 장소로 그리고 빈에서 짧게 들려서 여행할 만한 가치가 있는 장소로 만들면

---

6. 카르파티아산맥은 알프스 히말라야 조산대의 일부이며 슬로바키아의 브라티슬라바에서 폴란드 남동부와 우크라이나 남서부까지, 남동쪽으로는 루마니아 동부에서 세르비아 남동부까지 계속 뻗어 있는 산맥이다.
7. 슬로바키아의 수도. 독일어로는 프레스부르크(Pressburg), 헝가리어로는 포조니(Pozsony)라고 한다. 슬로바키아 남부 도나우강 연안의 하항(河港)이다.
8. 라차는 슬로바키아 수도 브라티슬라바 북쪽에 위치한 지구에 있는 하나의 자치구이다.

와인의 지리학

서 17·18·19세기로 거슬러 올라가는 역사적 건물을 배경으로 모두가 빛을 발한다.

　나는 당신이 자신만의 와인장소를 가지기를 희망한다. 그렇지 않다면 밖으로 나가거나 책, 인터넷 혹은 몸소 와인장소를 탐색해 보라고 권하고 싶다. 그리고 당신의 와인장소가 다른 사람과 다르다고 걱정하지 마라. 그것은 우리의 주제와 관련하여 훌륭한 일이다. 과학과 사회과학 이면에 개인적인 수많은 것이 존재한다. 이는 우리에게 한잔의 와인을 들어 올리고 그 안에 단순한 와인 그 이상의 훨씬 많은 것을 보도록 한다. 다음 잔에서는 지리학을 위해 건배!

■ 사진 출처

* 각 장 표제지의 사진 출처는 다음과 같다.

Chapter 01: Pond Paddock Vineyard, Martinborough NZ/Jeff Barber

Chapter 02: Photo by David Callan, www.housenumbers.ca

Chapter 03: Photo by Simon Zolan, flamencoshop.com

Chapter 04: www.winepage.de

Chapter 05: GHA Travel

Chapter 06: Benoît ROUMET-Les Vins du Centre-Loire

Chapter 07: Copyright © Kistler Vineyards, 2004

Chapter 08: Dana Lane of Pepper Bridge Winery

Chapter 09: Jutta Codona

Chapter 10: Stellenbosch Vineyards

Chapter 11: Lloyd Davies, www.lloydus.com

Chapter 12: Copyright © Karra Yerta Wines, 2007, www.karrayertawines.com.au
Photograph by Marie Linke

Chapter 13: Copyright © European Communities, 1995-2007. EPA Photo/Libor Zavoral

Chapter 14: Kimo Quaintance

Chapter 15: Mark Carduner, Silver Decoy Winery

Chapter 16: Rochelle McCune

Chapter 17: Kirby James, http://www.lkjh.org/bike/tuscany/central/index.html

Chapter 18: Copyright © European Communities, 1995-2007. EPA Photo/Attila Kisbenedek

Appendix

부록

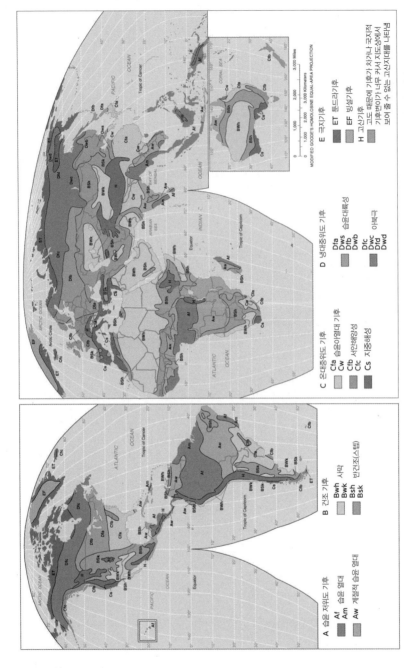

A 습윤 저위도 기후
Af 습윤 열대
Am 습윤 열대
Aw 계절적 습윤 열대

B 건조 기후
Bwh 사막
Bwk
Bsh 반건조(스텝)
Bsk

C 온대중위도 기후
Cfa 습윤아열대 기후
Cw
Cfb 서안해양성
Cfc
Cs 지중해성

D 냉대중위도 기후
Dfa
Dws 습윤대륙성
Dfb
Dwb
Dfc
Dwc 아북극
Dfd
Dwd

E 극지기후
ET 툰드라기후
EF 빙설기후

H 고산기후
고도 때문에 기후가 차가나 국지적
기후변이가 너무 커서 지도상에서
보여줄 수 없는 고산지대를 나타냄

*이 지도에서 사용된 것은 쾨펜의 기후구분이다. 쾨펜의 기후구분에 대한 설명과 이 시스템과 지리학의 연관성에 대해서는 다음 페이지와 제3장을 참고하라.

와인의 지리학

기후	가장 잘 알려진 포도 품종	대표적인 와인지역
대륙성/ 서안해양성	레드– 피노 누아 화이트 – 게뷔르츠트라미너, 리슬링	부르고뉴, 샹파뉴, 모젤강 계곡, 북동부 미국, 오리건주와 워싱턴주의 차가운 지역
서안해양성	레드 – 카베르네 소비뇽, 가메, 메를로, 피노 누아, 진판델 화이트 – 샤르도네, 리슬링, 소비뇽 블랑, 트레비아노	보르도, 나파와 소노마의 차가운 지역, 칠레 와인지역, 뉴 사우스 웨일스의 내륙 와인지역, 오리건주와 워싱턴주의 따뜻한 지역
서안해양성/ 지중해성	레드 – 카베르네 소비뇽, 가메, 메를로, 산지오베제, 진판델 화이트 – 샤르도네, 소비뇽 블랑, 트레비아노	북부 이탈리아, 오스트레일리아 남동부 해안지역, 나파와 소노마의 따뜻한 지역
지중해성	레드 – 바르베라, 그르나슈, 산지오베제, 시라/시라즈 화이트– 슈냉 블랑, 팔로미노	키안티, 남부 프랑스, 대부분의 스페인과 포르투갈, 남아프리카공화국 와인지역
지중해성/ 사막 주변	레드 – 바르베라, 그르나슈, 시라/시라즈 화이트 – 팔로미노	스페인 일부 지역, 오스트레일리아 대사막 근처의 와인지역, 캘리포니아 중앙계곡, 지중해 유역 남부와 동부

  나열된 기후는 쾨펜 시스템과 전 페이지의 기후지도에서 사용한 것이다. 기후, 포도 품종 그리고 지역들 간의 관계들은 일반화되었다. 토양과 지형의 문제뿐만 아니라 미기후학적 차이들은 다른 포도 품종의 이용을 허용할 수 있도록 환경을 변화시킬 수 있다. 다른 수많은 보다 덜 알려지거나 혹은 보다 덜 일반적인 종의 이용이 가능하다. 이 중 몇몇은 특별한 지역의 와인생산에 중요할 수 있다. 문화적, 경제적 관심들 또한 이용된 포도 품종의 패턴에 영향을 미칠 수 있다. 확인된 어떤 포도 변종은 기후와 토양의 다양성에 대해 광범위한 내성을 가지고 있다. 그렇기는 하지만 그러한 포도로부터 생산된 와인은 환경적 조건에 따라 매우 상이할 수 있다.

와인의 지리학

초판 1쇄 발행 2018년 5월 22일

지은이 브라이언 J. 소머스
옮긴이 김상빈

펴낸이 김선기
펴낸곳 (주)푸른길
출판등록 1996년 4월 12일 제16-1292호
주소 (08377) 서울특별시 구로구 디지털로 33길 48 대륭포스트타워 7차 1008호
전화 02-523-2907, 6942-9570~2
팩스 02-523-2951
이메일 purungilbook@naver.com
홈페이지 www.purungil.co.kr

ISBN 978-89-6291-450-4 93980

• 이 도서의 국립중앙도서관 출판예정도서목록(CIP)은 서지정보유통지원시스템 홈페이지(http://seoji.nl.go.kr)와 국가자료공동목록시스템(http://www.nl.go.kr/kolisnet)에서 이용하실 수 있습니다.(CIP제어번호: CIP2018012605)